BINGE TIMES

追劇商戰

Inside Hollywood's Furious Billion-Dollar Battle to Take Down Netflix

解密Netflix、迪士尼、蘋果、華納、亞馬遜的串流市場瘋狂爭霸

DADE HAYES & DAWN CHMIELEWSKI
戴德・海耶斯、彤恩・施莫洛斯基——著
周怡伶——譯

獻給史黛拉、瑪戈，和最重要的芬利，送上我所有的愛。

——戴德·海耶斯

獻給我最珍愛的丹、艾利克斯和麥迪。

——彤恩·施莫洛斯基

目次 CONTENTS

PART 1 Netflix 設下標竿

PART 2 戰鼓響起

PART 3 好戲上場

PART 4 現任者的回應

PART 5 公開面世

PART 6 復甦之路

卡司陣容

蘋果（Apple）

史提夫・賈伯斯（Steve Jobs），已故創辦人及執行長
提姆・庫克（Tim Cook），執行長
札克・范安伯格（Zach Van Amberg），Apple TV+ 共同主管
傑米・厄立克（Jamie Erliche），Apple TV+ 共同主管
艾迪・庫依（Eddie Cue），網路軟體服務部門資深副總經理

亞馬遜（Amazon）

傑夫・貝佐斯（Jeff Bezos），亞馬遜創辦人及執行董事長、前任執行長
安迪・賈西（Andy Jassy），亞馬遜執行長
麥可・霍普金斯（Mike Hopkins），亞馬遜 Prime Video 及亞馬遜製片工作室（Amazon Studios）資深副總經理
珍妮佛・瑟爾克（Jennifer Salke），亞馬遜製片工作室主管
亞伯特・程（Albert Cheng），亞馬遜營運長、電視部門共同主管
羅伊・普萊斯（Roy Price），亞馬遜全球影片內容及製片工作室前任主管
鮑伯・貝爾尼（Bob Berney），亞馬遜製片工作室行銷發行部前任主管

AT&T（美國電話電報公司）／華納媒體

藍道・史蒂芬森（Randall Stephenson），AT&T前任執行長

約翰・史坦基（John Stankey），AT&T執行長、華納媒體前任執行長

傑森・凱勒（Jason Kilar），華納媒體執行長

安迪・佛賽（Andy Forssell），華納媒體直接面對消費者行銷執行副總裁及總經理

鮑伯・葛林布雷特（Bob Greenblatt），華納媒體前任董事長

凱文・萊禮（Kevin Reilly），HBO Max前任首席內容總監

傑若米・雷格（Jeremy Legg），華納媒體前任技術長

理查・佩普勒（Richard Plepler），HBO前任董事長及執行長

康卡斯特（Comcast）／NBC環球（美國國家廣播公司與環球影業）

史迪夫・伯克（Steve Burke），康卡斯特／NBC環球前任執行長

波妮・漢默（Bonnie Hammer），NBC環球副董事長

麥特・史特勞斯（Matt Strauss），NBC環球直接面對消費者行銷及國際部門董事長

傑夫・謝爾（Jeff Shell），NBC環球執行長

Netflix（網飛）

里德・海斯汀（Reed Hastings），共同創辦人、共同執行長

馬克・藍道夫（Marc Randolph），共同創辦人、前任執行長

泰德·薩蘭多斯（Ted Sarandos），共同執行長
辛蒂·霍蘭德（Cindy Holland），內容採購及原創系列前任副總經理
貝拉·巴賈麗雅（Bela Bajaria），內容副總經理
史考特·斯圖博（Scott Stuber），原創影片副總經理
納爾·杭特（Neil Hunt），前任產品長
珮蒂·麥寇德（Patty McCord），前任人資主管

Quibi

傑佛瑞·卡森伯格（Jeffrey Katzenberg），創辦人
梅格·惠特曼（Meg Whitman），執行長

Roku

安東尼·伍德（Anthony Wood），創辦人暨執行長
史考特·羅森伯格（Scott Rosenberg），平台業務資深副總經理

華特迪士尼

麥可·艾斯納（Michael Eisner），前任董事長及執行長
羅伯特·艾格（Robert Iger），前任執行長及執行董事長
鮑伯·崔帕克（Bob Chapek），執行長

凱林・丹尼爾（Kareem Daniel），媒體及娛樂發行部門董事長
湯姆・史代格斯（Tom Staggs），前任營運長
凱文・梅爾（Kevin Mayer），直接面對消費者行銷及國際部門前任董事長
吉米・皮塔羅（Jimmy Pitaro），ＥＳＰＮ董事長
約翰・史基普（John Skipper），ＥＳＰＮ前任總經理
瑞奇・史特勞斯（Ricky Strauss），Disney+ 內容及行銷前任總經理
亞伯特・程（Albert Cheng），ＡＢＣ電視集團數位媒體前任產品長
安・史威妮（Anne Sweeney），迪士尼媒體電視網前任共同董事長、ＡＢＣ電視集團前任總經理

前言

在各大社群媒體上，同一個問題以不同的面貌浮現出來，在數位大海中載浮載沉，就像漂流的瓶中信：

我們現在到底該怎麼辦？

新冠病毒蔓延的恐懼達到高峰時，社會及大眾文化模仿起電影《全面啓動》的場景，一片一片往內收折起來。學校、法院、博物館、運動場所、電影院、音樂廳、餐廳酒吧都關上大門，並實施旅遊禁令及邊境封鎖。「社交距離」全面推行，避免擁抱及擊掌，每個人必須保持約二公尺距離。就連「世界上最快樂的地方」迪士尼樂園也暫停營業，從一九五五年開園以來，這還只是第四次關閉。之前三次分別是因爲美國總統被暗殺、恐怖分子攻擊和地震，都只有閉園一天。但這次是連續好幾天沒有遊客，接著延續數月，而且還看不到盡頭。

美國跟著義大利、中國、南韓等國的做法，強迫大部分國民就地避難數週，只能在必要時離開家門。這情況正是quarantine（隔離），源自義大利詞彙quaranta giorni（四十天），是十四世紀歐洲面臨一連串致命黑死病的做法。雖然這次新冠肺炎疫情的死亡率還不及黑死病，但是這個看不見的威脅，已經擾亂了人們的日常生活和集體意識。社群媒體上載浮載沉的瓶中信哀嘆著：有什麼能填滿我們大大的空虛呢？

肯定的答案沒幾個，串流影音就是其中之一。美國人已經習慣在到處都是螢幕的繭中度過好幾小時，面對這場危機，更是大量攝取撫慰食物。人們對疫情的反應起初是讓傳統電視受益，二〇二〇年三月中旬，幾個大城市的收視人口在單週內上升一〇％到二〇％，挫折不已的觀眾收看電視追蹤疫情，還有疫情對金融市場及二〇二〇年大選的影響。

全國上下關注新聞，電視收視率因而提升，但是並未持續很久。這反映出觀眾透過傳統電視能得到的收視選擇，其實少得可憐，除非你一直持續關注地方或全國新聞，否則沒什麼別的可看。節目製作停擺，實境秀及獎金節目、《週六夜現場》、運動競賽等現場節目都被凍結，節目播出大亂，讓人感覺有線電視付費套裝更不合時宜了。金融海嘯突然造成經濟大幅衰退，隨後整整十年持續衰退，加速顧客及消費者切斷付費電視的趨勢。幸好寬頻網路變成比消毒液更普及的民生必需品，傳統有線電視業者的利潤空間還是很大。

Netflix 是領先業界的全球串流服務，長久以來被華爾街及媒體不斷追問何時要進軍「一般」電視市場，開始搭載運動比賽轉播或新聞節目。二〇一八年，電視台整天報導最高法院大法官卡瓦諾提名案在參議院的任命聽證會，創下收視紀錄，當時 Netflix 共同執行長薩蘭多斯被問到，Netflix 將來是否會串流播放這類事件？他回答：

「我們主要是一個娛樂品牌，而你所描述的那種收視，意義重大，但並不是非常具有娛樂性。」傳統影視的關鍵在於準時收看，有固定的節目表和廣告，電影在院線上映到進入家庭首映之間有九十天空檔，這些做法都被 Netflix 嫌棄。Netflix 不理會這些常規，一心只聚焦於「取悅」顧客，因此達到了龐大的收視人口規模。Netflix 和影視產業的另一個闖入者亞馬遜一樣，都只專注在一件事。亞馬遜認爲影視節目是吸引消費者的閃亮誘惑，就像以前銀行免費贈送烤吐司機來吸引顧客開戶。「我們的劇得到金球獎，有助於賣出更多鞋子。」亞馬遜創辦人貝佐斯曾在二〇一六年某次訪問說：「而且這種效果很直接。因爲亞馬遜 Prime 會員買得比非會員更多，其中一個原因是，一旦付了會員費，你就會到處研究『怎麼從這個方案中得到更多價值？』。」

封城期間隨時可以觀看數以千計的電視節目和電影，似乎算是不錯的安慰獎，在沒有方向感的時光中，注入一股令人愉悅的熟悉。但這段狂追劇的時期，其強度和長度都是前所未見。製作過《逃出絕命鎮》《我們》《國定殺戮日》的電影製作人傑森·布倫在推特說：「我困在家裡已經沒有東西能看了，有什麼建議嗎？」這則推特文底下有一千一百條回覆，不久後這份片單就在網路上傳開了，就像食譜和寵物照片。

疫情不只是把串流提升爲現代生活中不可或缺的一環，而是幾乎把所有人都注入這股串流裡，我們就像漂浮在巨大血管中的血小板。政府機構在網路上召開會議，教師在網路授課，企業透過 Zoom 營運、在雲端轉寄建議，甚至寄送視訊設備給員工（像是《華爾街日報》就訓誡員工要「打開鏡頭」）。宗教場所網路直播布道敬拜、受洗、成年禮、葬禮。動物園和水族館打造出一批非人類明星。馬友友爲遠距聽眾拉大提琴，單口喜劇表演者爲虛擬觀眾表演橋段。大都會歌劇院以網路串流播送古早的表演節目，還有一場向音樂劇傳奇人物史蒂芬．桑罕九十歲生日致敬，眾星雲集；特別令人感動的是，本來預定群聚實體舞台的表演者，在各自隔離之下一起出現在螢幕上。節目標題訴求「帶我走向世界」，這些表演者眞的在兩小時之內做到了。

本來電視台邀請名人進棚錄影，呈現特定美感，現在也深受網路世界影響，來賓各自在燈光黯淡的居家辦公室，出現在類似 Skype 的通訊軟體螢幕上議論當天新聞。晨間及晚間節目家喻戶曉的電視名人，從自己的客廳錄影播送節目，沒有髮妝師現場打理。封城期間的電視節目，就像一場長時間 FaceTime 多人視訊。我們存在於串流之中。脫口秀主持人柯南．歐布萊恩說起他在 TBS 電視台的夜間節目變成簡陋的居家製播版，還酸溜溜地表示：「你要是不喜歡，總是還有 Netflix 可看。」

寫這本書的過程中疫情爆發，我們開始更直接地探究這個極爲戲劇化且影響重大的媒體產業現象。許多科技及新創公司如蘋果、Quibi，以及傳統媒體如迪士尼、華納媒體、NBC 環球都注意到在串流影視早起步十年的 Netflix，決定投入串流服務，斥資數十億美元，目標都是設定在二〇一九年十一月到二〇二〇年五月這七個月期間推出串流服務。本書目標是記錄這段前所未有的競賽，並且試圖理解這個產業究竟是如何走到這步田地。雖然故事全貌還會在更久以後的未來持續產生迴響，但是當時如此大量的新資金湧入，可謂空前絕後。我們兩位作者身爲報導媒體產業的前線新聞記者，分別在紐約及洛杉磯報導過媒體產業競爭，在娛樂及科技這座大型產製機器裡深入探索。我們向來不太認同「串流戰爭」這個老生常談的比喻，因爲這句空話表示戰爭會有一方勝一方輸，而這並不準確；醫生和政府官員總說對抗新冠病毒是一場戰爭，也讓人聽煩了。

我們觀察並報導各家頂尖媒體及科技公司的策略和操作手法，寫成了這本書。我們兩人從二〇一八年開始合作，每一天，幾乎是每個小時都在爲娛樂新聞網路媒體《截稿線上》（*Deadline*）做產業及科技報導，《截稿線上》前身就是芬科（Nikki Finke）石破天驚的部落格。我們花了幾年報導好萊塢、矽谷、華爾街，逐一記述將對未來產生深遠影響的焦點事件，包括網路興起、九一一事件和全球金融危機造成的大倒閉潮，還有索尼影業遭受駭客攻擊的災難事件。不過，我們從來沒有遇過串流影音大爆發這種現象，串流重新改寫了娛樂產業的規則，發生的速度之快，讓我們每天就像在神奇玩具畫板上寫報導，總是忙著把畫板抖乾淨，再寫下這些公司的新計畫。這樣的分量及企圖心是前所未見的。顯然，我們當時已經身處在「追劇時代」。

這種有如曇花一現又超高速進行的新聞循環，讓很多人不禁狐疑，如何才能讓我們的敘事符合實況，或是說出一個有確定結尾的故事？我們所記述的這段數位轉型，尤其是新業者競相投入那七個月，正逢新冠肺炎疫情開始橫掃全世界，轉型因而更加強化。我們決定要彰顯著名影評人法伯（Manny Farber）提出的觀念「白蟻蛀蝕藝術」，他定義這是「像昆蟲般沉浸其中」。我們遁入這個產業機制中，努力理解其中環環相扣的各個部件。我們探索這段大爆發時期的影視名人、企業動機、科技、行銷及財務模式，還有導致它發生的歷史關鍵事件，如此一來，我們就有可能把一段非比尋常的時期記錄下來。數十億美元資金湧入串流影視產業，這是前所未有、僅此一次的事件，我們每天飛快寫下報導，同時希望能取得更進一步的深度理解。

爲了讓這本書有個敘事中心，我們決定把焦點放在串流事業的五大挑戰者，它們各自有不同的人事及企業DNA。在短短數月之內，蘋果、迪士尼、HBO母公司華納、NBC環球都推出大型的串流訂閱新方案。這四家公司先前的做法，要不是迴避直接面對消費者行銷的影視市場，不然就只是把旗下電影及電視節目授權給其他業者。第五個新玩家是Quibi，這家公司只做手機串流，負責人是夢工廠共同創辦人傑佛瑞·卡森伯格加上eBay及惠普前執行長梅格·惠特曼，以新創資金十七·五億美元，也在那七個月內首度進軍串流事業。除了這五家新來的之外，我們也會探討已進入市場的業者，例如Netflix、亞馬遜、葫蘆網，還有其他幾個串流服務的利害關係者。

二〇一九年秋天的某個月接連發生了幾件事，生動刻畫出娛樂產業的版圖是如何重繪的。在紐約林肯中心的紐約影展，Netflix的《愛爾蘭人》舉行全球首映，這部所費不貲的電影，是串流產業顛覆百年電影產業的開始。一個月後同樣在林肯中心，Apple 推出《晨間直播秀》，這是爲了 Apple 新推出的訂閱制串流服務 Apple TV+ 所製作的第一部原創影集。隔天，位在加州柏班克的華納兄弟製片廠，AT&T 和華納媒體高層爲推出 HBO Max 舉行投資者說明會。幾天後同樣也在柏班克（還有在紐約的加碼演出），迪士尼高層出席媒體見面會，現場展示 Disney+ 並回答媒體提問。

隨著這些行動接連發生，我們的故事變得有點像勞勃．阿特曼的電影，在拍片現場即興演繹，還有畢卡索壁畫的拼貼感。故事裡沒有主要人物也沒有對手，陣容卡司比較像一群發明家、營運者、企業老闆和模仿者。我們試圖記錄百花齊放的串流世界，聚焦在幾個有影響力的活動，但是我們捕捉到的串流世界，是往四面八方擴張的馬賽克拼貼畫。可信的資料指出，二〇一九年付費串流服務業者的數目是二七一家，還有幾百家有廣告的免費串流服務，數量也在增加中，這要歸功於智慧型電視可連上網路並內建串流應用程式。搖滾音樂人史普林斯汀場場完售的百老匯表演，在 Netflix 播映而得到全球大量聽眾，他寫過一首歌曲〈五十七個頻道但沒有什麼能看〉，描繪有線電視有如荒涼廢土，雖然他應該不會再寫一首續曲，但是這幅景象很容易想見。

疫情蔓延時，有個問題折磨著我們被禁錮靈魂的集體心理：**我們怎麼可能適應這種狀況？**這本書的故事有個意料之外的第三幕轉折：在幾週之內，由於股市大跌，數兆美元的企業市場價值一筆勾消，整個產業的財務展望在一夕間完全改變。醫學專家建議保持社交距離，商業運轉被迫龜速爬行，投資人擔心這樣會摧毀企業財報。旅遊業、運輸業、旅館餐飲服務業都在努力求生，所以要推銷這些串流平台以取得更多顧客的任務，看起來似乎很難說是生活必須。

但是，串流無所不在，這齣戲變得比我們剛開始動筆時更加引人入勝，而且裡面每個角色都有各自的獨特狀況。以蘋果來說，剛剛起步的 Apple TV+ 是個很有趣的事業，原因有好幾個，但實際上，比起蘋果在供應鏈及防疫上的謹慎作風，Apple TV+ 在各個環節都差了一點，這就累積成錯誤。同時，Quibi 已拿到一大筆初始投資資金，消費者訴求定位是 quick-bite，快速咬一口，也就是在移動中馬上就能看完的短影片，但是在政府命令就地避疫的情況下，突然顯得沒那麼可行了。不過，像野草般蔓延的抖音卻證明人們被迫待在家還是會用手機看影片。

傳統媒體公司還面臨一個更棘手的難題。它們的串流服務仍需要強力投資，聘人和數位基礎建設都需要錢，同時也要願意放棄數百萬美元的授權收入。疫情變成長期抗戰，電影票房、電視廣告、運動及主題樂園等營收都遭受巨大損失，但是傳統媒體公司必須繼續原本的承諾，那就是顛覆、破壞自己的既有模式，大破大立。串流會不會是得到救贖的辦法？或者，由於 Netflix 及亞馬遜已設下高標準，所以只是個無法實現的空中樓閣？

回應難題的方式之一，是拋棄近百年來奉行的營運之道，解開那些難以跟大科技公司競爭的束縛。NBC環球最先朝這個方向採取行動，它在聲明中說，美國大部分電影院都關閉了，NBC環球二〇二〇年發行的幾部片子，在本來預定的院線檔期可以同步在住家收看（包括串流）。電影製作公司和院線業者長久以來的共識是，電影院有大約九十天的獨占播映期，這段時間就是業內人士所謂的首映窗口期。電影發行商資深高層傅雷蘭德（Steven Friedlander）形容：「你剛剛聽到的，就是電影院窗戶碎裂的聲音。」隨後，迪士尼及華納媒體也開始各自的電影實驗，推出誘人方案，因爲太多觀眾不停尋找有什麼新影片可以觀賞，而且必須這麼做才能跟上Netflix的腳步。這個串流的領先者已經破壞了電視，現在要擠進電影產業並重新形塑它，一年產製幾十部新電影，從普通成本的影展小品到二億美元製作的重量鉅片都有，這些電影會在戲院播放預告片，之後就在Netflix平台上映。

感覺就像走在被疫情改變的社區街道，每樣事物你都認得，但是一切無疑都停止了，經歷這麼快速的改變總是有點超現實。業界人士在不斷進化的地景中尋路前進，我們找到不同方式來跟這些人聯繫，出席網路首映會與線上商展，透過視訊會議做訪談。這大大超越了我們過去的認知，但是感覺往後會有好一段時間都是這樣。

在這種詭異不安的情緒中，有一則我們很喜歡的短篇小說提供了值得參考的觀點，那就是貝尼特（Stephen Vincent Benét）的〈巴比倫水域〉（By the Waters of Babylon）。故事描述大災難後的地景，以嶄新方式呼應了我們在封鎖那幾週的生活：大部分時間都在思考、說話、閱讀和撰寫影視串流的事，偶爾休息一下……就打開串流服務觀賞影片，透過螢幕所看到的外在世界，有種大災難過後的感覺。高速公路、市中心、機場，幾乎都空無一人。威尼斯的運河恢復生機，魚兒回到運河裡，自然力量在長期飽受污染的生態系統中奪回它的位置，貢多拉停泊在乾式碼頭邊。咖啡館、握手、電視，這些制度和傳統，從未像現在這樣讓人覺得不太安全。貝尼特的故事中，有個無名的部落族人走在華盛頓特區的廢墟，那些建築毀於遠古大火，被稱爲「死亡之地」，他前去撿拾金屬碎片，挖掘到人類社會存在的證據，人類是因爲自己的狂妄及獻身於科技而毀滅。這名部落族人決定學習並保存失落文明的社會習俗。他說：「現在我們去『死亡之地』不只是爲了金屬，那裡還有書和寫作。這些東西很難學。而且神奇工具壞掉了——不過我們可以看著這些東西，想一想。至少，我們有個起步。」

貝尼特在一九三七年寫下這篇故事，省思當時法西斯在西班牙內戰轟炸蹂躪巴斯克地區的格爾尼卡。當時核子武器還不存在，但是兩次大戰之間經歷了數年經濟大蕭條，讓全國上下陷入心理焦慮。當然，串流絕對不是這種生死交關的事，然而，站在生死存亡的十字路口，看著長久以來的社會習俗及模式，全都化爲塵土，這仍是個無比深刻的經驗。我們花了幾年觀察娛樂世界的神奇工具、現代文明的最新文物，心想究竟會浮現什麼新秩序。貝尼特筆下的敘事者警告：「也許，在古早時代，他們太快把知識吃掉了。」

BINGE TIMES

追劇商戰

解密Netflix、迪士尼、蘋果、華納、亞馬遜的串流市場瘋狂爭霸

Inside Hollywood's Furious Billion-Dollar Battle to Take Down Netflix

序章：總決算

紐約市的無線電城表演廳，廣播系統傳來的是帶著嘲諷意味的英國腔，透露出今晚的紐約市非比尋常，「歡迎各位，來到終局之始。」

這是影集《冰與火之歌：權力遊戲》最後一季的全球首映，它確實是個結束，字面和象徵意義上都是。具有四十七年歷史、名氣響亮的說故事先驅HBO，收視率最高的一齣戲就要下檔（最後幾集單週平均有三二八〇萬觀眾收看）。更深層意義上，娛樂產業長劇製播自此劃下句點。幾十年來，電視劇興起，成為一支文化力量，HBO一直都是前鋒，它在電視劇的耕耘，就像十四世紀佛羅倫斯麥迪奇家族孕育藝術作品一樣。現在這個電視台，長期以來無人能匹敵的大腦催眠師，突然換了大老闆，還遭到串流對手及內部鬥爭四面夾擊。這樣的幕後故事為這場首映夜注入不安及焦慮，而非盛大告別儀式的歡慶與惜別。

無線電城的座位可容納五千人，這批群眾並不是每個人都一心想著宮廷陰謀，有些人是單純抱著粉絲的興奮感等待大銀幕亮起。他們買到這個媒體聖地最難買的票，排隊穿過正中央豎起八公尺高皇冠招牌的洛克斐勒廣場，然後進入新藝術裝飾風格的表演廳，這是舉辦東尼獎和火箭女郎舞蹈團年度聖誕歌舞秀的知名場所。HBO正是在此隆重推出二〇〇〇年代中期最火紅的影集《黑道家族》，這裡也是好萊塢許多經典作品如《教父》的首映地點。

正式播映前倒數時間，群眾裡就連最西裝筆挺的紳士也忍不住歡欣雀躍。「龍！」穿著灰西裝的男士在燈光暗下之後大喊，好像終於能擺脫埋頭在試算表裡的工作時光。令人難忘的龍是《冰與火之歌》電腦動畫製作的吉祥物，正要突破束縛衝出來，在這月光皎潔的涼爽夜晚，飛翔在三十公尺的銀幕上將近一小時，HBO王室看起來似乎一切安好。

不過，五千名觀眾中有二千人是HBO員工，他們從今夜一開始就看得出來，有些事不太對勁。無線電城舞台的魔幻燈光亮起，管風琴師現場演奏，聚光燈打亮，身為《冰與火之歌》粉絲的巨星及名人陸續就座，有脫口秀主持人戴夫．查普爾、喜劇明星蜜雪兒．沃爾夫、演員基根－麥可．凱等等。不過，鎂光燈下少了一個不容忽視的人。口才好、膚色深的HBO執行長理察．佩普勒，一九九〇年代擔任HBO公關主管，二〇〇〇年代爬到最高位置，他的名字在首映開場介紹時被多次提及。這個場合應該是他的榮耀時刻，但他卻一直沒有登上舞台，只是在座位上簡短揮手及微笑。佩普勒很講究美食，經常在紐約上東城透天自宅舉辦眾星雲集的高級晚宴，這次首映日前晚，還在中央公園南側的義大利餐廳舉辦只邀請演員及拍攝劇組的晚宴。官方首映當晚，他沒有出席映後酒宴，因爲他知道那絕對會是苦樂參半的場合。

首映當下，佩普勒已經把辦公室打包清空，準備離開任職二十八年的HBO，因爲新老闆AT&T要展開大規模組織重組。這家有百年歷史的電信巨頭斥資八五〇億美元買下HBO母公司時代華納，正竭盡全力要挽救帳面數字。一群業界經驗加起來超過一百年的人才被迫出走，因爲AT&T要設法削減一八一〇億美元負債，這是美國非銀行企業最大的一筆負債。歷史悠久的HBO紐約總部成了許多待出售資產之一，那是一棟俯瞰布萊恩公園的十五層華廈，HBO的影響力遠遠超過它不張揚的外貌。接下來HBO和姐妹公司CNN與華納兄弟，都將搬進哈德遜城市廣場的嶄新辦公大樓，自從一九三〇年代洛克斐勒中心落成以來，這是紐約市最有企圖心的商業不動產建案，這棟超高摩天大樓比帝國大廈還要高出五公尺半。

在後佩普勒時代，坐進掌權辦公室裡的人，是五十七歲、擁有最高階童子軍榮譽的約翰·史坦基，他成長於南加州，在家中排行老么，爸爸是保險業務、媽媽是家庭主婦。史坦基大踏步走進無線電城大廳，身邊沒有隨從，身高一九〇公分卻不引人注意，但是他一舉一動都帶有目的，他向來如此。史坦基在AT&T迅速累積資歷，在這個市值達二千八百億美元且不斷擴張的組織裡，逐漸爬升成爲首席營運長及執行長人選。史坦基是一個Bell Head（貝爾人），因爲這家公司前身是貝爾電話公司，很多AT&T老員工帶著光榮感這樣自稱。華納媒體高層則暱稱他「牛仔」，因爲AT&T總部在德州達拉斯，加上他行事作風直接。他說話聲調低沉渾厚，刻意調整語速，有點像《歡樂單身派對》飾演帕第的派屈克．魏伯頓，只是再嚴謹一點。史坦基把工程師的冷靜特質帶進執行長辦公室，從好萊塢年鑑看來，他會被列爲最不可能經營娛樂產業的榜首。有個著名科技公司執行長被問到用一個詞來形容史坦基，他想了想才吐出：「直線條」。史坦基經常掛在嘴邊的是「聯邦數據」和「飛輪」〔譯注：指企管概念「飛輪模型」，推動飛輪累積動能以達到獲利。〕，還隨口形容創作團隊製作的影劇內容是「貨物」，因此創意人都不喜歡他。

史坦基的任務不只是重新定義ＨＢＯ、打破過去時代華納旗下各部門各自爲政的狀態，還要對付侵門踏戶的死對頭。Netflix已經吃掉ＨＢＯ的文化霸主地位，尤其是年輕觀眾，而且二〇一八年Netflix拿下的艾美獎數量已經追平ＨＢＯ。沒人能想到這家以郵購影碟起家的「阿爾巴尼亞軍團」（意思是不太可能有威脅性，這是時代華納前執行長布克斯〔Jeff Bewkes〕的用詞），竟然會有這一天。另一句常見的名言是Netflix前任內容總監薩蘭多斯所說，這個串流巨頭的任務就是「更快變成ＨＢＯ，而且要比ＨＢＯ變成我們還快」。不過許多年來，大家很清楚ＨＢＯ跟它的高階經理人不只是「不想」變成Netflix，而且還認爲這個概念完全不必考慮。在史坦基上任之後，想成爲Netflix的企圖心才正式浮上檯面，不過似乎不太適合ＨＢＯ的體質。

這位新任媒體巨人站在無線電城大廳裡，似乎還不算如魚得水，不過他穿著沒有完全扣上的藍色牛津襯衫，看起來很放鬆，從紅白紙盒抓了一小把爆米花吃著。有人問他對這場《冰與火之歌》首映最期待什麼，他直截了當回答：「看到第一集。」史坦基說，他家的一二〇吋大電視旁邊有疊4K藍光碟片，其中有最後一季全集。這疊光碟片會讓數百萬《冰與火之歌》粉絲跟一支異鬼軍團大打出手，不過史坦基卻仍未看過任何一片。這位執行長在忙碌之餘若能擠出一點閒暇，比較喜歡看美式足球大學聯賽，要他坐下來看任何有劇本的影集似乎是件苦差事。二〇一七年春天，史坦基得知要接掌時代華納，他答應看完前三季《冰與火之歌》；上任之後第一個夏天要上映第七季，爲了準備首映會，他決定兩個月內要看完接下來四季。他打算保持這個步調到最後一季推出時。「一旦看過第一集，接下來我就會一口氣看完其他的。」史坦基環視大廳，肯定地說：「不過我喜歡大銀幕放映。」

影集在無線電城表演廳大銀幕放映，反映出媒體產業地景重塑的騷動。不只是AT&T與它新買進的時代華納而已，數家具有上百年基業的媒體集團，已決定動用數百億美元資金來面對Netflix的挑戰。

NBC環球是其中一個新競爭者，執行高層從二〇一〇年代中期就嗅到這場進軍競賽。有個經常出席串流規畫會議的高層人士說，大家都知道臨界點已經到了：「我們一直都在想，如果迪士尼或華納，或是任何人推出，我們就不能落在太後面。大家的感覺是，未來會有少數幾家一般娛樂串流服務，但不會是二十五家。如果你太晚到，可能就無法成爲那少數幾家。」

從財務觀點來看，只有康卡斯特、迪士尼、華納媒體這幾家企業握有充足資金，可以大規模推出直接面向消費者的服務。其他媒體企業，例如維亞康姆集團（Viacom）旗下的CBS電視台、探索頻道公司、獅城影業、AMC電視網，也握有不少串流資源，有些公司說是要對付Netflix，但是根本還沒有進入同等級的聯盟。大部分美國對手只是那種規模的零頭而已，他們賺錢的來源依然是傳統模式。

媒體企業比較踏實，它們不像科技公司那樣，投資者願意忍受損失以換取未來的驚人成長（以亞馬遜爲例，初期投資人有長達十四年未收到回報）。媒體公司必須持續從電影及電視節目賺錢，這是主要收益，然後才能投資其他計畫及技術，好在串流上競爭，同時還要降價賣節目給像Netflix這樣的買家。一邊要製作許多原創節目，一邊又削減授權費，結果就是燒掉數十億美元。

擔任NBC環球執行長八年的史迪夫．伯克，對於縮小Netflix和其他媒體公司之間的差距表示樂觀。他的理由很簡單：串流領先者以前從未面對過眞正的挑戰。他在二〇二〇年退休時說：「我認爲接下來五到十年對Netflix會很有意思，一下子迪士尼、AT&T和我們公司都同時要來對付它，而且三家都提供比較便宜或是免費的選擇。Netflix會發現這個世界更競爭了。」

市場上更加競爭的態勢、新舊媒體的衝撞都愈來愈公開，也愈來愈精采。蘋果推出《晨間直播秀》首映，也是精心籌畫的Apple TV+開播節目。這不僅展現出傳統影視的能量，同時也宣告市值高達一兆美元的科技巨頭開啓大膽的新篇章。蘋果執行長庫克很少走上紅毯（其實那張地毯是純黑色），這只是個開始，接下來他還會出現在金球獎這種場合。庫克和《晨間直播秀》主要演員與執行製作人珍妮佛．安妮斯頓及瑞絲．薇斯朋一起出席。安妮斯頓主演NBC在一九九四到二〇〇四年收視長紅的《六人行》而聲名大噪，而《晨間直播秀》則是她在《六人行》之後第一個常態性的影集角色。她飾演資深晨間電視節目主持人艾莉克絲．萊維，指導薇斯朋飾演的後進主持人布萊德莉．傑克森，並與之互較高下。劇中布萊德莉取代了主持人米區．克斯勒，此角由史提夫．卡瑞爾飾演，角色原型是麥特．勞爾，因爲深陷多宗性騷擾指控而被迫辭職。《晨間直播秀》首映時，安妮斯頓和其他《六人行》演員在華納媒體的串流服務HBO Max演出二〇二〇年《六人行》重聚特別節目，各自拿到將近二五〇萬美元片酬。

這張寬度達六十公尺的黑地毯，從林肯中心廣場主階梯一直延伸到哥倫布大道。沿途聚集了粉絲、攝影師、圍觀路人，還有一堆肌肉男警衛在暮色中持續守望。演員陣容包括卡瑞爾、薇斯朋、比利．庫達普、馬克．鄧普拉斯、明蒂．卡林，還有幾位過去及現在的正牌晨間電視節目主持人都受邀參加首映。穿過廣場的通道布置了蘋果公司及這齣戲的標語，在美國最高文化殿堂之外，很少見到這種企業品牌宣傳熱潮，背景風格就像在電視媒介開始大量蓬勃那十年，一九五一年由RCA實驗室工程師發明的經典電視色塊。

《晨間直播秀》執行製作麥可．艾倫伯格，戲稱這次首映是「蘋果的成年禮」。圍繞林肯中心廣場的瑞文森噴泉相當知名，曾出現在《金牌製作人》《魔鬼剋星》《發暈》等電影中。這場面配得上這齣預算充足的電視劇，據內行人估計，其預算大約是每集一千六百萬美元，是有史以來最貴的影集（製作人堅稱沒這麼貴）。而首映會背景是大都會歌劇院和夏卡爾巨幅掛畫，這些都是暗的，因爲星期一晚上公休。廣場一端比較安靜，爵士標準曲在此透過喇叭向另一頭播送。廣場上方、也就是葛芬廳露台上，一千五百位賓客穿著雞尾酒會禮服，在爵士樂聲中啜飲凱歌香檳。

蘋果採用老派做法，明星到場及華麗布置，爲這個早秋夜晚注入活力。不過，大家好奇的還有，蘋果的努力在螢幕上到底會呈現出什麼樣子。賈伯斯曾經在十年前對他的傳記作家艾薩克森開玩笑說：「終於破解了」電視。蘋果推出了定義市場的iPod、iPhone、iPad等產品，對電視卻從未扣下扳機。經過多年思索，蘋果終於投入約二十億美元進軍串流，其中包括一套電影、特輯、影集。幾名高層主管跟這個滿手現金的科技巨頭談成協議，卻形容這家公司內部混亂，因爲蘋果擅長的是光滑服貼的現代產品設計，而不是說故事的藝術。蘋果的串流事業很全球化，第一天上線就在一〇六個國家、數百萬台螢幕上推出串流服務。但是，蘋果的品牌再加上一年二二五八億美元的硬體事業，太有價值了，不能用「怎樣都可以」的方式來推出Apple TV+節目。

由於它在全球觸及率高，再加上節目和裝置的親近性，所以不太可能推出像《黑道家族》《絕命毒師》之類實在石破天驚、勁爆的節目。宗教、毒品、性，都讓蘋果謹慎考慮。（Netflix 有時也會有這種複雜的顧慮，每週一次的時事節目《愛國者法案》主持人哈桑・明哈吉批評沙國王儲，因而被撤下一集節目。）大家都知道，蘋果一九九○年代的知名廣告要大家「不同凡想」，並且頌揚離經叛道。而二○一五年推出 Apple Music，上架歌曲中，大膽露骨的作品如 N.W.A. 嘻哈經典〈Fuck The Police〉、Dr. Dre〈Let Me Ride〉，都經過審查變成「乾淨的」版本。

蘋果原創影集《太空使命》，內容是一九六○年代太空探索的架空歷史版本，熟悉製作過程的人士透露，影集創作者爲了劇中的抽菸鏡頭和蘋果高層吵起來。冷戰時期的太空任務場景裡，香菸就像喇叭褲和粗框眼鏡一樣是基本美學，但雙方仍爲此爭執。最後結果是抽菸可以保留，但是蘋果這種處處干涉的做法，跟採取自由放任態度而吸引到名導史柯西斯的 Netflix 大不相同。某個經驗老道、經手多項蘋果案子的好萊塢製作人透露：「蘋果不想引起爭議，我認爲那樣會很呆板無趣。許多有才華的人都擔心這點，有些人就因此決定不跟蘋果合作。」

傑米・厄立克和他在索尼電視的前同事札克・范安伯格是 Apple TV+ 的共同主管。厄立克不諱言，安妮斯頓口中的「旗艦」影集《晨間直播秀》，製作過程很辛苦。「這齣戲沒有一件事是容易的，」厄立克說：「但是，好東西永遠都不容易做。」蘋果推出的串流平台不同於其他公司的服務，他們並沒有上架其他影片，所以得要用這齣戲來打造品牌。以對手迪士尼來說，它的競爭利器是過往的動畫片庫、漫威、星際大戰等作品，相較之下，蘋果這種客製化的內容產製方式就顯得很貧乏。華納媒體和NBC環球也是運用自家本來已擁有的影片作品，不過，所有串流業者都了解串流的座右銘：以新原創節目來爭取顧客，以強大的片庫來留住顧客。

《晨間直播秀》這檔影集不只是沒有片庫幫襯，而且劇情設定背景是晨間電視新聞，還必須在高度的期限壓力下做出全新風貌。戲的靈感源頭是CNN媒體記者施泰爾特（Brian Stelter）所寫的《晨間世界》（*Top of the Morning*）一書，描述兩個非常賺錢的新聞節目《今日》及《早安美國》的激烈競爭。那種滿是電視名人的題材確實有其豐富性及趣味性，但是蘋果希望這齣戲的方向能大幅改變，於是迅速開除了曾擔任希拉蕊媒體祕書的該劇原創者傑·卡爾森（Jay Carson）。二〇一八年初，晨間新聞已經不像施泰爾特書中所描述，是個充滿愉快談話或人才濟濟的地方，而是變成#MeToo運動的戰場。《今日》主播麥特·勞爾和《CBS今日早晨》主播查理·羅斯的事業都因性騷擾指控而遭重擊，迫使《晨間直播秀》戲劇內容大幅更動，必須有更深層次的定位、更敏銳地處理大型新聞媒體組織裡的性別關係，重新聚焦於卡瑞爾所飾演的角色，還有他被拔除主持人大位的後續發展，拍攝時好萊塢著名製片人韋恩斯坦性侵刑事案件正要在紐約開審。《晨間直播秀》劇本一直處在重寫狀態。「有時候我會坐在地上哭，但是大部分時候我只能繼續往前走。」節目監製及統籌艾荷林回憶：「到了那年年底，壓力非常大。」

厄立克回憶說，兩年前他跟范安伯格去洛杉磯世紀城，來到實力堅強的演藝經紀公司CAA總部聽取這齣戲的提案報告，當時這兩個索尼電視前任執行長才剛在Apple TV+就任第三天，卻「立刻知道『就是這部戲』」。然而，兩人首先必須在這家完全是電視圈新手的公司，搞定簽合約及付訂金這些事情。即使公司的新事業版圖漸漸清晰，仍需要三到四個月的談判期。

根據蘋果的說法，安妮斯頓和薇斯朋都全心擁抱這個機會，成爲這家科技巨頭的新事業夥伴。厄立克和范安伯格的上司，蘋果網路軟體服務資深副總艾迪．庫依說：「在任何人相信我們之前，在我們開始做任何事之前，在我們知道要怎麼稱呼這件工作之前，她們就已經相信蘋果了。」雖然這齣戲也曾經提案給不同的電視台，但最後是Netflix跟蘋果兩家搶標。熟悉談判過程的知情人士表示，兩家公司提出的條件「實在是野心勃勃」。最後，創作團隊考量的是哪一家公司能讓他們成爲開創先鋒。

《晨間直播秀》前兩集在紐約林肯文化中心上映之後，立刻就很清楚這筆花費是值得的，從很多方面來說都是如此。卡爾森的繼任者咪咪．蕾德，過去作品有劇情片《法律女王》及HBO《末世餘生》這類電影式的影集，她的產製價值及導演功力都是上乘。不過，從蘋果的促銷觀點來說，這齣戲不斷在挑動觀眾，劇中主角幾乎每個場景都愛憐地撫摸 iPhone，演員在戲裡用 iPhone 設定鬧鐘、傳訊息、看推播通知。前面幾集，品牌連結無所不在，觀眾有時候會忍不住笑出來。雖然多數觀眾還願意繼續買單，但那些沒有受邀在首映盛會品香檳的影評人，就比較難被說服了。《晨間直播秀》和蘋果上架的另外八齣影片，外界評論都是毀譽參半。

庫達普飾演《晨間直播秀》劇中主持人艾立森，角色在卑鄙中帶有個人魅力，他在首映會中場的談話讓現場影劇產業人士會心一笑：「整個廣電產業在短短幾年內崩落，就這樣『啪！燈光全熄』，除非重新創造、改變，否則我們都會被科技收購。」

Netflix 推出《愛爾蘭人》，出席首映會的貴賓跨越各界，有文化菁英、金融菁英與一線明星，而這部戲的面向顯然超越這些。簡而言之，這部戲牽涉到的利害關係相當大。Netflix 全力支持這部電影，計畫在兩個月內推到各大影展，在少數戲院短暫上映，然後就在串流平台全球上架，因此這個夜晚讓人有種興奮期待的暈眩感。

即使在串流時代，推出鉅片的心態通常仍停留在二十世紀。片商會在全世界做宣傳，這裡得一個獎、那裡得到影評人讚譽，然後院線上映，最後輪到網路隨選即看，再過一年或更久之後，上架到付費訂閱的串流平台。二〇二〇年二月《寄生上流》獲奧斯卡最佳影片獎，先是前一年五月在坎城影展全球首映，然後在各大影展及海外戲院播放，最後在十月中展開美國商業院線上映。《愛爾蘭人》在紐約首映並達成主要目標，也就是堂堂登上奧斯卡名單。不過在比較宏觀的層次上，這部片清楚透露出娛樂界過去慣行方法已不再適用。Netflix 才剛剛把電視產業整個翻轉過來，接著要顛覆具有百年歷史的電影產業。這種現實狀況可能令人難堪、可能讓人充滿鬥志，或許兩者皆有，要看你處在娛樂產業哪個層級。

《愛爾蘭人》的林肯中心首映會後，附近的中央公園綠地酒吧湧入大量參加映後酒會的賓客，逼近消防安全極限。由於片長三小時，酒會遲至近午夜才開始，但飲宴者不減興致，徒步走了快一公里到酒吧，他們聊得最起勁的是：幫派電影大師又拍出了一部代表作。雖然電影主角勞勃．狄尼洛、艾爾．帕西諾、哈維．凱特爾、喬．派西都有年紀了，仍然活力滿滿與導演馬丁．史柯西斯一起向祝福者致意。史派克．李、約翰．特托羅、梅姬．葛倫霍、視覺藝術師 JR 等人都在到場致敬的數百位賓客之列。Netflix 原創影片副總史考特．斯圖博身高一九〇公分，高中及大學是棒球球員，出身加州聖佛南多谷，他大步走向酒吧後方的貴賓室，一邊對同事說「我們去找勞勃．狄尼洛」。斯圖博下顎方正、髮色深棕，對於如何親近人才經驗老道，他起步時在環球影業行銷部實習，親炙步入晚年的好萊塢大人物路易．華瑟曼。斯圖博最後爬升到環球影業總裁，二〇一七年來到 Netflix，外界認為這代表 Netflix 正式進軍原創電影產業。

斯圖博走進貴賓室，迎面碰上李奧納多．狄卡皮歐，他演過五部史柯西斯的電影。狄卡皮歐把女友莫羅妮拉到身後往出口走去，兩人在保鑣護衛下穿過廚房離開，就像《甜蜜的生活》片中場景。人群擠得水洩不通，Netflix 內容總監薩蘭多斯好不容易擠進隔壁一個小間，他跟導演諾亞．鮑姆巴赫開玩笑：「我得看緊皮夾才行！」

他不完全是在開玩笑。Netflix 的皮夾是媒體產業史上最大的，光是這一點就足以解釋當晚的激動興奮。薩蘭多斯出身鳳凰城，和斯圖博一樣是在美國西南部長大的電影迷，他在一九八〇年代末期和一九九〇年代早期管理錄影帶店，後來升任美西一家大型錄影帶連鎖店的高階經理人。他的專業能力恰好對上 Netflix 的企圖心，這家公司以影碟郵購事業起家，電影迷發現它是強力結合電影及網路的天堂。二〇一九年，這個串流巨人在全球一九〇個國家擁有一．六七億訂戶。Netflix 砸在製作內容的資金是對手的數倍之多，從二〇一五年的四十六億美元，提高到二〇一九年的一五〇億美元，還計畫繼續提高。Netflix 與其他串流競爭者不同的是，全公司八千六百個員工只專注在一個主要目標：吸引並維持訂戶。沒有廣告。沒有主題樂園。沒有線性頻道。Netflix 只專注在透過精確而單一的應用程式，將節目播送給觀眾，沒有任何事能讓它分散注意力。

顛覆破壞一直是 Netflix 的 DNA。他們發給現任及未來員工的「文化集」中，就以命令式語調寫著：「你在改變中茁壯」。在電視方面，二〇一三年 Netflix 一記直攻，一口氣上架十集政治懸疑影集《紙牌屋》，掀起「狂追劇」的概念。從那時起，所有類別的節目，包括動畫、兒童節目、實境秀，全都進入 Netflix 鎖定範圍內。訂戶平均觀影時間在兩小時以上，不過，整體潛在市場（簡稱 TAM）還是相當廣大。Netflix 共同創辦人海斯汀表示，以電視裝置觀看影片的全球總數量，Netflix 只占一〇%。它的訂戶在全世界持續成長，雖然在美國成長步調已緩和下來。同時，美國付費電視家戶數從二〇一五年已下降一五%，而且訂戶數持續下滑。在影劇創意社群內，Netflix 也施展不尋常的拉力，全力衝刺艾美獎、奧斯卡、金球獎，而且在提名數量上已經跟傳統媒體公司比肩。這個單一大公司的崛起，讓許多好萊塢老手感到不安，更別提院線業者、有線電視及衛星電視通路業者，和長年以來其他利害關係人。許多影視人才被 Netflix 吸引，原因仍然跟以前一樣，就是往口袋深的靠攏，口袋深的人通常會舉辦最華麗的派對。

Netflix 以紅紙袋寄送影碟起家的十年之後，二〇〇七年開始以網路串流播放電影和影集。打破規則的作風，以科技思維方式來傳送影視娛樂服務，贏得顧客忠誠。Netflix 起先是在不受限的空間上架影碟，幾乎市面上每一片影碟都有，因此吸引到死忠電影迷。後來轉移到線上，Netflix 從媒體公司取得播映權，現在就是這些媒體公司要跟它競爭。Netflix 高層開出極高價碼來買影片，有時候高達幾億美元，就爲了取得已經被看到爛的片子，例如迪士尼皮克斯動畫、情境喜劇經典《六人行》及《我們的辦公室》等。

在 Netflix 早期，尤其是尚未開始製作原創內容或《愛爾蘭人》這種驚世巨作之前，關鍵並不是 Netflix 提供了什麼，而是它如何提供服務。訂戶不需要等好幾個月才能在自家客廳欣賞具有電影公司出品水準的電影；不需要坐等廣告播完、或是等個一週才能看到新的一集。Netflix 使用者介面的內嵌設計，讓觀眾可以一次看完整部影集，一口氣看十集，播放系統讓觀眾跳過一齣戲的開場名單（很長，還有主題曲），也容易跳到下一集，只要按一下按鈕，就像從糖果機裡再取一顆糖那麼簡單。觀眾想要隨選即看，而有線電視和衛星電視供應商都沒有提供這些讓人順暢使用的功能，因此付費電視業者落後了好幾年。

但是，創新經常會引起產業守門人懷疑，甚至挑起敵意。二〇一八年，在影劇圈地位超凡的坎城影展，禁止 Netflix 進入它的全球電影大匯演及買賣市集，理由是若串流讓人有一絲置身於電影院的感受，那是對真正電影藝術的詛咒。坎城影展藝術總監泰瑞·法莫解釋：「它們那種不合作、不妥協的模式，現在跟我們是對立的。」即使在二〇二一年中期，戲院上映和串流平台上架比以前更自由混搭，但是坎城影展仍禁止 Netflix 進入。許多產業界有力人士公開或私下支持這個立場。史蒂芬·史匹柏宣稱，由串流業者支持的劇情片是「電視式的電影」，因此不具備奧斯卡的資格。AMC 及帝王戲院等美國主要院線業者和 Netflix 坐下來談，希望能找出折衷方案。大部分電影在戲院上映有九十天窗口期，這條行規某種程度會被改變。（在電影公司施壓多年之下，電影窗口期已經壓縮到七十四天。）根據某個協談參與者說，雙方「已經快談攏了」，但院線業者不同意再縮短窗口期，「後來就破局」。斯圖博跟 Netflix 團隊盤算的是四十二天，大約是標準窗口期的一半，因爲過了這個天數之後票房通常會下滑。當然，總是有那種慢慢熱起來的成功案例，但是大片幾乎都在六週以後就降溫了。

與坎城影展大相逕庭的是，紐約影展誠摯歡迎 Netflix 與其他串流影片，即使這個影展是林肯中心電影協會主辦，場地是精緻藝術的聖殿。第五十七屆紐約影展，除了《愛爾蘭人》之外，Netflix 還帶來鮑姆巴赫執導的犀利離婚劇情片《婚姻故事》，還有瑪蒂·迪歐普在塞內加爾拍攝的超自然主題長片《大西洋》。

對七十八歲的導演史柯西斯來說，跟串流巨人結盟是違反直覺的，因爲他打從內心擁護電影傳統，他本人就是傳統電影的化身。不過，這個決定是很實際的。史柯西斯跟勞勃·狄尼洛醞釀這個熱血計畫已有多年，他向派拉蒙影業提案，以前他曾跟派拉蒙談成全套協議，拍出《沉默》《隔離島》《雨果的冒險》等電影。但是，在傳統體制內，史柯西斯無法獲得支持拿到一．六億美元預算。這筆龐大預算包括使用先進「減齡」技術，讓同一個演員飾演跨越幾十年的角色。向其他電影公司提案也未獲支持，一個個遭拒。撇開史柯西斯的浪漫情懷，也就是跟艾爾·帕西諾第一次合作、跟勞勃·狄尼洛第九次合作，而且還讓喬·派西答應復出，《愛爾蘭人》完全符合好萊塢在二〇一〇年代極力避開的電影。它是一部製作昂貴、步調精心設計的時代劇，沒有任何授權潛力或周邊商品。就算能闖過各種獎項並橫掃奧斯卡，票房和成本頂多也只是打平而已。

「我們找到人願意支持，那就是 Netflix，」史柯西斯在開幕夜解釋：「沒有人肯給我們製作電影所需要的資源，老實說他們都沒什麼興趣。」史柯西斯還說，薩蘭多斯和斯圖博「跟我們靈活配合，而且從來不曾干涉」。勞勃·狄尼洛的長年製作夥伴珍·羅森薩爾歸功於先前跟 Netflix 合作過，她在 Netflix 做過兩部片子《別人眼中的我們》《史上最大宗名畫劫案》，不過她說，還是需要一些磨合。她回憶：「你會開始說不一樣的語言。開行銷會議的時候，我問『主視覺是什麼？』」在傳統電影行銷中，主視覺就是定義電影宣傳的那張海報和主視覺圖片，例如《大白鯊》鯊魚往上衝向在游泳的女生，可是羅森薩爾說，在 Netflix，「他們會一直換那些方塊」，來強調一部電影或電視劇的不同元素，視訂閱者的人口分布狀態和習慣而定，「在你的帳號裡會跑出來的影片順序，跟在別人帳號裡是不一樣的。」

像羅森薩爾這樣的製作人，在監督工作表現方面，也會發現自己處在獨特的位置。不會再有隔夜尼爾森收視率統計，取而代之的是，製作人和導演會收到 Netflix 提供的自動報告顯示收視人數，有兩段區間：一齣戲上架後十天和二十八天。外部數據包括一般熟悉的洞察，就是觀眾的性別及年紀；也有更現代的指標，例如收視家戶數。不過，像《愛爾蘭人》這種電影就沒有好萊塢的尊榮儀式了，也就是上映第一週的週末票房，而改爲第一個月的收視數。對於向來習慣以星期五午場排隊人數，來預測該部電影整體財務表現的產業，一個月就像永恆那麼久。

史柯西斯和破壞顚覆的力量站在一起，自知會招致批評，他很小心不要在宣傳電影時爲串流革命吹起號角，不過他仍形容《愛爾蘭人》是個「有趣的混合體」。他觀察到，這部電影的存在會啓動對話：「你如何權衡『某部電影是什麼』？要在家裡看或在電影院看，甚至是根本不上電影院，只在影展看？」Netflix的《愛爾蘭人》在感恩節上架，觀眾迅速展開辯論：爲什麼它是拍成一部劇情片，而不是多部同系列電影？有一則推特貼文熱烈討論，這部電影在哪個時間點可以切斷，變成四部各四十五分鐘，這樣比較好消化。史柯西斯甚至拿自己在紐約大學的時期來比較，當時正逢一九六〇年代新浪潮／新好萊塢電影。他觀察到：「我們正處在非凡的變革時期。」

PART
1

Netflix 設下標竿

第一章　在蜂群中發現電視

獨立電影人大衛．布萊爾曾在許多電影節及大學校園播放他的電影，放映儀式都是安排好的，觀眾等著室內燈光暗掉，然後他的影像就會填滿整個大銀幕。一九九三年四月某一天，布萊爾走進紐約曼哈頓的通用汽車大樓，他知道這場放映會的氣氛將會完全不同。觀眾會在電腦上觀賞他的實驗新作《蜂蠟，或在蜂群中發現電視》，這是第一部用網路串流技術播放的劇情片。

一群人聚集在辦公室啜飲塑膠杯裡的飲料，這個空間看似曾經裝過一部占滿整個房間的超級電腦。眾人跟布萊爾打招呼，他腋下夾著一卷錄影帶，那就是他的電影。辦公室牆面裝著外露的隔音材，在布萊爾眼中「就像廉價的蘇俄太空裝」，正中央只有一件擺設：桌上一部錄放影機，還有一部矽圖公司的高端機器，以專用的T-1電話線連接到傳送即時影像及音訊的群播虛擬網路。某位昇揚電腦工程師說，這次串流播放實驗，輕易就能勝過當時最炫的辦公室活動：看某人泡咖啡。這次播映動用了這群人所能蒐羅的所有電腦火力。四年前，英國科學家伯納斯-李才剛想出讓大學及研究機構科學家透過電腦網絡來分享資訊，那就是全球網際網路的雛形。

布萊爾的電影是他自編自導的，在發行上碰到困難。影片主角是一個武器導引系統的製作者傑科布·麥克爾，他被自己養的蜂群給控制住了。這些昆蟲其實是靈魂使者，牠們在麥克爾的腦袋裡植入水晶電視，把他當作某種導彈去攻擊沙漠裡的伊拉克突擊隊。

布萊爾把作品寄給一份電子郵件名單上的人做宣傳，這個郵件群組叫Phrack，是一群熱愛電話竊聽的傢伙。著名的電腦科學家大衛·法伯注意到這件事，又把郵件轉寄給自己心目中一群「有趣的人」。

這個在技客圈子裡轉傳的消息，沒多久就傳到頌揚數位文化的新雜誌《連線》創辦人耳裡。雜誌刊出一篇影評，說這部片是「最火熱的『電子劇院』作品」。布萊爾受邀參加《連線》雜誌發行派對，在那個場合他釣到「稍微大一點而且比較危險的魚」，後來其中兩人還跟他提議「在網路上播放他的電影」，布萊爾熱切答應了。本來相當小眾的獨立電影，沒多久就會傳播到前所未見之處。

據說這次利用新科技試播，工程上費了好大一番工夫。布萊爾把錄影帶放進錄放影機，訊號傳到電腦裡，電腦把影像傳到網路上。位在加州山景城的一群昇揚電腦工程師，在這場數位首映的中途，用他們的超大型電腦工作站來接收閃爍的畫面。

當時昇陽電腦工程經理克斯勒就在傳輸的接收端。那時候稱爲多向廣播（multicast，或譯群播）的串流播放技術，是影像壓縮研究的累積，由史丹佛大學、南加州大學、勞倫斯柏克萊國立實驗室透過一個相連的電腦網絡來傳送。當時絕大部分網路流量都是研究機構和政府機關的內容，不過有些電訊傳播公司如 WorldCom 及 AT&T，也有興趣建立比較穩定的網路給企業界使用。克斯勒回憶說：「就是那部電影，那是第一次完整的全球化嘗試。那個人來這裡……他有點像是來宣傳那部次文化電影，他想得到一點外界報導，我們則是想找有趣的事情來實驗，所以就答應了。」

克斯勒回想，當時那個電影畫面是模糊的，影像傳輸是超慢的每秒鐘十五格，大約是標準廣播傳輸頻率的一半，而聲音「就像訊號很差的電話」。不過，在串流影音廣泛普及之前二十年，那個時刻象徵了數位影像的誕生。在歷史聚光燈下，布萊爾卻有一種虎頭蛇尾的異樣感，「一個沒有座位、有錄放影機的播映室。最低解析度，而且沒有人眞的在看。他們很小心地把錄影帶放進去，按下鍵盤上的按鍵，就這樣播出了。」

這次播映看起來不像是什麼勝利，卻是歷史性的一刻。而且，這次播映連結到一連串透過機器讓畫面動起來的視覺嘗試。人們著迷於螢幕上會動的影像，最早可以追溯到近二百年前，大約跟工業化興起同一時期。關於電視，口述歷史《電視盒子》（*The Box*）是一本不可或缺的著作，作者基斯洛夫（Jeff Kisseloff）敘述第一次嘗試是在一八二○年代：「早期這些令人驚異的作品，有著同樣令人驚嘆的名字，」例如 Fantascope、phenakistoscope、zoetrope，「做法是在碟片邊緣刻上圖形，碟片轉動時，透過一個觀看器，這些圖形看起來就是連續動作。」

美國南北戰爭之後令人吃驚的電話機問世，這要歸功於AT&T共同創辦人貝爾（Alexander Graham Bell）。深深著迷的美國人開始預期，有一天影像會混入聲音。一八七九年《Punch》雜誌有一幅跨頁，插畫家杜莫里耶（George du Maurier）精妙地描繪某個裝置投射出會動的畫面到客廳牆上，雖然這個裝置是想像出來的，卻完全可能成眞。杜莫里耶這幅鉛筆畫，顯示出某個家庭坐在客廳，與網球比賽中場休息的球員視訊通話。法國藝術家及作家赫比達（Albert Robida）身處同一時代，遠在輕歌舞劇、動畫、廣播或電視出現之前，他想像出類似杜莫里耶的裝置未來可能會是什麼樣子，赫比達把這個裝置命名爲「電聲鏡」（téléphonoscope）。

赫比達以寫作及插畫創作出一系列迷戀科技的故事，他和被譽爲科幻之父的凡爾納（Jules Verne）同一時代。赫比達最歷久不衰的小說《二十世紀》（*Le Vingtième Siècle*）在一八八三年設想出的多媒體環境，至少要在一百年後才會實現。赫比達想像有六十萬訂閱者付費閱聽現場新聞，還有類似現代實境秀的通俗連續劇，以及許多誘人的事物，他竟然預期到現今的科技裝置和消費者習慣，全是現代世界互聯及串流的核心。「電聲鏡」螢幕占滿整個牆面，從世界各地都可以個人化隨選即看，螢幕就是這個網絡的神經中心，它能播放發生在中國的戰爭畫面、肥皂劇、荒謬音樂劇、來自歐洲各首都的歌劇和芭蕾表演、零售商品、遠距課堂教學。（多麼符合二〇二〇年啊！）

RealNetworks創辦人葛萊瑟（Rob Glaser）回憶，一九九三年春某天在德州奧斯汀，他跟電子前哨基金會董事們圍觀一部電腦螢幕，轉瞬間看到未來。基金會董事法伯對葛萊瑟說「你一定要來看看這個叫 Mosaic 的東西」，那就是他推出的第一個新式網路瀏覽器。在此之前，網路一直都是閃爍的字母及數字和字元的集合體。螢幕上的 Mosaic 顯示出影像，啓發了葛萊瑟更進一步把這些文字圖片集合體加上聲音。他用曾在微軟任職十年所累積的股票收益創辦一家公司，將聲音傳送到網路上。葛萊瑟說：「因爲，以我們在這裡討論的那種位元速率，要做多聲道音響還要好聽，似乎是個挑戰。」他的公司在一九九五年四月推出 RealAudio Player，有美國全國公共廣播電台晨間及晚間新聞《晨間彙編》《萬事皆曉》、ABC 電視台即時新聞。隨著網路速度和壓縮技術不斷進步，不久後就能串流音樂和影片。

大約同時，馬克．庫班（Mark Cuban）坐在德州達拉斯的加州披薩餐廳裡，跟好友兼事業夥伴陶德．韋格納（Todd Wagner）一邊午餐，一邊咀嚼著一個想法，那就是把現場運動賽事轉播到呼叫器上。庫班說：「我不認爲可以轉播到呼叫器上，所以我們很快就放棄這個想法，我跟陶德說，我可以想辦法利用網路這個新東西，收聽我們母校印第安納大學的球賽。」能在達拉斯聽到布明頓的比賽，任何辦法都好過在布明頓的通話揚聲器旁邊放一個無線電。兩人在庫班家中第二個臥房成立 AudioNet.com，跟一個地方短波電台推銷：「網路對廣播造成的顛覆，會像寬頻改變了電視那樣厲害」。他們把一部三十美元的卡式錄影機接上這個地方廣播電台的音控台，每錄滿八小時就送到庫班家裡編碼，輸入伺服器串流播放。這個網路廣播電台後來改名爲Broadcast.com，搭載超級盃等現場賽事，一九九八年達到破紀錄的首次公開上市，後來在網路熱潮的高峰期以五十七億美元賣給雅虎，帶有挑釁性格的共同創辦人以德州人的霸氣成爲億萬富豪。在這些早期科技發展上，創辦於一九九七年的Netflix、電商先鋒亞馬遜、全民都可使用的影片平台YouTube，很快都打下全球事業基礎。庫班說：「我們讓串流變成主流，也讓它變成千百萬人每天都在使用的東西。那是一段很特別的時光。」

這些早期串流事業的潛力，一旦在市場上得到證明，沒多久好萊塢製作人就發展出願景，想把娛樂事業往前推進。

塔普林（Jonathan Taplin）進入娛樂事業初期，擔任著名歌手巴布・狄倫及樂團的巡演經理，幾年後轉戰電影圈，製作史柯西斯的成名作《殘酷大街》。接下來二十年，塔普林的作品集擴增到二十六小時電視紀錄片和十二部劇情片，包括史柯西斯執導的《最後華爾滋》，記錄樂團在舊金山的告別表演。身爲電影製片人，他很清楚電影院面臨的挑戰，尤其是紀錄片或導演風格強烈的劇情片，必須與強檔大片如《鐵達尼號》《侏羅紀公園》《ＭＩＢ星際戰警》競爭。同一個電影院改裝成三十個放映廳，讓美國的大銀幕數量十年內翻漲一倍。雖然一九九〇年代獨立電影因爲《性、謊言、錄影帶》成功而引發熱潮，大銀幕仍多半由好萊塢強檔巨作占據。塔普林認爲科技提供了改革電影發行方式的機會，那就是隨選即看的數位影片。

位於科羅拉多州路易斯維爾的研究機構「有線電視實驗室」，初步展示了透過電話線路來播送影片，讓塔普林相信這條路可行。據他後來回憶，當初那影片斷斷續續的，但是畫面足以塡滿一個電視機螢幕。塔普林說：「我腦袋裡就像有個燈亮起來，」比起週五晚上去百視達瀏覽成排錄影帶，他希望提供給消費者更廣泛的租片選擇。「我心想：『這種經驗太糟糕了，但人們還是想看電影。大家要的是想看的時候就可以看。』這就是我們的理論。」

一九九六年六月，塔普林推出 Intertainer，發展出消費者介面，並測試是否能透過網路把電影播到電腦上。微軟提供軟體工具和 Windows Media Player 給 Intertainer（微軟曾經提案過，但未獲任何電影公司支持）。塔普林從微軟及索尼、英特爾、有線電視業者康卡斯特等重量級企業拿到將近一億美元，打造出視聽娛樂的串流服務。

在業界，Intertainer 累積最多線上電影片庫，隨著高速網路在家庭普及，它開始蓄積動能。塔普林跟大部分好萊塢電影公司談成購買協議，不只是投資者索尼影業旗下的電影公司，還有華納兄弟、環球影業、獅門影業、米高梅。至於派拉蒙影業，他們的總監杜爾傑（Jonathan Dolgen）是個不妥協的頑固人物，既擔心又厭惡科技的顛覆力量。

塔普林回憶：「他說『我絕對不會把我的電影放到任何網路上，哪裡都不行』。」杜爾傑有個助理對塔普林說：「你還算走運的。上週有個 TiVo 的人來跟我們做簡報。結束後他們問『可以來談談協議嗎？』，杜爾傑拿起 TiVo 的盒子，直接從二樓丟出窗外。」雖然杜爾傑可能不是科技烏托邦人，但他要維持現狀有個務實理由——派拉蒙的母公司是維亞康姆集團，而維亞康姆還擁有百視達。

二〇〇二年 Intertainer 夭折，原因可以追溯到這些電影公司，決定透過索尼主導的新公司 Moviefly（後來改名爲 Movielink），收回所有授權、自行控制網路發行。塔普林說：「我們的服務本來有八千部電影，一週之內變成只剩八部。所以我別無選擇，只能收掉公司。」

塔普林提告索尼影業、環球影業、美國線上時代華納（當時是華納兄弟及新線影業的母公司），他宣稱這些電影公司偷取他的點子，而且違背協議沒有提供影片給 Intertainer。經過三年訴訟，最後以數千萬美元和解。不過，塔普林是付出很大犧牲才得到這個勝利，他決定對這些電影公司提告，等於是結束自己的電影事業。他在學術圈重新開始，在南加大教書，並且書寫及演講科技與媒體議題。

Movielink 在各電影公司撐腰之下，搶在 Netflix 前面（Netflix 本來是做訂閱制影碟郵寄，成立十年後二〇〇七年才轉戰串流）。一九九九年，魯本斯坦（Ira Rubenstein）開始爲 Movielink 打造服務原型，定位在電影下載服務，目的是協助索尼影業及其他電影公司，迎戰愈來愈嚴重的網路盜版威脅。這個服務給消費者某種程度的彈性，可以租片或是燒錄光碟並借給朋友（借方必須費事取得數位「密碼」來解鎖這個檔案），畢竟要打擊未經授權的拷貝，就要有科技的鎖。

爲了合法的線上電影服務，魯本斯坦跟派拉蒙、環球、二十世紀福斯電影公司高層見面尋求支持，每次簡報結論時，他都強調盜版威脅的急迫性。魯本斯坦回憶，他告訴這些苦惱的高層，「順帶一提，你們的電影已經被放到網路上了」，他會用自己的電腦播放正熱映中的院線片的盜版給這些高層看。

各大電影公司同舟一命，Movielink 利用這個難得機會來取得資本，或者更精確地說，大家都憂心電影產業會跟音樂產業遭受同樣命運，於是在這種恐懼中聯合起來。音樂產業太慢發展出替代方式來迎戰像 Napster 這樣的點對點（P2P）檔案分享網站，導致營收懸崖式下滑。根據美國唱片產業協會估計，一九九九年營收高峰爲一四六億美元，二〇一五年掉到約七十億美元。影視界的普遍感受是「多虧老天開恩，不然我們也要遭殃」。至少 Movielink 還提供一個實際的積極做法，幫這些電影公司避免遭到 Napster 那種力量席捲。

米高梅、派拉蒙、環球影業、華納兄弟，全都投入這個新事業。然而，各家利益很快就出現分歧。派拉蒙堅持要僞裝下載檔案來反制盜版，技術上，這樣影片在網路推出的時間就必須延遲。電影公司聘請的律師堅持限制租片期限定爲二十四小時，比百視達可以租七天短很多，這樣才能符合跟 HBO 簽定的契約文字，契約規定是限制每次付費觀看。電影公司拒絕調降租片或販賣影碟的價格，因爲擔心吃掉影碟銷售量或是減少利潤。

魯本斯坦說：「我後來不再去董事會開會了，因爲看著別人殺掉我的寶寶，太痛苦了。」

這場兩敗俱傷的戰爭，拖慢了網路服務的推出，隨選即看的服務先鋒注定失敗，把戰場讓給像 Netflix 這種外來者去創新，讓它抓到尋求更實惠方便服務的新一代消費者。Movielink 正式成立四年之後，或者以網路術語來說等於是一輩子，終於在二〇〇六年面世，接著立刻就開始大量燒錢。一年後，Movielink 賣給百視達，因爲這個租片巨頭看到 Netflix、蘋果、亞馬遜、沃爾瑪都轉向線上發行了。

當然百視達本身也走上錄影帶消亡的路，這個曾經主導租片市場的霸主輸給腳步迅捷的科技對手，在二〇一〇年宣告破產，最後一家店面在二〇一四年關門。影片串流空間裡，除了亞馬遜、蘋果 iTunes、Netflix 之外，還有幾家專攻小眾市場的數位供應商，例如 GreenCine 和 Jaman。這些影片串流業者在二〇一六年首度超過美國影碟和藍光碟片銷售數。

媒體產業高層白白浪費了早期創新機會，二〇一〇年代才急忙跟著未來趨勢家赫比達衝進家戶客廳，這時候他們已經不需要再被說服「追劇時代」已然到來。赫比達形容他的願景是前一波發明創新的「高潮頂峰」，這個願景既簡潔又充滿希望，經過幾十年之後召喚著這些媒體人。當然，即使在疫情過後，大公司還是會把影片放到電影院上映；即使放棄了 Movielink 及 Intertainer 等相當有前景的機會，仍會設法在自家串流服務上架各式影片。關於串流，赫比達許多驚世預言之中最厲害的是，它有個最突出的特質魅力：效率。

赫比達帶著奇異的遠見，幻想出他的創造物：「此裝置有個簡約的水晶螢幕，平貼在牆上或是像鏡子設在壁爐上。愛好觀劇者不必離開家門，只須安坐螢幕前，選擇戲劇，建立通訊，節目馬上開始。」

第二章　好萊塢的新重力中心

在很多方面來說，好萊塢的故事就是暴發戶的故事。第一家電影製片公司，在一個世紀前由一群多數是猶太移民的人成立，無窮的企圖心掩蓋了簡陋的起步資源。他們經過長途跋涉後在南加州落腳，在沙漠中的不毛之地建立幻想工廠。「當初他們是住在泥坑裡，」劇作家亞瑟．米勒說：「但是在這裡，夢是絕對可以實現的。如果你想得出來，就做得出來。那是魔法。他們用魔法塡滿電影。」

雖然他們是施魔法的人，但早期娛樂產業的建構者仍被當作是新貴。華納兄弟共同創辦人傑克．華納是這個新興階級的代表人物，他把位在比佛利山的西班牙式莊園改建成仿南北戰爭前時代的樣式，呼應美國國父傑佛遜的蒙地切羅莊園。他在地下室設了一個保齡球道，在庭園蓋了一個九洞高爾夫球場。這棟房子就跟新聞大亨赫斯特（William Randolph Hearst）的加州海岸莊園一樣塞了許多偷來的物品，包括法國凡爾賽宮的拼花地板。

華納這棟舒適宮殿的設計師，是曾經當過演員的比利．漢尼斯（Billy Haines）。在好萊塢黃金年代，漢尼斯公然與男性伴侶同居卻還能成為一線明星，但後來米高梅創辦人之一梅耶（Louis B. Mayer）封殺他，演藝事業逐漸走下坡。這個電影公司老闆堅持要漢尼斯找個妻子，當時許多男同性戀演員都這樣做。還好漢尼斯找到另一個事業選擇，他很快就成立精品及室內設計事業，成爲「好萊塢攝政風格」這種美學的創立者之一。除了設計房子之外，漢尼斯還把自己收藏的藝術品出借給電影製作，他的客戶有瓊·克勞馥、喬治·庫克、隆納·雷根等。

二〇二〇年在Netflix上映的另類歷史影集《好萊塢》劇中就有漢尼斯這個角色，這部影集是由萊恩·墨菲執導，他的著名作品包括《公眾與O·J·辛普森的對決》《整形春秋》《美國恐怖故事》等等。《好萊塢》在洛杉磯許多地方拍攝，但是劇要完全鮮活起來，還得靠一群工作者在日落大道五八〇八號這棟建築物裡努力打造。這裡其實是Netflix的美國總部，這棟房子被暱稱爲「Icon」，十四層樓高的玻璃鋼構現代建築，與漢尼斯和他的上層客戶所喜愛的華麗多彩風格，相差十萬八千里。簡潔俐落的線條及白色立面，強調出整齊劃一的外窗。凝視這棟建築夠久的話，你會發現它就跟Netflix首頁很像，一塊一塊長方形的電影及影集封面圖片，排成一列一列，可以上下左右捲動。

在洛杉磯這座熟稔拍片的城市，好萊塢各家電影公司都認爲，透過所在地的實體空間，表現出自身在影視產業這部劇情片中扮演什麼位置，是很重要的。派拉蒙的入口是華麗的鑄鐵大門，鏤空精雕金屬工藝，令人想到這家電影公司在早期電影時代的根源。（金屬柵欄是在默片明星范倫鐵諾的粉絲衝破警衛防線、爬過沒有防攀圍籬的大門之後才加上去的）。迪士尼總部大樓是由麥可．葛里維斯（Michael Graves）設計，特色是屋脊線由七個近六公尺高的淺浮雕小矮人頂住，對這家公司的動畫傳統俏皮致敬，迪士尼第一部動畫長片是《白雪公主與七矮人》。

而 Netflix 總部大樓「Icon」的建築美學，完全是二十一世紀，不過它的活力正如漢尼斯在一九四〇年代好萊塢所定義的場所風格，重點在於：它是娛樂事業的新重力中心，是螢幕上網路串流畫面的實體宣告。就像湯姆．安德森（Thom Andersen）的紀錄片《洛杉磯扮演它自己》所說：「好萊塢不只是一個地方，它也是電影產業的轉喻。」同樣的，若考慮到大量元素湧入這些俐落簡潔的牆內，Icon 這棟建築也是所有串流的轉喻。

這棟建築座落在好萊塢高速公路旁的某個街區中央，這個地帶陸續中產階級化。此地距離「高爾峽谷」只有五個不長的街區，那裡以前有幾家聞名的攝影棚，哥倫比亞影業和《我愛露西》劇組曾經用過。一九二七年華納在那裡的片廠拍攝第一支有人說話的影片《爵士歌手》。兩公里半之外是埃及戲院，那是鍍金時代的電影宮殿，一九二二年在此上映第一部電影，是由道格拉斯．芬班克主演的《羅賓漢》。Netflix 搬進 Icon 之後，與非營利組織「美國電影學會」合作接手營運埃及戲院，開始使用這間戲院來上映電影及舉辦活動。Netflix 還有另一項類似的投資，搶救了紐約廣場酒店旁邊的巴黎戲院。這些租約引起外界謠傳，如果院線業者不願意上映 Netflix 的電影，

Netflix 大可以繼續把這些生存堪慮的電影院買下來，不過 Netflix 一直否認這種謠言。二〇二一年春，好萊塢很有名的兩家電影院「圓頂戲院」「弧光戲院」因疫情而宣布關門，影迷呼籲 Netflix 買下電影院，記者亞舍・阿里（Yashar Ali）發推特文說：「Netflix，你知道該怎麼做吧」。

在 Icon 這棟大樓附近遊覽時，首先會注意到的並不是娛樂圈亮麗的一面。一百多年來，這個勇氣之地已經見證過數次興衰輪迴。日落大道兩個街區外的丹尼快餐店是乞討者最愛的地方；高速公路另一側的家用品大賣場停車場聚集了許多臨時工人。二〇一九年，疫情尚未迫使企業界重新思考辦公空間之前，Netflix 宣布擴張到總部對街新大樓 Epic，並且在附近大樓 Cue 租下許多層辦公空間。

現在還很難預測美國職場的未來樣貌，但是 Netflix 創辦人及共同執行長海斯汀在疫情期間就說，遠距工作「完全是無助益的」，而且半開玩笑地發誓要在「疫苗核准後十二小時內」叫員工回到辦公室上班。不管 Netflix 辦公室裡實際上有幾個人，它傳遞了這個企業的核心品牌價值。內容總監薩蘭多斯在二〇一六年某次好萊塢商會演講提到總部大樓，「像這樣的建築就透露出，你是什麼樣的人、你相信什麼事、你想要做什麼。」Netflix 最新辦公空間的建築美學是由舊金山建築設計公司金斯勒監造，這家公司過去跟許多不同客戶合作，包括科技公司臉書、Airbnb、Salesforce。員工活動呼應公司建築外觀及營運方式，這並非偶然。金斯勒描述 Netflix 在日本的主辦公室「充滿玩心地結合了功能和空間，暗喻這家公司豐富的網路內容；讓員工沉浸在不同場景中，就像顧客沉浸在 Netflix 包羅萬象的節目裡」。

在總部大樓的入口接待大廳，很容易就讓來訪者完全沉浸當中。即使在疫情時重新調整某些空間（免費有機零食，再見了），但入口大廳仍反映出《紐約時報》給這家企業的評價：「好萊塢的市政廳」。每天都可以看到一線明星在此進出，像李奧納多·狄卡皮歐、大衛·萊特曼、碧昂絲、布萊德·彼特等。最近某個週間早上，席維斯·史特龍和隨從在大廳站成半圓形，有些人一邊啜飲著現場咖啡師準備的濃縮咖啡。入口大廳上方有個超大銀幕，長約二十五公尺、寬度近四公尺，播放預告片及影片片段（這面牆另一側就是一整間播映廳）。好萊塢過去的會面場所是馬爾蒙莊園酒店、Tower Bar、Soho House 等，現在則是 Icon 入口大廳。不過，跟其他公共場所不同的是，Icon 提供了「入口大廳的體驗」（據設計師描述），地點就在一家公司的內部。這裡提供的果汁可能比較接近老牌經紀公司 CAA 及 Endeavor 總部，或是過去各時代的電影公司。這麼多影劇作品及演藝人員，穿過這家科技公司運作得一絲不苟的機器，讓這個空間具有無窮的魅力。很少人能抗拒在 Netflix 見面開會的機會。

進入 Icon 大樓，除非你是歐巴馬那種最高層級貴賓由地下通道進入，否則大家都是從一個大玻璃展示箱旁邊的大門進去。這個展示箱的層架上擺放各大獎項的獎座：英國演藝學院電影獎、金球獎、奧斯卡獎、艾美獎，一個一個小雕像朝外擺放。「生意盎然牆」掛上三千五百種植物；螢幕輪流播放歷來 Netflix 最受歡迎的影集，通常視來訪者而替換。（例如導演艾方索·柯朗走進來時，抬頭就會看到他二〇一八年在 Netflix 上架的電影《羅馬》。）

如果 Icon 建築代表這家公司在二〇一〇年代成爲主流，那麼早期的 Netflix 顯然更爲務實，也比較敢拚。海斯汀在創辦 Netflix 之前是一家軟體公司 Pure Atria 的執行長，這家公司買下另一個公司 Integrity QA，而馬克·藍道夫就是 Integrity QA 的共同創辦人。藍道夫後來在 Pure Atria 擔任行銷主管，在一九九〇年代科技公司互相併購時期，這家公司很快又被賣掉。這宗併購案通過審核之後，海斯汀拿到一筆豐碩報酬，而藍道夫也準備離開；等待併購案執行完畢那幾個月，兩人還是領薪水每天到 Pure Atria 在矽谷桑尼維爾的辦公室做各種專案。那時候創投資金湧入，股市正逢牛市，藍道夫很想從頭創辦一家公司，而海斯汀愈來愈專注在教育改革上，但是打算以投資人或顧問角色摸索。海斯汀和藍道夫兩人都住在聖塔克魯茲，所以很快就輪流開車通勤，在翻越聖塔克魯茲山脈的十七號高速公路上，兩人天馬行空地交換想法。

藍道夫觀察到，矽谷喜歡原創故事、啓發性的傳奇、深入某家公司精髓的洞見。這些故事中最受人喜愛的是，能夠產生豐碩回報的顛覆式變革。就像坎普（Garrett Camp）因爲和朋友在除夕夜花了八百美元雇用私人司機，於是開始醞釀創辦 StumbleUpon 的點子，你可以把它想成是充滿酒精味的 Uber；還有 Airbnb 創辦人切斯基（Brian Chesky）

與捷比亞（Joe Gebbia）把閣樓客房變成民宿經營，出租氣墊床給一個客人可以收取八十美元，以分攤舊金山貴得離譜的房租。

而Netflix傳奇故事的開始，則是一個很高遠的目標，至少根據大眾流傳的說法是這樣的：海斯汀說他在百視達租《阿波羅十三號》，超過歸還期限而被收取四十美元，他心想：「如果沒有遲交罰款會怎麼樣呢？」但是，這個串流巨人的創始源頭，其實比這個省事的說法更爲複雜。這個服務原本的消費定位是，租片不用擔心歸還日期或遲交罰款，共同創辦人藍道夫說，這個想法其實並不是靈光乍現，而是跟海斯汀在長途通勤中無數次腦力激盪而來。

藍道夫駕駛他那輛破舊的富豪汽車，或是坐在海斯汀乾淨的豐田汽車裡當乘客，他提出許多創業點子，像是透過網路販賣個人化的衝浪板、狗食、洗髮精等。而冷靜又擅長分析的海斯汀，則是反駁每個想法，說這些做不起來。最後兩人想出一個眞正有潛力的點子：用電視看電影。可是錄影帶太大不好郵寄（而且郵寄挺貴的，一片至少要花七十五到八十美元），這個原始構想觸礁後不久，一九九七年海斯汀讀到有關影碟的報導，這種碟片就像CD那麼大。影碟在價格上比較親民，而且很輕薄、適合郵寄。不過，在郵寄過程中是否能保持完好呢？他們在唱片行買了一套二手的佩西．克萊恩暢銷金曲集，把CD塞進卡片尺寸的信封裡，貼上三十二美分的郵票，郵寄到海斯汀的家。兩天後寄到了，還保持完整——創業概念得到驗證。

海斯汀、藍道夫和一群天使投資人，總共拿出一九〇萬美元成立新創公司，聘了十幾個人。起初六個月聚焦於建立簡單的電商網站，銷售及出租影碟。「一九九八年當時還沒有那麼多影片，而且幾乎沒有地方可以買。」藍道夫說：「所以我們決定可以做一站式商店。」第一個 Netflix 辦公室，以前是個銀行分行，位在舊金山灣區南方的史考茲谷某個辦公園區，開車在十七號高速公路上會經過這個城鎮。藍道夫回憶說，這間辦公室有「臭臭的綠色地毯」，藍道夫跟同事喜歡開玩笑說，這種顏色就跟公司打算要賺到的錢是一樣的顏色。公司最初一批影碟堆放在舊銀行地窖中。資金短缺的公司快速運轉，沒空去買辦公室家具，藍道夫還記得，「有人就拿海灘椅進來上班」。一九九八年四月十四日 Netflix 正式開張，立刻湧進第一批訂單一五〇張，把 Netflix 的電腦伺服器灌爆了。這家新創公司第一年營運很辛苦，藍道夫說：「當時我們並不是擔心要怎樣打倒百視達，也不擔心串流的未來，擔憂的是我們做出來的這個小網站。」

當時 Netflix 沒賺到什麼錢。它賣出很多影碟，但是成本很高。當時影碟很貴，運費也不便宜，而且爲了促銷送出幾千片影碟，也花了很多錢。有一次爲了討論可能的銷售案而跟亞馬遜的貝佐斯開會，讓他們明白了一件事：Netflix 很快就會跟這個電商龍頭競爭，因爲亞馬遜除了賣書之外，還想賣別的商品。藍道夫說：「對一個剛成立的公司來說，那眞的是很困難的決定：你是要繼續做一個占公司營收九五%的事業，但是這個事業很快就會沒落；還是去做一個沒做成的事業，但是如果能做得起來，可能是非常大的成功，要不要賭賭看？」

Netflix 決定冒險。藍道夫說，接下來一年半，團隊探索過「上百個」辦法，最後才決定做租片系統，Netflix 早期客戶就會記得，每月付一筆訂閱費可以租看三部片，影碟會裝在紅信封裡寄到你家，就像春節紅包那樣。這種開放式的租片模式提供給消費者更大的便利，對 Netflix 來說也是解決一個更實際的問題。

藍道夫說：「我們有個倉庫，裡面放了好幾百張影碟，海斯汀和我開始反覆叨唸：『堆在這裡很可惜啊。有沒有什麼辦法可以把這些影碟放到我們顧客家裡？』我們可以讓顧客保有影碟嗎？是否可以要留多久就留多久？顧客要看另外一片時，就把它寄回來，我們換一片新的回去。沒有到期日，也沒有遲還罰款。」

Netflix 在一九九九年引進的服務，對這家經營困難的新創公司來說，改變了命運，吸引到二十三萬九千名訂戶，贏得忠實顧客不僅是因爲創新的租片方式，還有影片推薦引擎和聚集在網站上的影迷社群。當時還沒有社群網站，主要表達管道是聊天室和訊息看板。Netflix 訂閱者可以爲想要租的片子建立「排隊隊伍」，跟別的訂閱者交換觀影評論。百視達有穿卡其及藍色制服的店員，有成排走道，這些做法是直接從麥當勞這種大品牌得來的靈感；Netflix 強調的是個人化，鼓勵顧客給每部電影評分，這些評分會反映在網站上。而且，Netflix 也開始蒐集每個訂閱者的數據，後來成爲徹底革新的工具。

對 Netflix 抱持熱情的並不是只有訂閱者而已。矽谷投資人投入一億美元，讓這個新創企業成長到超過三百五十個員工。達康熱潮達到頂峰時，想找出下一家初次公開上市企業的銀行家開始「圍繞著 Netflix 打轉，就像提著公事包的禿鷹」。二〇〇〇年三月，網路泡沫化，容易到手的錢很快就燒光，公司虧損數字即將來到五千七百萬美元，海斯汀和藍道夫在二〇〇〇年初跑了一趟德州達拉斯，心裡已經想好退路：說服百視達執行長安提奧科（John Antioco）以五千萬美元買下這個新創公司，讓 Netflix 在網路產業立足。當時身爲家庭娛樂龍頭的百視達市值達六十億美元，直接拒絕 Netflix。斷然遭拒其實也並不意外。海斯汀在二〇二〇年出版的著作《零規則》反省：「我們能提供的東西，有哪一件不是他們自己做會更有效率？」

Netflix 很快就撞牆了，迫使海斯汀裁掉公司三分之一員工，篩選汰除後，只留下最高績效表現的員工，也就是「留任者」。在這段艱困時期，形成 Netflix 績效文化的關鍵元素。海斯汀寫道：「那次經驗讓我得到深刻洞察，這是一個轉折點，讓我了解人才密度在一個組織裡發揮的作用。」這段中空期也爲這個陷入掙扎的服務帶來意想不到的禮物：影碟播放機是很受歡迎的商品，使得郵寄租影碟的訂戶直線上升。在這樣的背景條件下，Netflix 在二〇〇二年公開上市募到八二五〇萬美元，因爲它當時擁有「高達」六十萬訂戶，這種數字現在已經不夠看了。

隨著 Netflix 成長，海斯汀聘用了幾位高階經理人，包括薩蘭多斯，個性活潑外向的他曾經是美國最大影片發行商「東德州發行」區域總經理，後來幫擁有五百家店面的影片零售連鎖商「影片城／西岸影片」將業務從錄影帶轉移到影碟。海斯汀和薩蘭多斯在各方面截然不同。薩蘭多斯在亞利桑那州鳳凰城的窮困社區長大，家裡五個孩子中他排行第四。薩蘭多斯的祖父在青少年時期從希臘薩摩斯島移民到美國，抵達時把姓氏改為薩蘭多斯。薩蘭多斯的父親是電工，母親在家喜歡整天開著電視，兩人都是中學就輟學，他喜歡開玩笑說：「我父母非常年輕，所以我是狼養大的。」薩蘭多斯每晚只需睡五小時，成長過程飢渴地吸收流行文化的養分，新好萊塢電影形塑了他的童年，其中包括《教父》《殘酷大街》《熱天午後》。（好幾年後，他在寬敞辦公室裡掛上《教父》海報，窗玻璃貼上導演諾曼·李爾的頭像剪影，白天某個時段，這位執導《我們全家人》的導演剪影就會投射到薩蘭多斯的工作空間。）薩蘭多斯青少年時期要父母載他到鳳凰城，看克林·伊斯威特的驚悚片《魔鬼捕頭》在市區拍攝。他說：「那天是亞利桑那州史上最熱的一天，我整天坐在那裡看他們拍片，我的網球鞋在街道上真的曬到融化，超級熱的。我就是要看一眼那種魔力……那天我很接近眾神。」後來他在高中校刊工作，志願是當新聞記者，他採訪了演員艾德·阿斯納（後來主演電視劇裡暴躁易怒的主播）。薩蘭多斯很快就明白，自己更著迷的是阿斯納的演藝圈經歷，而不是新聞技能。

薩蘭多斯高中時在亞利桑納錄影帶連鎖店出沒，變成常客之後央求老闆雇用他。

店裡其實不怎麼忙，所以他開著自己的福特小貨卡去上班，就在那裡整天看影片，最後看完店裡所有的錄影帶，對電影如數家珍，對於他後來擔任 Netflix 內容長、最後成為共同執行長，非常有幫助。薩蘭多斯回憶，錄影帶店的客人會要他推薦影片，這段經驗讓他體認到人的品味竟然如此多樣。他從大學輟學，去高中打工的錄影帶連鎖店當經理。這類型的零售業在一九八〇年代起飛，當時卡式錄放影機成為主流。薩蘭多斯在這幾家百視達的小型競爭對手店裡工作，他認為影碟會是一個成長領域，當時他正在協助合併兩家中型錄影帶連鎖店「影片城」及「西岸影片」，許多店面是服務美國軍事基地附近的中型市場，這些家庭手頭寬裕且熱愛最新電子用品。

當時薩蘭多斯跟好萊塢電影公司談定條件，電影公司願意免費提供一套影碟給錄影帶店，收取租片利潤的分紅。薩蘭多斯還記得，他第一次知道 Netflix，是透過一張塞入影碟播放機包裝盒的傳單，邀請顧客加入訂戶以獲得十次免費租片。

電影公司製片及高層主管艾摩代（Joe Amodei），一九八〇年代在透納電視台跟薩蘭多斯結識，他回想當時兩人在音樂及電影上有共同品味。薩蘭多斯的音樂偶像是法蘭克・辛納屈、東尼・班奈特、史普林斯汀等人，他喜歡模仿這些美國式的狂放不羈。薩蘭多斯本人身材粗壯，深色雙眼距離很寬，一頭鬈髮，隨時隨地精力充沛。薩蘭多斯遇到艾摩代時，還是影片批發商，完全不是娛樂產業鎂光燈下的人，但是他帶著不尋常的充沛精力欣然接下挑戰，艾摩代說：「他會連珠炮似的打電話給全國各地的影片零售商推銷我的電影，就好像這些電影是他本人拍攝的，他非常熱情。我們幾乎是一拍即合。」

海斯汀則是大異其趣，他的家世背景顯赫，外曾祖父是耶魯及哈佛畢業的華爾街大亨魯明斯（Alfred Lee Loomis），投資電力事業而累積大筆財富，一九二九年股市崩盤前夕把投資全數變現，大蕭條期間仍然相當高調，資助一家遊艇集團參加美國盃帆船賽，還買下南卡羅萊納州希爾頓海德島部分土地作爲個人遊樂場，接著注意力轉向科學，資助紐約州燕尾服鎮的實驗物理實驗室，吸引了許多傑出人才，例如愛因斯坦、費米、物理學家勞倫斯。海斯汀在波士頓的富裕郊區成長，父母都受過高等教育，母親是衛斯理學院畢業生，爸爸是哈佛優等生。海斯汀上的是私立學校，大學時選擇就讀緬因州伯多因學院而讓家人吃驚，雖然那是一所篩選入學且教育嚴格的學校，卻不是常春藤聯盟名校。他加入美國志願組織「和平工作團」，在非洲史瓦濟蘭待了兩年教高中數學，之後回到美國在史丹佛大學攻讀人工智慧。

這兩位公司高層左右腦成功互補，在 Netflix 合作超過二十年。海斯汀掌管公司在洛斯加圖斯的科技神經中心及企業基地，薩蘭多斯則是在洛杉磯栽培一個創意中心。薩蘭多斯被 Netflix 聘用時，住在南加州海岸飛地帕洛斯佛迪，他說服海斯汀讓他繼續待在南加州，他認爲比起公司在洛斯加圖斯的矽谷總部，這裡比較能跟影劇創意社群建立關係。薩蘭多斯後來回憶說，「結果這個策略是對的。科技文化可以尊重娛樂圈，娛樂圈可以尊重科技文化，但是這兩者從來沒有交集，大部分是因爲各有各的圈子。好萊塢大部分人認爲，科技公司的人來這裡，草草寫張大支票，然後很快就走了。」他補充說，好萊塢高層主管跟剛從北加州來的人不一樣，他們覺得，「『我們將來還會在這裡，就像過去一百年來這裡的娛樂圈人一樣。來來去去的，我們看過太多。』而科技圈的人則認爲電影公司的人全都很笨，什麼事都做錯了。這種文化沒辦法一起合作的。但是，因爲我們在洛杉磯開始建立團隊，Netflix 才能在這個產業立足。」薩蘭多斯的結論是：「這是一個要建立關係才做得成的事業。」

最初跟著薩蘭多斯的 Netflix 團隊，工作地點在比佛利山一棟低樓層辦公大樓裡，其中一層樓的一區。以前主要用影碟來看影片時，他們在會議室牆上輪流張貼最賣座影片的海報，這就是後來在 Icon 大樓入口大廳自我推銷的最初版本。

Netflix 制定了一套路線，不至於走上百視達最終退場的老路。公司組織呈指數擴張，不再像早期窩在舊銀行分行綠色地毯的辦公室裡（到二〇二〇年末，Netflix 總共有九千四百個員工）。最初召募進來的員工都被認爲是這家公司的創辦者，包括那些跟著海斯汀從他第一個創業公司過來的人。隨著 Netflix 逐漸成長，海斯汀也致力於保留在組織早期滋長的創新和冒險文化，因爲在事業擴張和機構繁瑣的流程中，可能會扼殺這種文化。「一般來說，公司會應效率和減少錯誤進行組織，但這會導致僵化。」他說：「我們是一個創意公司。最好是組織有彈性，設法處在混亂的邊緣。」他和管理階層製作一份文件，列出公司的價值並制定一套工作方法，相當不同於傳統媒體公司。這份文件剛開始是海斯汀用 Power Point 所做的簡報檔，後來整理出來，變成眾所周知的現代企管及科技的大憲章，那就是 Netflix 的〈文化集〉。

這份文件起頭寫道：「我們想要娛樂這個世界。如果我們成功了，會有更多笑聲、更多同理心、更多歡樂。爲了達到目標，我們有很棒又很不尋常的員工文化。」已經離職但是曾長期擔任 Netflix 人資長的佩蒂．麥寇德（Patty McCord），與公司其他高層主管合作完成這份詳盡的使命宣言。自從海斯汀決定把這份文件公布在網路上，將近有二千萬人次看過這份〈文化集〉。

Netflix 會尋找「搖滾巨星」等級的人才，付高薪並給予相當大的自主性，以此確保迅速決策，讓 Netflix 能跟比較穩健的企業對手周旋。不過，自由與責任是相伴的。其中一個中心信仰就是要極端開誠布公。公司裡的同事「對上、對下、彼此之間」都會經常給對方坦白率直的回饋，而且不論輩分。有一個前任高層主管描述，公司裡經常互相給予回饋就像是創造恐懼文化，「每個人每時每刻都在批評別人，因爲會得到獎賞。」要是有人犯錯，會公開談論自己學到的教訓，這種做法稱爲「曝曬」（sunshining），鼓勵員工接受失敗是冒險的結果。

就連薪資也要透明。主管級以上員工大約五百位，這些人知道公司裡所有人的薪水。「三六〇度考核」政策，員工給別人打績效評估，而且也是無論任何層級。公司各領域活動成果，都要追蹤並公開。〈文化集〉指出「每部影片的表現、每個策略決定、每一個競爭者、每一個產品特色測試，都有備忘筆記，都會公開給所有員工閱讀。」員工擁有高度獨立及自主性，公司信任員工可以自己設定工作排程、自己做決定。在娛樂產業營運方面，傳統媒體公司由單一董事會做決策，這種做法通常會阻礙發展，而 Netflix 讓好幾十個員工擁有這項權力。海斯汀把 Netflix 的成功和度過數次大改造的能力，歸功於特立獨行的公司文化。

強調透明可能會導致難堪。Netflix 前任企業溝通長佛德蘭（Jonathan Friedland）是個白人，在會議上兩度使用對黑人不敬的語詞，根據《華爾街日報》，其中一次是刻意強調單口喜劇特別節目使用冒犯他人的語言，後來他為此道歉；第二次使用這個不敬詞，是在跟兩個非裔人資員工說話時，這兩人當時試圖協助他接受自己的過失。海斯汀給全體員工一封信公開解釋為何解雇佛德蘭，他說使用這個不敬詞顯示「種族覺察及敏感度是無法接受的低，而且跟公司價值不符」。

Netflix「留任測試」是指經理解雇好員工、換更好的員工，對於那些無法通過測試的人，公司會發給豐厚的離職金。海斯汀說：「我們一直都說公司是個團隊，而不是家人。」由於 Netflix 的光環，Netflix 離職者通常很快就會被新雇主找去。但是許多員工擔憂，這種「極端透明」只是「辦公室政治」的另一個說法。〈文化集〉裡面到處閃現這種詞彙：「高度協同、低度耦合」「北極星」，就像祕密會社使用的語言，用來加強「我們vs.他們」的敘事。某位前任高層說：「你在工作時運用這些字，在電郵裡、跟同事說話時使用。你用那樣的語言是爲了讓自己能了解別人。」

Netflix原創影片經理古登（Tahirah Gooden）來到Netflix之前是待在比較傳統的公司，例如新攝政（New Regency）和熔岩熊電影公司（Lava Bear Films）。二〇一九年某次參加公司內部播客節目《我們是網飛》（*We Are Netflix*），她說：「我想你永遠不會明白Netflix的文化，不管你讀過那份文化備忘錄多少次，你要進來這裡才會眞正明白。一旦你透徹了解之後，眞的會有種煥然一新的感覺。你一定會需要做一些調整的。」在她之前的公司，「直到你把事情做好之前，不要提出太多資訊，這樣對你可能會比較安全。」她補充說：「Netflix鼓勵『過度溝通』。」古登表示，即使覺得自己已經做好調整，收到回饋時還是很不好過。「你當下的反應是：『噢，天哪，我搞砸了。我做錯事了。』但是，我得要重新看待回饋，『他們只是試著幫助我成功。』」

海斯汀並不諱於採用留任測試。二〇一七年，海斯汀解聘好友杭特（Neil Hunt），當時他擔任Netflix產品總監已經將近二十年，公司著名的演算法主要就是由他創建的。「我不會選擇那個時刻離開，」杭特在一場專訪中說。這位公司高層綽號「竹竿上的腦袋」，因爲他身高一九〇公分又像竹竿那麼瘦，頭腦犀利得像刀鋒。現在他是一家醫療科技新創公司執行長。留任測試的另一個標靶是人資長麥寇德。二〇一一年Netflix宣布失敗的消息，將影碟事業分割成一家新公司Qwikster，經歷了一段不穩定時期。Netflix 股價下跌，海斯汀決定評估整個高層執行團隊，決定誰可以留任，結果是要請麥寇德離開。她後來承認：「那讓我很難過。」不過這個概念是她從 Netflix 成立之初就點滴注入這家公司，而海斯汀全心接納它，她覺得欣慰。她離開之後，對〈文化集〉的信仰還一直延續下去。二〇一八年麥寇德出書《給力》，書中焦點就是〈文化集〉，她寫道：「在現代要成功經營事業，我們在 Netflix 學到的教訓，最根本的就是：二十世紀發展出來的管理系統龐大而繁瑣，無法應對二十一世紀面臨的挑戰。」

第三章 Netflix 名不虛傳

要看什麼好呢？這個根本的消費者謎題，Netflix 從早期做影碟郵寄時就在找解答。它持續不懈地專注在傳遞人們想看的內容，發展出多層次方法來了解個別消費者的偏好，這一點讓它與對手好萊塢電影公司相當不同。娛樂產業傳統上是專注於說服消費者在某個特定時間收看，或是在某個週末到戲院觀賞。Netflix 則是把自己的角色定位在媒合者，而不是在狂歡節賣力叫喊招徠顧客。Netflix 在二〇〇〇年二月推出第一個推薦引擎 Cinematch，協助訂戶在五千支影片的龐大片庫中找到想看的。六年後，Netflix 舉行一個嚴密監控的競賽，祭出一百萬美元獎金，推薦的精確度提升一〇%。不過對於科技宅來說，最終極的誘惑是可以接觸到一組龐大數據：由四十八萬一八九位顧客，對一萬七千七百部影片貢獻了一億則評分。二〇〇九年拿到這筆獎金的是 AT&T 研究工程師帶領的研發團隊，取名爲「貝爾柯的實用混沌」（譯注：此名稱 BellKor's Pragmatic Chaos 融合了三個程式團隊：AT&T 研究室的 KorBell；奧地利的 Big Chaos；魁北克的 Pragmatic Theory）。不過，Netflix 採用的演算法，是簡化過後比較不耗電腦資源的版本，用來預測消費者的品味。這件事更大的好處是爲 Netflix 戴上光環，對科技社群來說，它是解決嚴肅的電腦運算挑戰的地方。

前產品總監杭特回憶：「整件事最棒的成果，是我們吸引明星人才的能力。演算法很棒，但更重要的是，我們可以聘用十幾個機器學習專家來處理推薦影片，加上在其他領域的數百人，吸引他們來貢獻，在這裡提升技術及能力。」

Netflix從影碟轉變到線上串流，推薦影片的方法也不斷進化。影碟時代是從顧客評分來推論，串流時代是提供直接且即時的洞察，知道顧客挑選了哪些電影或影集來試看，哪些是顧客會持續追看下去的。雖然當初Netflix在郵購時代漸漸做不下去，但是吸引到的人才卻讓它具備技術實力，在娛樂產業開創了一場革命。海斯汀本人是史丹佛畢業的電腦科學家及數學家，談吐語調就像大學教授那樣精確，他似乎是從公司創辦時就已經爲這個時刻做好準備。早期投資人及董事會成員理查．巴頓（Richard Barton）回憶，二千年初跟海斯汀一起晚餐時，他對Netflix租片模式提出質疑，當時矽谷普遍認爲，這個新竄起的公司接下來要不是被百視達輾壓，不然就是因爲網路出現而過時。

巴頓說：「我告訴海斯汀：『影碟很明顯是快要死掉的東西，這顯然只是暫時的產品。就這樣。你的公司會撞牆，會結束掉。』而他說：『理查，我給這家公司取的名字『Netflix』裡面有『網路（Net）』，沒有影碟郵購啊……』他是少數眼光長遠的人，他了解眞正的大趨勢。我們不知道這一路上會有哪些決定，但知道目標終點是什麼。」

對於海斯汀與他的技術團隊來說，這只是單純運用摩爾定律——由英特爾共同創辦人戈登．摩爾（Gordon Moore）發展出來的理論，電腦運算能力每兩年就會翻一倍。杭特說，網路速度也是一樣道理。進入千禧年時，寬頻網路開始橫掃全美，二〇〇〇年全美家戶只有一%接上網路，到了二〇〇七年已有超過一半家戶。杭特說，「我們必須用網路來傳遞服務，這並不難懂。問題是，要用一夜慢慢下載，還是嘗試即時串流？」

Netflix 花了一年時間打造服務原型，跟它的郵購影碟業務相呼應。訂戶上網訂購影片，然後這個新服務在頻寬足夠時以一夜時間將影片一點一點下載，儲存在訂戶家裡的光碟片。不過新興的 YouTube 大受歡迎，表示消費者喜歡得到即時滿足，於是隔夜下載影片這個計畫就被擱置。然而，提供線上串流服務，需要非常細緻的外交手腕。Netflix 已經以徹底的顛覆者姿態進入娛樂產業，但是它也希望能得到接納。一腳踏在矽谷、一腳踏在好萊塢，Netflix 開始試著橋接這個隔閡。電影公司高層看到網路盜版如何肆虐音樂產業，心驚肉跳，因此對於提供影片到網路非常敏感。這些內容擁有者起初設下的要求，要不是技術上不可能做到，就是太貴，再不然就是太干涉顧客，例如：杭特回憶，有一家電影公司要求顧客掃描駕照，證明居住區域位在 Netflix 發行協議範圍內。杭特說：「我這邊承擔了一些技術工作，但是很大部分的工作是落在內容取得及購買授權合約的團隊肩上，我們的同仁要畫下界線，表明哪些我們可以做，哪些我們不做。」

Netflix 在二〇〇七年一月推出「馬上看」服務，功能相當不健全。杭特解釋，網速已經到了極限，所以畫面品質很差，而且只能在電腦上用微軟 Windows 媒體播放程式來看。不過，等待科技成熟，完全不是個選項。杭特說：「技術躍進的挑戰之一是，剛開始科技還不夠好到可以滿足主流顧客，但是科技每兩年就會進步一倍，如果你沒有乘著科技進步的浪頭跳到最上面，很可能會讓別人偷走你的事業，別人會吸引不一樣的客層，這些人會買單。一旦那個浪潮把你的主流客戶捲走，那就玩完了。」

海斯汀告訴投資者，Netflix 計畫要跨足實體和數位兩個世界，即使推出串流服務，仍會專注在更積極推動賺錢的租片訂戶成長。利潤豐厚的租片事業，讓 Netflix 一直撐到克服障礙，也就是內容選擇不多、缺乏把影劇播放到客廳電視所需的科技，這些都是顧客無法完全擁抱線上串流的障礙。

Netflix 並不是唯一預見未來是隨選即看的企業。亞馬遜的影碟購買已經急遽上升，而且轉型到線上服務是不可避免的，亞馬遜二〇〇四年開始組建一支團隊搶攻，第一批新聘成員由羅伊．普萊斯（Roy Price）領軍，他是泡在好萊塢傳統長大的。普萊斯的外祖父是作家和製作人羅伊．哈金斯（Roy Huggins），他曾被列入黑名單（譯注：哈金斯當時是美國共產黨黨員），被迫接受眾議院「非美活動調查委員會」調查，後來創作了兩部歷久彌新的電影及系列影集《旋風大偵探》《亡命天涯》。普萊斯的父親法蘭克．普萊斯（Frank Price）一九七〇年代擔任環球電視總經理，推出一系列膾炙人口的影集，包括《無敵金剛》《無敵浩克》《星際大爭霸》，後來在哥倫比亞影業及環球影業擔任主管。

普萊斯的母親凱薩琳．克勞馥演過的好萊塢電影有《朱門恩怨》《春雨漫步》，以及電視迷你影集《雙子殺手》。

普萊斯說：「我剛到的時候，有目標也有機會，但是並沒有詳細的計畫，所以我們是從頭開始。」他首先評估出亞馬遜能提供什麼服務是讓顧客感興趣的，而且技術上做得到，還要能被電影公司接受，因爲電影公司對網路發行的反應百百種，從有興趣到「絕對不要」都有。他記得團隊擠在一間會議室裡，充滿汗臭味、到處是健怡可樂罐，就這樣一直工作到服務推出。他們完成的下載網站叫做 Unbox，二〇〇六年九月七日宣布上線，才過了幾天，蘋果接著宣布以 iTunes 銷售迪士尼、皮克斯、米拉麥克斯的電影下載，以及廣受歡迎的 ABC 電視台影集下載。蘋果消息一出，萬眾矚目。

Netflix 力求與這些穩健的競爭者做出不同的服務，提供給影碟訂戶的串流服務等於免費，而對手則是租片費二到三美元，或是直接購買價十五美元。

Netflix 最初的串流服務比較精簡，大約只有一千部電影及影集，這只是 Netflix 七萬多片影碟的零頭而已。

早期 Netflix 串流團隊有八個人來做這個實驗計畫，有位高階主管形容這是「影碟郵購旁邊的小東西」，這位高層還記得：「我們當時在做的就有點像是科學實驗專案，我們開串流會議就是在一間中等大小的辦公室裡，整個團隊就是這樣而已。」

在 Netflix 推出網路影片大躍進之前，海斯汀偶爾會跟另一個矽谷顛覆者伍德

（Anthony Wood）見面，伍德率先發明數位錄影機 ReplayTV，讓觀眾可以不必按照電視台排定的節目時間收看，不過它推銷可以跳過三十秒廣告的產品特色時，陷入了法律困境。Netflix 投資一小筆錢在伍德下一個事業 Roku，換取這位智者定期造訪洛斯加圖斯，他自己說是去「開示串流的未來」。

伍德接下來的好主意是一個把網路影片送到住家電視上的裝置，他一直向海斯汀推銷這個想法。有一天，爲 Netflix 獵頭的人跟伍德聯繫，詢問他是否有意願加入這間公司，主責發展串流服務的第一個版本，當初構想是把電影播到個人電腦上。伍德同意了，條件是他要繼續擔任 Roku 的執行長，繼續發展他的熱血計畫，就是那個串流裝置。伍德加入 Netflix 後，專案取名爲葛里芬計畫，據說是因爲電影《超級大玩家》提姆．羅賓斯扮演的角色。這個團隊著手發展 Netflix Player。同時，Netflix 也開始跟三星、LG、微軟洽談授權，把串流服務納入連接網路的電視跟遊戲機上。

這個裝置在二〇〇七年十二月發表，才幾個月，海斯汀決定不發售這個產品，他擔心製造自有硬體會讓 Netflix 和蘋果的關係變得複雜。Netflix 把硬體營運轉移給 Roku，以 Roku 爲名推出這個播放裝置。Netflix 在洛斯加圖斯的程式小組正在努力突破串流科技時，薩蘭多斯開始找內容來呈現給觀眾。二〇〇八年十月，薩蘭多斯跟付費有線電視業者 Starz 簽訂三年期九千萬美元合約，買下迪士尼及索尼電影內容的線上串流權利。這對公司來說是相當大的賭注，當時它的營收才剛超過十億美元。

Starz 前任執行長艾伯切特（Chris Albrecht）回憶：「當時他們認爲花了很多錢給 Starz。薩蘭多斯這樣說，海斯汀也這樣說。他們在爭執是不是花太多錢了。」艾伯切特曾經是單口喜劇演員，他擔任 HBO 主管時協助開創電視產業在世紀之交的黃金年代，催生過最受歡迎的影集《黑道家族》《慾望城市》《六呎風雲》《我家也有大明星》《諾曼第空降》《火線重案組》。

海斯汀和薩蘭多斯沒多久就能知道，買進這些昂貴的新影集是否能得到顧客共鳴。Netflix 在二〇〇九年訂戶增加將近三百萬，部分原因歸功於串流。一旦讓觀眾在客廳沙發收看影劇，透過連接網路的遊戲機，例如：索尼 PlayStaion3、微軟 Xbox、任天堂 Wii，還有蘋果電視，訂戶一下子就增加六三％。訂戶飛快成長的同時，串流片庫也隨之擴大，包括派拉蒙、米高梅、獅城電影公司的影片，因爲 Netflix 和付費有線電視頻道商 Epix 簽下五年期十億美元合約。

剛剛萌芽的串流服務，其成長的代價是好萊塢受害。海斯汀和他的公司巧妙利用了電影公司的薪資結構——如果電影公司達到財務目標，高階主管會得到豐厚獎金，而 Netflix 拿出夠多現金來利用這種短線利益。有些影業高階主管會吹噓說，他們把這個初來乍到的業者口袋掏光了，但這些合約眞正的破壞力要到好幾年之後才會顯現，後來 Netflix 大幅領先這些墨守成規的娛樂產業大老。

艾伯切特是在二〇〇八年那次跟 Netflix 的重大簽約後，才到付費有線電視台 Starz

任職，後來契約到期，他拒絕續約。他說：「Netflix 能使用所有東西，所有我們付了好幾億美元的東西。Netflix 得到意外收穫，讓我們陷入麻煩，因爲所有付費電視業者都很生氣，Starz 才用幾分錢賣這些東西，而其他人是付好幾塊才買到的。」娛樂產業原本的心態設定低估了 Netflix。在 NBCU 環球擔任資深高階主管十幾年的札拉尼克（Lauren Zalaznick），曾推行過 Bravo 等電視台，她回憶當時公司內部討論，決定不去考慮這些顛覆者，「用一種很閉鎖的心態在討論誰跟我們競爭，認爲這個叫做 Netflix 的傢伙是不相干的，根本不放在心上。」

Netflix 前產品總監杭特在二〇一七年離開 Netflix，共同創辦醫療科技新創 Curai，以機器學習來協助病患提供正確資訊給醫生。他記得，串流開始讓 Netflix 花掉愈來愈多現金和工程資源，而串流影片是免費提供給現有影碟訂戶，公司必須找到方法來讓它的串流服務可以收得到錢。

Netflix 注定要做串流，全心全力往這個方向衝刺，引發了公司史上最大的錯誤——二〇一一年決定把影碟租片業務切分出去，取名爲 Qwikster。評論者認爲這個做法很糟，海斯汀成爲《週六夜現場》笑柄，節目中拙劣模仿他在低解析度的 YouTube 爲這個錯誤道歉。Netflix 損失了幾百萬訂戶，股價重挫，跌幅超過七五%。幾個月之後，某次週末管理研習營，海斯汀含淚道歉。高階主管說，公司籠罩在陰影中將近一年。風波期間，Netflix 負責溝通事務的高階主管史瓦希（Steve Swasey）說：「策略是對的，只是施行得太快，沒有聆聽顧客和消費者的聲音，也沒考量到壓力點。」

幸運的是，海斯汀全心擁抱的未來，他的團隊已經在打造，而那些制霸市場的媒體巨擘還落後好幾年，這讓 Netflix 有時間彌補這些錯誤。迪士尼甚至還馳援 Netflix，二〇一二年簽約讓 Netflix 的串流服務從二〇一六年開始使用新推出的迪士尼、皮克斯、漫威及《星際大戰》電影，而且可以更早開始使用迪士尼的舊片。迪士尼在好幾年後推出 Disney+，這個服務的核心在當時就提供給 Netflix 訂戶，而且迪士尼影片在 Netflix 上變成最受歡迎的項目。

Satrz 執行長艾伯切特說，他親自跟迪士尼執行長羅伯特．艾格商談展延節目授權，但是迪士尼和 Netflix 的協議形成阻礙。他發了一封電子郵件對艾格提出警示（艾伯切特不願意跟我們分享這封郵件），說迪士尼跟 Netflix 這個顛覆者簽約是個大錯。艾伯切特說：「老天知道每個人都會犯那種錯。每個人都會拿那筆錢——有錢就趕快賺。他們的想法是『年底要分紅時，我就會達到或超過目標上限，這樣我就會拿到最多分紅。』」

這個位在加州柏班克的娛樂巨擘，因爲跟 Netflix 簽授權協議而荷包滿滿，據估計這筆簽約占迪士尼二〇一七年單年營收的四．五億美元。而對 Netflix 來說，訂戶增加了七千六百萬，市值達到幾十億美元，股價從每股十二．三八美元，到二〇一七年八月已經漲至一七八．三六美元，這時艾格宣布要把迪士尼電影從 Netflix 下架，迪士尼要自己推出直接面對消費者的服務。

雅虎執行長藍佐恩（Jim Lanzone）說：「有些人可能會認爲，海斯汀是一隻披著羊皮的狼，但是，他提早布局，他掌握數據，他知道合作夥伴片庫裡的付費內容有價值，他知道這些合作夥伴有一天會變成競爭者。」藍佐恩是經歷豐富的網路創業者，他曾在CBS電視台擔任數位總監，主導串流服務CBS All Access。他說：「有人認爲那時候爲了取得內容『付了太多錢』，但Netflix很清楚知道什麼是值得的，知道要打造什麼。」

曾經有很多年，電影公司高層都瞧不起Netflix，不認爲它是個競爭威脅。時代華納執行長布克斯在二〇一〇年某次專訪中說：「難道阿爾巴尼亞軍團會占領全世界嗎？我想不會吧。」一九四八年報社誤判美國總統大選選情，提前以「杜威擊敗杜魯門」作爲隔天頭版新聞（實際上是杜魯門勝選），多年來那則頭版頭條是一大笑柄，而「阿爾巴尼亞軍團」這句話後來也變成這種笑柄之一，顯示對媒體產業前景展望和消費者傾向的誤判。

等到好萊塢開始變聰明時，Netflix正在出資籌拍原創影集。

薩蘭多斯和辛蒂·霍蘭德（Cindy Holland）一起把Netflix改造成最多產的電視劇製作者。製作人墨菲（Ryan Murphy）曾經對《紐約》雜誌說：「我認爲，那種文化很大一部分是結合了薩蘭多斯的演藝經營本領，和霍蘭德收放自如的創造力。」霍蘭德小時候是個「小書呆子」，在內布拉斯加的小鎮長大，在玉米田中培養出雄心壯志。家裡沒接有線電視，所以她埋首書本（最喜歡的書是馮內果《貓咪的搖籃》和《第五號屠宰場》）。她父親曾是陸軍直升機飛行員，獲得羅德獎學金並執業法律，母親是家庭主婦。父母鼓勵她和妹妹，只要下定決心，沒有什麼做不到。她聽進去了，在史丹佛大學讀政治學，畢業後投入滑水競賽一年。

霍蘭德來到好萊塢的路徑，一開始是先在紐約的派拉蒙影業負責閱讀劇本，這份工作結合了她對閱讀和電影的喜好，「我讀得很快，一晚就能讀完一本。」但不到幾個月她就明白，若要在電影產業工作，必須搬到洛杉磯，所以她就往西遷移，口袋裝了幾個製作人名單，都是偏文學性的製作人。她加入寶拉．溫斯坦（Paula Weistein）的「春溪製作」，一直待到春溪與巴瑞．列文森（Barry Levinson）的「巴爾的摩影視」合併，組成「巴爾的摩／春溪製作」爲止。接下來四年半她在華納兄弟旗下電影公司，負責主流電影計畫，不過她發現自己比較喜歡獨立電影、藝術電影、紀錄片、外國影片，這些都很難找到觀眾。

霍蘭德說：「我很挫折。我看過這些很棒的紀錄片和敘事電影工作者的短片，他們試著打進大型電影事業，但這些作品都沒有地方播放。」她體認到，要成爲獨立製作人是相當大的挑戰，於是接受了「共同電影公司」職位，與兩位傑出的製作人及籌資者列文松（Gary Levinsohn）和高登（Mark Gordon）合作，他們已建立夥伴網絡，爲世界各地的影片籌資和發行。達康浪潮讓霍蘭德看到改變契機，她相信自己所喜愛的影片的發行問題，可以透過網路來解決。她加入新創公司 Kozmo，標榜一小時影碟宅配到府（還有其他衝動購買的商品），她開始跟各大電影公司的家用影片部門談直接銷售，爲這個宅配到府服務供應錄影帶及影碟。另一家做這個生意的公司是在西岸的新創企業 Netflix。後來 Kozmo 倒閉，但是 Netflix 沒有。薩蘭多斯想把前對手霍蘭德找進 Netflix，起初她很有戒心，擔心這個未上市的新創也一樣會把錢燒光。不過，她對海斯汀和他的團隊印象很好，於是決定跳進來。她跟薩蘭多斯很合，薩蘭多斯也熱愛非主流影片。

霍蘭德擔任內容採購副總，負責談美國授權並建立 Netflix 的電影及影集片庫，首先是爲影碟，接著是爲串流服務。二〇一二年她接到版權公司「媒體授權總部」一通電話，詢問她對某部原創影集是否有興趣，進而永遠改變了這家串流服務的軌道，這部影集就是《紙牌屋》。在此之前，Netflix 曾經短暫試過購買獨立電影，透過「紅包娛樂」部門。這個部門後來被裁撤，讓薩蘭多斯深感挫折，他和海斯汀達成共識，應該專注在盡可能蒐羅更多內容，吸引到最廣大的訂戶群。正是爲了這個目標，原創影集成爲 Netflix 致力發展的項目。

《紙牌屋》代表的是獨一無二的機會。這齣政治懸疑劇由奧斯卡影帝凱文·史貝西主演，他後來因性騷擾指控而名聲狂跌。他飾演法蘭克·安德伍，一個不擇手段、充滿野心的南卡羅萊納州眾議員。導演大衛・芬奇過去的成績有目共睹，作品多樣，包括《火線追緝令》《鬥陣俱樂部》《索命黃道帶》《社群網站》等電影，《紙牌屋》是他執導的首部電視劇。霍蘭德對這部影集所據以改編的英國原版很熟悉，也非常驚豔於編劇魏利曼（Beau Willimon）的劇本（霍蘭德必須在 MRC 辦公室裡閱讀劇本）。魏利曼曾經參與查克・舒默及希拉蕊的參議員競選活動，還有民主黨總統候選人提名競爭，因此將敏銳的局內人視角帶入這齣戲。

霍蘭德說：「我看完劇本後，回去跟薩蘭多斯說：『如果我們要做原創內容，一定要做這齣。』」她說這個劇組會好好控管品質，「大衛・芬奇從來沒拍過爛電影。至於凱文・史貝西，當時還有著奧斯卡光環，而且那會是他第一部電視作品。」

薩蘭多斯看過幾年來的影碟租片數據和串流報告，他知道這個組合會吸引大批觀眾，比一般想像的政治劇觀眾更多。如果 Netflix 要進軍原創節目，就要有雄心做大規模測試，看看是否能跟好萊塢菁英競爭。霍蘭德和薩蘭多斯提出的條件是芬奇等人無法拒絕的：以一億美元製作二十六集，分成兩季。薩蘭多斯說：「進了會議室，他們有一千個理由說不，我們必須給他們至少一個理由點頭說好。」

薩蘭多斯後來跟海斯汀一起檢核這次簽約重點，根據一位有地利之便的消息來源說，海斯汀大吃一驚：「為什麼要這樣做?!那是很大一筆錢啊。」薩蘭多斯把這個策略以經典命題「危機與回報」來框架：「如果策略不奏效，那我們就是為一齣戲投入了太多錢，不過我們本來就一直都有這種風險；但如果這樣做有用，我們就會徹底改變這個產業的走向。」

二〇一三年二月一日《紙牌屋》首映，這是Netflix的分水嶺。評論者一致叫好，認爲這齣劇證明播放平台具有HBO《黑道家族》的水準。一夜之間，Netflix重新定義了網路內容，之前的網路內容就是玩滑板失敗的自拍影片、音樂影片，是粗製濫造的同義詞。Netflix的影劇串流打破了傳統電視台發展出來的正統循環，也就是要先推出一支試水溫的影片，看看這個概念是否可行，才能簽下整季的訂單。在播放方式上，Netflix也打破一週播放一集的悠久傳統。

《紙牌屋》第一季十三集一口氣全部上線。薩蘭多斯認爲，既然Netflix其他節目都是隨選即看，這齣戲爲什麼要例外？如果不這樣做，就違反了串流服務的哲學，那就是讓消費者自己掌握什麼時候看、要怎麼看。而且，數據也支持這個做法。訂戶在Netflix看影集時，就像樂事洋芋片廣告說的一樣——沒有人會只吃一片。Netflix宣布《紙牌屋》將會一次釋出的那週，有個知名電視台高層打電話給薩蘭多斯，狐疑地問他：「你知道電視是怎麼運作的吧？」但是薩蘭多斯根本不在乎這個產業的傳統，也不在乎保留這個產業的商業架構。這個破壞者唯一的目標就是讓訂戶開心，而電視台高層最後會被迫接受。

Netflix正式進軍原創影片的第一部影集是《莉莉海默》，由挪威電視台NRK和德國紅箭頭國際電影公司共同製作，第一季拍攝完之後，Netflix 買下美國版權。主演的史蒂芬·范山德本來是樂手，他飾演前幫派分子法蘭克·塔格里亞諾，後來轉爲美國聯邦政府目擊證人，離開紐約市街來到挪威峽灣生活。這角色刻意模仿范山德曾經演過八年的《黑道家族》黑幫律師薩維歐·丹特。但《莉莉海默》的預算比不上《黑道家族》，大部分影劇製作在拍攝現場會有休息用的拖車，而這齣戲必須靠當地民眾慷慨讓出自家來招待演員及劇組。范山德知道自己跨入了新的領域，這部影集將在網路發行，「我所有事業夥伴都說『你瘋了嗎？你剛剛才拍完史上最棒的一齣戲，結果現在要去挪威？誰知道這齣戲會拍得怎麼樣？』」他說。

自從早年范山德在史普林斯汀的東街樂團穿著印花衣服彈吉他，薩蘭多斯一直都是他的粉絲，薩蘭多斯跟這位明星談完後敲定合約，提到要一口氣推出所有集數，「他說『等等，等等，我們才剛剛花了九個月拍好這齣戲，你一下子就要把全部放上網路?!』，我說『對啊，就像唱片一樣』。」薩蘭多斯不禁笑了。

雖然《莉莉海默》二〇一二年推出時，接受度不好不壞，但 Netflix 可以利用上架來博取注意力，宣告要開始一次釋出原創影集。在紐約市翠貝卡舉行紅地毯首映典禮，吸引了史普林斯汀和其他團員，還有東尼·班奈特和《黑道家族》演員文森·派斯妥及東尼·斯里柯。《莉莉海默》持續播出了三季，霍蘭德說這齣戲有個目的沒對外公開：它是測風球，評估 Netflix 是否能成功同時在世界不同地區、以不同語言串流一部內容。

每部影集都累積了更多名聲及訂戶。以監獄為背景的喜劇《勁爆女子監獄》很快跟《紙牌屋》同樣大受歡迎。霍蘭德讀了原著派珀．開曼的獄中生活回憶錄，並與《單身毒媽》導演珍姬．可汗見面（她的電影公司獅門已經買下了作品的優先改編權），聽她說明打算要怎麼拍這部影集。霍蘭德本人是LGBT社群一員，二〇一八年曾上電視談到她的成長過程，對她而言，很少有影劇作品反映出自己的身分認同，「我們懷抱願景，認為這部戲可以好好探索女性和入獄、身分認同、種族，顛覆大家對這些人的看法及人生故事，從各個面向完整地描繪她們。我不會說我知道這戲會走紅全球，但是我知道自己很喜歡。」

這兩部熱門影集定義了Netflix品牌，接著是一齣跌宕起伏、充滿勇氣的故事——根據哥倫比亞毒梟帕布洛．艾斯科巴生平改編的《毒梟》；以及高貴華麗的歷史劇《王冠》；還有勵志復古科幻驚悚劇《怪奇物語》。

決定自製影集《紙牌屋》，重新形塑了這家公司和影劇產業，同時也在Netflix平台本身造成「迴響」——Netflix每齣自製影集在片頭播放的音效（也稱為聲音簽名）「Tudum!」，就出自《紙牌屋》第二季結尾，主角安德伍「敲兩下」的聲音。這段音效與觀賞Netflix緊密相關，於是公司決定將二〇二一年某次大型促銷活動命名為Tudum!，公關稿解釋：「一聽到這段音效你就會認得。」

PART 2

戰鼓響起

第四章　紅色婚禮

《冰與火之歌》製作團隊花了五十五個晚上在愛爾蘭戶外拍攝，忍受零下低溫、下雪、下雨，在泥濘及羊大便之間前進，創造出異鬼大軍的戰役場景，這是劇中最浩大的持續戰役場景。飾演小惡魔提利昂的彼得．汀克萊傑說這場拍攝「極端嚴酷」，還說戲迷最愛的第六季〈私生子之戰〉和這比起來「就像主題樂園」。這齣戲每集要花一千五百萬美元的製作費，原因之一就是製作團隊所投入的心力。

這齣戲的製作預算如此之高，HBO又是以精心策畫艾美獎及金球獎晚宴、全年不斷的時尚達人高調聚會而聞名，但相較之下，《冰與火之歌》上映後的宴會卻顯得有點寒酸。並不是因爲花的錢太少──二百萬美元，已經是HBO舉辦過最昂貴的活動，而是因爲紐約市驚人的物流費用及工會薪資。可以肯定的是，二百萬美元買到的場地並不奢華。一千位賓客來到沒什麼特色的齊格飛宴會廳，這場地建造於電影王國最著名的宮殿廢墟之上，也就是紐約五十五街的齊格飛戲院。新的齊格飛宴會廳替換了一九二七年建造的百老匯戲院，此地曾舉辦過《第三類接觸》首映和許多活動；辦過艾美獎，而且長達十年是電視節目《派瑞柯莫秀》的錄影地點。劇院唯一的大放映廳，曾播放過二〇〇六年《聯航九三》全球首映，這部翠貝卡電影節的開幕紀錄片是關於九一一事件那架飛機，事件罹難者的家屬遺族也到場觀賞，在片尾的悲慘鏡頭中放聲痛哭。

如今傷痛已遠，牆上螢幕循環播放閃動的火焰影片片段，淋上醬汁的小點心放在餐盤上，下面有燃料罐為它保持溫度，晚宴服務生穿著有這齣戲品牌標誌的亮紅色T恤。好心的《冰與火之歌》影迷可能會認為紅色是為了致敬劇中的蘭尼斯特王室，不過它看起來就是庸俗——而這個字眼很少跟HBO連在一起。

以前HBO在紐約無線電城表演廳舉辦首映會後，會在洛克斐勒中心地下層餐廳舉辦奢華映後晚宴。上千位賓客從高度超過一公尺的碎冰拿取帶殼海鮮，調酒師為賓客調製最完美的曼哈頓雞尾酒配上手工釀造櫻桃。現在，這個敷衍了事的場景看起來就像在郵輪上。

就在這場首映會前六週，AT&T終於從美國司法部的陰影中逃出來。外界揣測，司法部反壟斷小組努力阻止該公司併購時代華納，併購案第一次提出時間是二〇一六年十月。AT&T及時代華納併購案是「垂直式」併購，結合發行和內容這兩塊、兩者之間交集很少，不像具有類似資產內容的企業「水平式」併購。但是，反壟斷管制者仍然決定在二〇一七年秋天提告。二〇一八年六月聯邦法院判決允許併購案進行。二〇一九年二月上訴法院一致駁回司法部所提上訴。上訴方所持的法律基礎是，這宗併購案會傷害雙方消費者及競爭者。司法部認為，AT&T擁有DirecTV和其他有線及網路發行通路，還擁有幾個主要的節目實體如HBO、華納兄弟、透納電視台，因此AT&T可能操縱價格，向競爭對手及顧客收取高額費用。

眾所皆知川普總統極爲厭惡CNN，而CNN是時代華納旗下重要資產，顯然這是川普爲什麼提名戴爾拉辛（Makan Delrahim）擔任司法部反壟斷主任，就是試圖在法院阻擋這宗併購案。併購案首度提出後整整一年才進入司法程序，而世界上其他管制機構已經默許。案件進入審判時，成爲四十年來第一件受到美國政府挑戰的垂直式併購案。美國地方法院法官里昂（Richard J. Leon）駁回AT&T法務團隊請求公布川普在背後指使的可能證明文件，而白宮堅決否認在司法天平上施壓。那段期間好幾則報導，包括《紐約客》政治撰稿人珍·梅爾（Jane Mayer）都指出審判中引述華盛頓及行政部門的消息來源指稱，是川普下令司法部對抗這宗併購案。

別忘了還有一個古怪的間接證據：二〇一八年迪士尼集團花了七一三億美元買下媒體大亨梅鐸的二十一世紀福斯公司大部分股權，川普致電梅鐸恭賀，並公開讚揚這次交易。這筆大交易讓梅鐸家族身價多出數十億，也讓迪士尼取得半數電影市場、串流平台葫蘆網的控制權與其他規模優勢，而裁員數目多達好幾千人。相較於這次交易被溫暖地接受，兩年前AT&T和時代華納提交併購案，當時還是總統候選人的川普大肆抨擊：「在我任內絕對不會允許這宗併購案，因爲太多權力集中在區區幾個人手上。」

華盛頓聯邦法院展開爲期六週的反壟斷審判時，在二〇一七年被指派爲時代華納主管、毫無娛樂產業經驗的史坦基，每天都親自出庭，但其實也不能做什麼，只能坐在有如洞穴、沒有窗戶的法庭，聆聽證人在里昂法官面前陳述證詞，法官將會在沒有陪審團之下做出判決。史坦基、他的老闆 AT&T 集團執行長藍道．史蒂芬森和其他高階經理人（例如時代華納執行長布克斯）出庭時，戲劇化的場面只有偶爾出現。法庭很寬敞，有時律師和證人及法官之間的互動不容易聽清楚，里昂法官通常會打開製造白噪音的機器來保護敏感內容。打扮時尚的白髮律師皮托切利（Daniel Petrocelli），曾經成功把 O．J．辛普森（O. J. Simpson）告上民事法庭，這次他替 AT&T 擔任辯護，表現看起來比咬文嚼字的司法部檢察官來得高明。二〇一八年六月，審判結束後數週，里昂法官宣判，一面倒向 AT&T 這一邊，他修理政府的主要證人，告誡提告人不要進行「不公正」上訴。讓很多觀察者驚訝的是，司法部完全無視這個建議，仍然繼續上訴，訴訟一直進行到二〇一九年二月，三位聯邦法官一致決定駁回上訴。政府終於罷手，沒有再上訴到美國最高法院。

審判進行時，史坦基和時代華納高層預判會得到里昂法官的認可，因此默默推動合併計畫。史坦基想了很多，他打算，不只改變時代華納這個新身分和它的品牌標誌，還要在這家主業務已繁榮數十年的企業推動大幅改革。史坦基認爲，在串流時代，必須重新看待整個事業體，重整集團本來的三大事業體系——透納（旗下有 CNN 和有線電視台TNT及TBS等）、華納兄弟、HBO。

爲了達成併購案目標精簡二十五億美元，營運部門如發行、行銷、附屬事業等都可以中央化。要大幅度集中化整頓，代表要裁掉一群資深高層經理人，同時這家公司也要大膽轉型到完全不同的方向。時代華納不再跟主要串流服務業者簽下高價合約賣出版權，其中主要就是Netflix。時代華納旗下擁有付費有線電視台，訂戶逐年下降的趨勢無可挽回，時代華納要做的是透過網路直接獲取影視顧客。以前時代華納和其他媒體產業同儕一樣，把《六人行》等戲劇賣給Netflix，或是把HBO影集賣給亞馬遜，這種做法能獲得好幾億美元授權金，但是現在時代華納要保留自家內容權利，部署在自己的串流訂閱服務。

到了要爲這個新服務取名的時候，企業旗下好幾個品牌都列入考量，其中包括「華納兄弟」這個名稱的許多變形。公司聘請了顧問並舉辦焦點團體研究，結果顯示華納兄弟這個品牌名稱是消費者最能接受的。當然它不像迪士尼那樣眾所皆知，但是經典卡通兔寶寶，還有將近一百年來其他作品在播放前，那個藍白相間的WB盾牌是大眾非常熟悉的。不過，曾任職於各大傳媒的電視製作人及高階主管鮑伯．葛林布雷特，在二〇一九年三月就任華納媒體的娛樂事業董事長，卻有不同想法。他認爲，新事業應該好好利用HBO的成功和聲望。集團內部的辯論分成兩派，一派是葛林布雷特和認爲應該使用HBO名號的支持者，另一派則認爲這樣做的風險是稀釋掉這個品牌。

對葛林布雷特有利的是，支持者包括AT&T主要幾位管理高層，他們認爲HBO是個寶貴資產，但是並非完全不能改變。例如：AT&T不斷質問華納媒體的人，爲什麼HBO沒有上廣告，華納人也答不上來。後來，新串流事業名稱定爲HBO Max，內容包括有線電視和衛星電視付費套裝所含的HBO常態節目，再加上新的原創影集，還有華納兄弟電影和電視劇，從經典電影《北非諜影》到現代美劇《六人行》都有。HBO有著數十年的累積，它的名字就等同於聲望和傑出，而並不只是重播《宅男行不行》而已。

時代華納決定改弦更張。HBO近五十年來採行的模式是，提供服務內容給付費電視業者、再由業者賣給消費者，要從原本這種批發販賣模式，轉變到直接零售模式，此舉引起許多尖銳質問。五十年前HBO首度播映時，根本沒料到後來會有這些問題。

HBO原文名稱是Home Box Office，開台於一九七二年，創辦人是外界可能會覺得不太相襯的商人查爾斯·多蘭（Charles Dolan）。HBO是紐約最顯赫的媒體王朝中的一家之主，不過可能也是這個城市裡最不受歡迎的一員。HBO的根源是史特林曼哈頓有線電視，後來漸漸改組成Cablevision，多蘭創立的帝國最後成長到包括麥迪遜廣場花園體育館MSG，以及長期租用MSG的美國職籃紐約尼克隊，以及職業曲棍球隊紐約遊騎兵。查爾斯·多蘭的兒子詹姆斯從一九九九年開始掌管球隊，接著兩隊表現就起起伏伏，而且沒拿過冠軍。MSG體育館自稱是「全世界最有名的體育館」，但是從二〇二〇年代開始，場內球迷常會憤怒地對著多蘭大喊：「賣掉球隊！」

大家都說，創新來自解決問題。以ＨＢＯ來說，要解決的問題就是，如何在六〇年代紐約市高聳林立的水泥叢林之間，接收清晰的電視訊號。多蘭是最早投入有線電視的投資者，其他幾個主要人物包括泰德・透納（Ted Turner），約翰・馬龍（John Malone）及康卡斯特的羅夫・羅伯茲（Ralph Robers）。多蘭決定在街道下裝設同軸電纜，這是美國第一個地下電纜網絡，播送《Bonanza》《Laugh-In》和晚間新聞。史特林曼哈頓有線電視的廣告說：「紐約需要幫忙：電視機更進步了，但是訊號卻變差。」

就像紐約大部分事物一樣，這個計畫的成本節節升高。在地下操作重型機具並不容易，附近還有地下鐵隧道、下水道、建物地下室等，這些都讓史特林有線電視及夥伴公司「時代生活」（Time Life）負上龐大債務。多蘭必須找到方法來挹注這個宏大的建造計畫，好讓公司生存下去。一趟與家人搭乘郵輪到歐洲的旅途中，多蘭得到頓悟。除了讓顧客有清晰可靠的訊號來接收十二個電視台，他還要給訂戶一個額外誘因，提供嶄新的全套電視體驗，訂戶只要每月繳一筆少少費用，這筆錢就可以用來鋪設纜線。不久這個想法就變成商業計畫，而且還有名字：綠色頻道，後來改名爲Home Box Office，來傳達這種自家客廳就能體驗到的新鮮刺激。多蘭說，這個電視台提供的內容五花八門，從體育、電影、現場活動都有，而且完全沒有插入廣告，它是「電視界的梅西百貨」。

HBO開台播映第一個節目是劇情片《永不讓步》（又譯《大鬥爭》），還有在賓州渥克斯巴里舉行的波卡節現場轉播（在衛星科技把訊號傳送得更遠之前，HBO訊號最遠只能到這裡）。這幾個最先推出的節目算不上是里程碑，不過，光是存在就是革命的開始。觀眾不必透過大耳朵接收電視節目，不必爲了免費收看而忍受廣告，現在可以選擇付費接收沒有廣告的訊號，這是電視界的「華生先生，請你過來」（貝爾在人類史上第一通電話所說的第一句話）——有線電視付費套裝就此誕生。HBO取得立足點之後，七〇、八〇年代早期第一波電視台如尼克兒童頻道、CNN、MTV頻道很快就跟上，這些是原始的有線電視系統，機上盒風行全國。

多蘭跟電視的淵源是，他從克里夫蘭大學輟學後去攝製體育新聞及電影。他的營運能力高超，但是對於電視節目安排並沒有什麼想法。他把HBO當作達到某個目標的手段。HBO成立後，一九七三年他就把持股賣給時代公司。一九八九年時代和華納兄弟合併，一九九五年和透納合併，這段期間孕育出有線電視網。HBO開台早年播出前衛的喜劇特輯、R級小電影（這是寶貴的商品項，尤其是在錄影帶出現之前），還有原創的諷刺劇，例如《不見得是新聞》（*Not Neccessarily the News*）。HBO節目內容愈來愈深廣，反映出一群高層主管及創意人才以個人風格走出一條獲利途徑。有一位HBO前任高層主管從八〇年代早期開始任職，還記得公司裡滿滿都是「最頂尖、最聰明的人，你在那裡就好像進到哈佛的感覺」。這位業界人士補充說，HBO

「當時還很新，年輕又受歡迎，公司裡都是很有競爭心又聰明絕頂的年輕人，企圖心跟動機都很強」。

ＨＢＯ跟傳統電視台的營運規則完全不同。傳統電視台得要取悅廣告主並符合內容檢查，避免任何有爭議的題材，而新興的ＨＢＯ則是一連串大幅躍進，結果就是幾乎沒有其他電視台節目能與之匹敵（不過，競爭者通常會指出，ＨＢＯ要塡的時段相當少、可以運用的財務資源比較多）。《黑道家族》《火線重案組》《女孩我最大》《賴瑞山德斯秀》《化外國度》《慾望城市》《六呎風雲》《人生如戲》，喜劇節目紅牌有喬治·卡林、克里斯·洛克、羅賓·威廉斯，這些人都在表演巔峰時期。有如身臨其境、像在看電影的迷你影集《諾曼第大空降》《美國天使》，紀錄片系列《計程車自白》《眞實的運動》，還有紀實長片《追捕佛雷德曼家族》等等。

長久以來，說到電視就想到著名新聞主播華特·克朗凱及綜藝節目主持人艾德·蘇利文，但ＨＢＯ極富創意、放手一搏，重新定義了電視。它並不窘於《女孩我最大》第三集中瑪妮在公共廁所裡月經來潮；《黑道家族》才剛播出五集，劇中的反英雄人物索波諾跟女兒參觀大學時勒死暴徒告密者，ＨＢＯ也沒有退縮（在節目播出前，內部人士擰著手反覆考慮過了）；《冰與火之歌》裡，性虐待狂的恐怖堡領主之子拉姆斯，撕開珊莎的結婚禮服強暴她，痛苦尖叫迴盪直到鏡頭最後，引來影評人砲聲隆隆，ＨＢＯ也沒有爲此道歉。早期ＨＢＯ用裝傻來挑釁傳統，藉由單口喜劇演員卡林喋喋不休的獨白，直接說出在電視上絕對不能說的七個詞：屎、尿、幹、屄、吹簫、幹你媽、奶頭。HBO從早期就打造了脫穎而出的品牌，讓觀眾沉浸在「管它的」精神裡，充滿晦澀、醜聞、不和諧的音符，這些特色在以前是電影及小說才會有。「這不是電視，這是HBO」的知名口號誕生於九〇年代中期，這句鮮明的廣告文案還有一個優勢：大部分來說，這是真的。

HBO橫掃艾美獎並累積名聲，同時也花了好大一番工夫，才看到一個正在崛起的新科技跟HBO本身一樣無所不在，那就是網際網路。HBO跟大多數傳統媒體公司一樣，創業起家然後停滯不前，長期以來的自滿在HBO的文化留下刻痕，面臨串流的急迫性時，顯得格外挑戰。

二〇二〇年推出串流平台HBO Max，晚了對手好幾個月，包括Disney+、Apple TV+、孔雀（Peacock）。然而，五年前HBO推出HBO Now，當時還居於領先，而不是瞻前顧後。HBO Now是直接面對消費者的付費HBO串流版，讓任何有網路的人都可以付費連線觀賞大部分HBO節目，完全不是過去四十幾年來付費電視訂戶才有的外加服務。隨著HBO Now愈來愈受歡迎，這個模式讓電視台和有線電視業者都蒙受其惠。

不過有一個大缺點。消費者終於可以不用透過有線或衛星來收看HBO節目，這讓系統業者非常不安，所以業者堅持在契約中加一條「最惠國待遇」條款，因此HBO

Now 費用是每月十四．九九美元，跟傳統有線付費套裝價格一樣。兩個敵對的付費有線電視業者 Showtime 及 Starz，則是選擇外加串流服務給予折扣，結果跟許多通路夥伴發生摩擦。HBO Now 比起傳統線性播出的 HBO 也缺乏任何新構想，原因一樣，就是害怕這些餵養 HBO 的付費電視業者，會視這個新服務爲競爭威脅。結果，HBO Now 跟其他已發展健全的串流服務比較起來，就變成陪榜，到二〇一九底只累積了八百萬訂戶，並不是很光采。

從很多方面看來，HBO 的串流版本，就像娛樂產業的全民健保法案，以稀釋後的形式終於獲得國會通過。HBO 和時代華納十幾年來積極探索數位替代方案，才終於生出這個版本，二〇〇一年到二〇〇四年之間的官方名稱是「美國線上時代華納」，相當不討喜。美國線上和時代華納的合併是場災難，是美國企業史上的大失敗，不過卻沒有傷害到時代華納。時代華納的娛樂部門在那段期間火力全開，推出《哈利波特》和《魔戒》系列電影，還有許多華納兄弟電視和 HBO 製作的熱門影集。影碟事業大幅成長，帶進額外一波新營收。美國線上的高層本來試圖促成綜效，但是這個想法只在電子郵件伺服器裡打轉，沒有再往外傳出去。

即使是「舊時代的」時代華納，內部各自爲政已是常態，這是其他集團（例如迪士尼）很難想像的。集團內某個部門並不會讚美別的部門，只會聳聳肩回應。華納兄弟製作的《哈利波特：神祕的魔法石》是改編這套暢銷書的第一部電影，二〇〇一年推出時，《娛樂週報》影評麗莎·舒瓦茲波姆給了評分B，她表示這部片「有許多迷人之處，但是沒什麼驚奇」。美國線上和時代華納合併失敗，最不幸的後果就是，讓時代華納以懷疑的眼光看待科技。本書各章節所描述的「創新者的兩難」，可能沒有別的例子比二〇〇〇年代的美國線上時代華納更加清楚。

二〇〇二到〇六年間的美國線上董事長及執行長米勒（Jonathan Miller），回憶當時對時代華納董事會、總裁布克斯、執行長帕森斯（Dick Parsons）提出好幾個有潛力的收購及合作投資提案，如果通過，很可能會讓這家公司和媒體及科技產業改頭換面。二〇〇五年底在舊金山四季飯店的酒吧，米勒與那年推出YouTube的創辦人之一查德·赫利見面，赫利描述影片上傳到該網站的成長模式，呈現曲棍球桿的形狀，米勒一聽立刻採取行動，估計了價格區間（大約是五·五五億美元），準備出價。二〇〇六年一月，米勒向時代華納董事會提案報告，「他們叫我們撤手」。外界認爲YouTube是盜版影片的剪輯庫，而且這些影片大部分是媒體公司擁有的，但是米勒「非常急切」想買下YouTube。幾個月後米勒又去找董事會，「那時每個人都在想著要告YouTube。我說：『不要告它，買下它。我們可以放上最頂級的內容……我們會贏。』」答案仍然是不要。最後是Google在二〇〇六年以十六·五億美元買下YouTube。

另外，二〇〇六年七月，臉書創辦人祖克柏和他的事業夥伴，爲臉書開出的標價是十億美元。Yahoo去談了，但是對這價格猶豫不前。米勒對祖克柏說他可以出價十一億美元。祖克柏不愛美國線上，但是他說可以用十四億元賣。米勒說：「所以我就去跟布克斯說，『我知道你不會喜歡，因爲這不是賺錢而是投機，但是它可能就是未來。』爲了財務周轉，避免花到時代華納「一毛錢」，米勒對布克斯說，時代華納可以賣掉 MapQuest 和其他幾項數位資產。雖然美國線上跟時代華納合併幾年後還是分家了，但是當時美國線上對時代華納的營收仍貢獻了數十億。米勒記得當時對布克斯說：「『我需要的就是現金。這是個機會，我們應該把握。』而他的回答是，『如果你認爲應該賣掉 MapQuest，那就去賣。』」至於那個大獎：「答案是不要。」

當然，如今臉書全球每日活躍用戶高達二十億，還擁有 Instagram 和 WhatsApp，年營收超過八五〇億美元。YouTube 估計每分鐘約有五百小時影片內容上傳到它的平台，觀眾看 YouTube 影片每天超過十億小時。二〇二一年七月，根據 Google 報告，它所擁有的 YouTube 單季廣告營收達到破紀錄的七十億美元。

另一個失之交臂的機會是影音串流平台葫蘆網。它起初背後金主是梅鐸新聞集團（米勒跟時代華納斷絕關係之後，來到新聞集團帶領數位營運部門）；另一個背後老闆是 NBC 環球。幾年後，時代華納看到葫蘆網紅起來，才買下它一〇%的股票（但後來又被 AT&T 賣掉）。

或許最可惜的是錯失了買下 Netflix 的機會。當時是時代華納旗下 HBO 主管的艾伯切特說，二〇〇七年有位業務發展主管提案買下這個郵購影碟公司，那時候它才剛剛開始做串流。但是這個想法被擱置了。

時代華納執行長布克斯在位期間有一宗大手筆收購案，後來卻掐住了他的脖子，那就是以八．五億美元買下社群媒體平台 Bebo。後來 Bebo 幾乎立刻垮掉，布克斯承認可能「買得太高了」。不過他對 Netflix 還是很不屑，二〇一四年他說：「我們已經有 Netflix——我們有 HBO 啊。」

在那段避險時期，HBO 高層主管確實成功組成數位服務 MyHBO，名字靈感來自社群媒體新寵 MySpace。後來它改名爲 HBO Go，是 HBO 的串流版本，必須是付費電視訂戶才能使用。時代華納也廣泛討論建立線上服務，集結華納兄弟、HBO 和透納電視台的內容，基本上就是 HBO Max 的原始版本。後來時代華納認爲，以公司傳統的商業模式來說，HBO Max 風險太大。

HBO 前任董事長及執行長艾伯切特回憶，當時從華納兄弟請來曾任數位部門主管的莫羅碩克（Jim Moloshok），他試著破解這道難題，而公司高層的反應充其量也就是漠不關心。艾伯切特說：「有次開會我對一群同事說，『莫羅碩克不必爲創造網路而道歉。各位，我們今天在這裡討論這件事，那不是他的錯。』」公司內部討論，反映出一道深刻的鴻溝，一派人馬認爲公司應該跳脫傳統的付費套裝，而另一派人馬堅決認爲那是愚蠢的題外話。反對者舉出的愚蠢事例包括 MySpace，在二〇〇五年由梅鐸新聞集團以五．八億美元收購（MySpace 被社群平台對手臉書超越之後，價值萎縮到只剩零頭，最後以三千五百萬美元售出）。艾伯切特在二〇〇七年離開ＨＢＯ，原因是涉嫌對當時女友動粗，不過後來復出擔任Starz有線電視及傳奇娛樂公司主管，他說：「會議桌上一邊是我請大家放眼未來，另一邊則說『那個未來很快就會把我們摧毀。我們一直都很順，不要搬石頭砸自己腳』。」艾伯切特搖搖頭說：「創新的敵人，就是維持現狀。」

就任時代華納執行長的史坦基，或許是個老派的「貝爾人」，不過他並不會沉溺在電信事業小圈圈，而看不到直接競爭對手是這些科技巨頭。面臨臉書、YouTube、Netflix侵門踏戶，史坦基的掌舵方式有待深究。不過，跟時代華納的合併案執行結束之後，史坦基對於受到科技巨頭威脅的急迫感，可不是溫和表達而已。二〇一八年夏天公司大集會，史坦基坐在ＨＢＯ執行長佩普勒的正對面，講話特別犀利。這是併購案確定後的集會，有如《西城故事》兩大幫派人馬參加社區聯歡會，史坦基好幾次直率發言讓眾人倒抽一口氣。首先他說併購執行過程會很嚴酷，就好比「生孩子」（他說他太太討厭他這樣類比）。尤其針對ＨＢＯ，史坦基對佩普勒和他的手下強調，因爲行動裝置及數位科技發展，現代電視收視型態已經徹底改變，ＨＢＯ對此必須有所回應，要吸引忠誠收視者，不是只有週日晚間才收看，他警告：「不是一週看HBO幾個小時，不是一個月看幾個小時，我們要做到讓觀眾『一天』收看幾個小時。」透過同步串流參加這場大會的員工覺得，比起在大會議廳裡同處一室，遠距看著這一切的感覺非常怪異。會場上佩普勒大力反擊以保住面子，有個資深主管想起那次大會，不禁打個寒顫：「那種肢體語言實在可怕，看到他們針鋒相對、一來一往，你就知道事情很不妙。」

幾個月之後史坦基受訪時並沒有明顯的肢體語言，但是他的訊息非常清楚：「在一個講求規模的環境裡，你跟這個市場有二五%的關係、或是在付費電視的市場占有率二五%，這樣已經不夠好，如果要跟世界級的Google、世界級的亞馬遜、世界級的蘋果競爭，你必須跟幾乎所有顧客都有關係。」不過，這種擴大規模的驅策，正值大批資深高階主管離職，以及焦急等待遭到政府控訴壟斷後的集中化整頓時期。

史坦基最後還是承認，滲入華納媒體職場文化的焦慮感，相當嚴重。他反省，如此令人不安的環境，而自己完全缺乏敏感度的處事方式，經常讓狀況變得更糟。他承認有些員工「可能對他不會有什麼好話」，但是他說：「我試著用建設性的方式跟他們一起工作。我想大部分時候自己大概能做到。但我不是完人，我們每個人有時候都可以做得更好。」

用棒球術語來說，如果史坦基投出很多內角快速球，那麼AT&T執行長史蒂芬森就比較像是慢速球投手，擅長用一連串曲球來讓員工和投資者措手不及。他每季對華爾街發表營收報告、或是在會議及媒體上發言，對員工通常都是新聞。二〇一九年有個華納媒體高層說：「當他說出HBO Max要開始播映現場體育賽事或新聞節目之前，公司裡沒有人知道要這樣做。」

雖然史蒂芬森的作風平易近人，說話是典型慢聲慢氣的奧克拉荷馬腔，但是外界都記得，他在二〇一八年針對HBO最堅實的對手，提出一個論辯：「我認爲Netflix像是訂閱制隨選影片業界的沃爾瑪大賣場，而HBO是蒂芙尼精品，非常高級的牌子，提供高級的內容。」（好幾週之後，某個HBO高階主管對這種說法仍忍不住憤慨：「沃爾瑪的市值是多少？大概五千億美元吧？難道那樣很糟嗎?!」）後來，剛就任華納媒體娛樂部門董事長的葛林布雷特也對NBC新聞台說，Netflix「並不擁有品牌，只是一個什麼內容都能看到的地方而已，就像《大英百科全書》。如果你要盡可能接觸到地球上所有人，那的確是很棒的商業模式」。

至於Netflix創辦人及執行長海斯汀，並不理會外界所謂的對手。他在二〇一九年一月給投資人的信上說：「我們倒不是跟HBO競爭，比較是跟電玩《要塞英雄》競爭，而且還輸了。」

海斯汀把對方當空氣一定令人相當難堪，有些人應該還記得，二〇一二年Netflix正要開始串流第一部自製影集《莉莉海默》時，HBO是處在什麼位置。布克斯瞧不起這個正在起步的後進者，堅持說 Netflix 是「一隻九十公斤重的黑毛猩猩，而不是三六三公斤重的金剛猩猩」，認爲它只是眾多競爭者之一。好幾年後，華爾街分析師納施森（Michael Nathanson）說：「HBO原本有機會變成 Netflix，但它的老闆們似乎沒那個決心。」那段期間在HBO任職的員工透露，公司的態度踞傲自滿。某個前主管表示，HBO的串流服務 HBO Go 和 HBO Now「處處限制」，使用者體驗被限定在某些條件下，設計用意就是要比傳統電視收看經驗來得沉悶，不讓觀眾跳過工作人員名單，也不能一次看完整季節目，不像 Netflix 的介面是精準工具化且經過演算，那是幾千個工程師爲了「取悅」客戶而設計的。觀眾眞的被有線電視取悅是多久以前的事了？

「阿爾巴尼亞軍隊」對HBO侵門踏戶，大手筆出資吸引許多喜劇演員，比如艾美．舒默、戴夫．切普爾、傑瑞．謝菲德。Netflix 網羅了電視界最多產的製作人，包括《實習醫生》珊達．萊梅斯、《美國恐怖故事》雷恩．墨菲、《黑人當道》導演肯亞．巴里斯，酬勞高達九位數，而且還請到歐巴馬夫婦加入製作團隊。當朗．霍華改編自凡斯暢銷回憶錄《絕望者之歌》的電影由各家電視台競標，Netflix 以四千五百萬美元拔得頭籌，是HBO等其他競爭者最高標金的兩倍以上。

Netflix 花了數十億美元在節目製作、購買、行銷，包括原創影集《王冠》《怪奇物語》、電影《愛爾蘭人》。Netflix 除了給錢之外，對於編導並不干涉，無論好壞——

這一點跟HBO一樣，對喜劇演員喬治·卡林、《黑道家族》導演大衛·雀斯等影劇人才，提供了沒有廣告且百無禁忌的沙盒。串流審核機構也比付費電視台審核來得鬆散（難怪二〇一八年串流平台推出多達七百部原創影集）。

傳統電視台也會以各種理由限縮製作團隊。魏伊夫婦（Maclain and Chapman Way）到處推銷他們製作的六集紀錄片《異狂國度》，內容是關於某個印度靈修教派來到奧勒岡州鄉村。幾個發行商對於這部紀錄片的反應「非常冷淡」。麥克蘭·魏伊回憶：「它們要的是名字，大家認得的明星。」其中一個抱持懷疑態度的就是HBO，有個高層主管說可以考慮買下這個節目，條件是必須由名人擔任旁白口述。最後，沒有旁白的《異狂國度》來到Netflix，博得眾多評論讚賞，還榮獲黃金時段艾美獎，而且似乎是串流以來最受歡迎的原創節目之一（雖然沒有實際數據佐證）。

整個《冰與火之歌》最終季都缺乏連貫性。某個演員不小心在拍攝現場留下一只星巴克咖啡杯，劇組人員竟然也疏忽了，結果就這樣被拍進鏡頭裡。HBO發布聲明稿承認錯誤，許多粉絲把品質控管之鬆散，作爲這齣戲無法貫徹到底的證據。雖然這齣戲吸引了大量觀眾，但是規模也有其代價。佩普勒孕育出《冰與火之歌》，下令不惜代價重拍，並根據創意直覺做出老派賭注，這齣戲已成爲企業象徵，必須有相應處理。AT&T把一段有龍的影片片段，放進向員工推銷與時代華納合併的影片。最後一季行銷預算二千萬美元，算是相當足夠，一大部分用在跟超級盃合作的百威啤酒六十秒廣告，合作的品牌讓人有些訝異，但是大眾接受度很高。全美大學體育聯盟「三月瘋」球季來臨時，TBS實況轉播籃球比賽也放進促銷廣告。AT&T旗下店家販賣《冰與火之歌》主題的手機保護殼；公司的推特帳戶也加入一起瘋，推特貼文例如「派出黑鴉，邁向#八強#三月瘋」。最後四強賽事在明尼波里斯舉行，還舉辦了《冰與火之歌》主題賽，現場展出仿眞道具。AT&T承諾它的擴增實境科技將會「在體育館中央場地上方的影音螢幕，讓比賽觀眾有如置身《冰與火之歌》」。

在齊格飛宴會廳的現場，或許也需要擴增實境的效果。派對賓客撤退到各自的陣營，彼此很少互動。劇組人員中的竄紅新星如基特·哈靈頓、艾蜜莉亞·克拉克，還有較知名的好萊塢明星如傑森·摩莫亞、彼得·汀克萊傑等人，似乎是目前爲止表現最熱情的，開心慶祝這齣戲的非凡之路。至於其他利害關係人，心情則不太明朗，甚至近乎沮喪。有個HBO高層主管被問到感覺如何，他聳聳肩說：「我不太確定。幾個月後再問我吧。」大部分電影公司老闆會假裝熱情、說幾句恭維的話、約個時間吃午餐之類的，但是史坦基站在一群AT&T達拉斯總部的高層主管之中。這位新老闆對於外界盛傳AT&T要大幅削減支出，嗤之以鼻：「大家在問以後是不是要自己付飲料錢。」文雅的資深電視人葛林布雷特，幾週前剛剛加入華納媒體擔任娛樂事業董事長，他跟自己的一小群忠貞分子站在一起，一邊觀察著現場。有一位HBO前高層主管說：「如果沒有佩普勒，這場派對的人似乎就不會有什麼連結了。他向來都能帶來連結。」

《冰與火之歌》共同導演大衛．班尼奧夫，在宴會前的首映場地廣播城舞台上，誠摯地感謝佩普勒。班尼奧夫和製作夥伴丹尼爾．威斯發言致意，不只是針對創意合作關係，還有影劇這行的從業方式，在AT&T主導之下似乎已經快要滅絕。他們說：「我們曾經一起經歷過，在雨裡、在雪中、在泥濘裡、在太陽下。可以說，我們之中沒有人會再有這種經驗；可以說，將來或許沒有人會再有這種經驗。」

第五章 我們知道，現狀無法維持下去

在迪士尼集團官方認可的說法中，投資在科技量能的動力從三十年前就開始了，早在串流成為時尚之前。在這種說法中，迪士尼跟蘋果的賈伯斯做了兩筆重大交易，象徵著迪士尼集團在艾格領導之下的大膽新方向。性格和藹可親、總是能對鏡頭侃侃而談的艾格，原本是電視台氣象播報員，在首都城與ABC聯營電視台中嶄露頭角，二〇〇五年成為迪士尼集團執行長。艾格就任大位之後不到兩週，第一件事就是讓顧客能購買廣受歡迎的ABC電視節目，用蘋果新推出的影音播放器iPod觀賞；第二件事就是幾個月後斥資七十四億美元買下皮克斯動畫，這家公司是電腦動畫的先鋒，由賈伯斯領導。

艾格在回憶錄《我生命中的一段歷險》回顧二〇〇〇年代：「那是一段很有趣的時期，象徵了過去所知的傳統媒體，開始邁向終結。我覺得最有趣的是，幾乎每個傳統媒體公司試著找出自己在這個變動世界中的位置時，心態都是出於恐懼而不是勇氣，頑固地試圖建立堡壘來保護舊模式，但是，這種舊模式在翻天覆地的變化中不可能存活。」

不過，二十一世紀的紀錄卻顯示出，迪士尼數位覺醒的時間點和幅度，面貌更為複雜。爲了跟上潮流，迪士尼前後花了十六億美元收購別的公司，有社群網絡、社群遊戲、最火紅的影片，這些都跟迪士尼的核心本業沒有什麼關聯。迪士尼推出曇花一現的「數位置物箱」，用意是爲了撐起低迷不振的影碟銷售，但是Netflix的數百萬訂戶早就證明，觀眾比較喜歡隨選即看的迪士尼影片。另外，跟音樂產業一樣，盜版也是迪士尼不得不改變的因素。

迪士尼ABC電視台前任總經理安．史威妮還記得二〇〇五年五月二十三日星期一早晨的員工會議，她昂首闊步走進會議室，急著分享ABC熱門影集《慾望師奶》大結局的收視率。這齣黃金時段肥皀劇內容是看似寧靜郊區之下的暗流，播映時成爲一股文化現象，大結局吸引了三千萬觀眾收看。但是，史威妮還來不及分享來自紫藤巷（劇中小鎮主要街道名）的好消息，ABC科技長羅伯茲（Vince Roberts）要求發言。他靜靜將一張碟片放入影碟播放器，按下播放鍵，螢幕上出現了劇中幾位女主角。

史威妮幾年後回憶這件事：「我說『文斯，那是最後一集』，他說『對，電視播出之後六十秒就可以在網路下載了』。天哪，眞是掃興……眞糟糕，我們還自以爲很了解觀眾有多少。觀眾比我們想的還要多，而且我們沒有收到他們的錢——我們也沒有任何正當說詞跟廣告主說：『嘿，我們其實還有一千萬觀眾。』」

電視產業苦惱於網路盜版，幾個月後，賈伯斯提出解決方案。幾年前他也做過一樣的事，那時他去跟有如自由落體墜落的音樂產業高層開會。史威妮回憶說，艾格跟賈伯斯約好通電話，電話中這位矽谷最保守祕密的企業領導人拋出吊人胃口的提案：「我想給你看看我們在做的東西。」皮克斯執行長飛到柏班克，親自展示可以觀看影片的 iPod。

賈伯斯跟ＡＢＣ電視台主管開會，地點在迪士尼集團執行長大樓的會議室，他打開筆電，展示 iTunes 商店，主畫面是《迷失》，一齣關於飛機失事求生的影集。他告訴史威妮如何下載節目，然後把某個裝置交給她，那看起來像是蘋果最受歡迎的音樂播放器，帶有一．八吋螢幕，史威妮用它看了一集。「他離開後，我才猛然想到，『等等，他是怎麼拿到《迷失》節目的？』」答案很明顯，「哎呀拜託，大家都在網路下載了。」

迪士尼和蘋果很快就簽訂協議，祕密的物流安排簡直像《毒梟》情節，利用公司飛機來運送ＡＢＣ電視劇《迷失》《慾望師奶》《夜行者：極惡連環殺手》的母帶，還有兩部迪士尼頻道節目，送到蘋果總部所在地加州庫柏蒂諾。這批貨物用牛皮紙包起來，由技術總監親手交付到一間上鎖房間，以供上傳到 iTunes。

這段夥伴關係一直祕而不宣，直到二〇〇五年十月十二日蘋果舉辦產品發表會，地點在聖荷西的加州劇院，它建造於一九二七年，經過整修後相當華麗。艾格出現在舞台上跟賈伯斯握手，迪士尼集團與這位皮克斯工作室的掌權股東之間，本來關係相當緊張，這是雙方第一次破冰同台。史威妮坐在觀眾席上。她說，跟 iTunes 簽約合作是迪士尼邁向打擊盜版的第一步，不過迪士尼關係企業並不這樣看。史威妮回憶說：「那天下午我們飛回柏班克，我的手機立刻湧進一堆電話。許多關係企業都打電話來表示沮喪。大廣告商也打電話來，不是沮喪，但是要我們知道，不管我們下一步要做什麼，它們都要參與其中。」

一腳踩進未來，另一腳還在過去，這樣很難維持平衡。從數位的曙光乍現走到當代串流時代，迪士尼一直都是步步爲營，非常謹愼衡量自身遺產和傳統商業模式所產生的數十億美元收入。

艾格跟蘋果談內容協議，是爲了修復迪士尼和賈伯斯這位皮克斯執行長及掌權股東的關係，這段關係在艾格的前任艾斯納任內變得很糟。皮克斯製作出膾炙人口的賣座動畫片《玩具總動員》《海底總動員》，迪士尼大膽無畏買下皮克斯，帶來的利益遠超出電影院、周邊商品銷售與主題樂園：艾格得到科技業界最領先的趨勢家，作爲他的顧問、知己、董事會成員。賈伯斯對品牌重要性具有天生鑑賞力，對品質絲毫不妥協，這些特質都觸及到迪士尼事業的每個角落，包括砸下數十億徹底改造迪士尼加州冒險主題樂園，還有擴張郵輪航線。賈伯斯相信，內容的黃金時代已然來臨，而科技將把電影和電視節目直接傳送到消費者手裡（和口袋裡）。這種未來願景啓發了艾格的思考，讓這位執行長大膽進軍數位領域，有時候這讓迪士尼與其他大型娛樂企業比起來顯得與眾不同，例如：把自家內容放在最新的蘋果裝置上，引起同業抱怨此舉威脅到既定的商業模式。迪士尼旗下ＡＢＣ電視台的前任產品總監亞伯特．程（現已跳槽到亞馬遜製片工作室電視部門擔任共同主管），當時帶頭開發ＡＢＣ網路媒體播放器和ＡＢＣ在iPad上的應用程式，他說艾格完全是個科技狂，在家裡喜歡談論各種科技設備，「他會跟我聊這些科技玩意兒，他眞心對科技感興趣。所以，艾格成爲執行長之後……我們就拿到授權可以往前邁進了。我覺得這營造出的氛圍就像『執行長准了，所以我們就做吧』。」

二〇〇四年《連線》雜誌刊出編輯安德森（Chris Anderson）的文章〈長尾〉（The Long Tail），內容引起業界騷動，艾格和手下資深管理團隊開始思考未來。文中預測網路將創造出順暢又沒有門檻的平台，小眾內容會找到聽眾而發展茁壯，進而徹底改造娛樂產業經濟。艾格請來企業策略專家凱文．梅爾，檢視未來這種內容普及化，對於主攻大眾市場電影及電視劇的迪士尼代表什麼意義。

研究結果是一份前瞻性文件〈迪士尼二〇一五〉，由財務長湯姆．史代格斯和梅爾一起在董事會度假會議上報告，地點是佛羅里達州奧蘭多的迪士尼樂園。報告預測，平庸無奇的內容將會終結，這種內容在過去盛行是因爲消費者星期三晚上九點想找東西殺時間，但是除了在電視節目選單上按來按去也別無他法。可是消費者很快就會擁有無限選擇，而且立即就會接收到回饋口碑，因爲朋友圈和名嘴網紅收看了什麼電影或電視劇，會立刻在網路發訊息寫感想。

要在未來這段變動期繼續成長，對迪士尼最好的方式是產製量少質精的電影，建立堅實的授權商品作爲醒目的燈塔，以吸引擁有海量選擇的消費者。這份具有影響力的文件贏得迪士尼董事會支持，艾格要推動這家夙負盛名的娛樂企業轉型，這份文件就是轉型的框架。這份文件接著指引迪士尼史上最大一筆收購案：漫威及盧卡斯影業。

在六年之間，迪士尼組建了一批令外界欽羨、堅忍卓絕的人物，生命力強健到足以在轉變到隨選即看的世界中存活，這些人物有漫畫英雄如鋼鐵人、美國隊長、黑豹，有《星際大戰》的路克·天行者、黑武士、莉亞公主，有《玩具總動員》的巴斯光年和伍迪警長。但是，這個位於加州柏班克的娛樂巨頭，在邁向數位未來時必須謹慎，而且面對抱持懷疑的華爾街，要能透過票房展現出斥資一五四億美元所能得到的價值。迪士尼在數位發展上的努力，例如：旗下ABC電視台二〇〇六年決定開始串流熱門影集《慾望師奶》及《迷失》，插入廣告，在電視播放一天之後上架，既顧及消費者習慣改變，同時也做到「尊重並協助進化」電視台，以及相關的無線及有線電視系統業者的往來關係。

「我們知道，現狀無法維持下去。」史威妮說。

迪士尼和其他媒體產業的關鍵轉折點，發生在二〇〇八年。由於金融海嘯，經濟崩潰到接近垂死狀態，自從一九二九年大蕭條以來前所未見。消費者支出緊縮，也察覺到因爲數位科技興起而有了新選項，開始考慮以前沒想過的：取消付費有線電視。

觀眾不喜歡綁約兩年及隱藏費用，而且老實說，有線電視的顧客服務很差，因此消費者不再花錢買付費電視服務，轉向其他替代方案，比如Netflix、YouTube及葫蘆網。

爲了阻擋潮流，電視產業推行一套計畫，取了很貼切的名稱：TV Everywhere。領頭的是全美兩大有線電視：康卡斯特及時代華納，企圖留住那些開始考慮切掉有線電視的觀眾。TV Everywhere的歷史及產業動態紛亂糾纏，不容易整理清楚。不過，要了解媒體企業是如何在自己身上造成傷口，並在十年後絕望地大步跳向串流，就必須理清過往歷史及產業動態。

TV Everywhere讓消費者可以在任何連接網路的裝置上收看電視節目，只要觀眾輸入帳號及密碼，「通過驗證」是付費電視訂戶。二〇〇九年，時代華納執行長布克斯負責這項專案，希望能降低收視戶斷線的威脅。他說：「消費者每個月都用皮夾投票，他們不必一定要訂有線電視。他們不必付錢給這些服務，但是他們還是付了。從我們進入這個產業以來，付費看電視的人數每一季都在上升。」

即使迪士尼跟蘋果結盟，即使有動力進行創新，面臨到的內部困難還是相當大。艾格多年之後反省，放掉舊有的獲利核心「知易行難」，他很爽快承認自己碰到創新者的困境：「我們跟許多長久傳承的企業一樣，有很大的獲利事業要繼續保護，而且要從這裡面繼續挖掘利潤。牽涉到很多責任，對股東、對顧客、對員工、對董事會，要盡可能在你所做的事業中獲取利潤。轉到新事業並不容易，不只因爲它不會馬上就獲利，而是因爲它會直接破壞你正在做的事業。」

TV Everywhere 擁護者相信消費者會買單，甚至還鼓動付費電視通路業者對顧客收取一筆額外費用，讓顧客可以在手機、筆電及平板上看節目。但是此舉引起消費者維權人士抱怨。這個做法證明不可行，因爲競爭者葫蘆網推出熱門時段電視節目免費串流，可以用桌上型電腦收看。

奧運是一個讓 TV Everywhere 嶄露頭角的機會。美國最大有線電視業者康卡斯特，也是長期轉播奧運的電視台 NBC 環球的母公司，估計有一五〇萬訂戶利用這項科技，串流收看二〇一二倫敦奧運比賽片段。不過，收視體驗很難稱得上可以得獎牌，尤其是好幾百萬觀賞者喜歡用 iPod 和 iPhone 來看比賽，這些科技裝置都承諾把琳琅滿目的內容傳遞到觀眾手上，而 TV Everywhere 要顧客登入帳號通過驗證，步驟多到讓人挫折，本來有線電視和顧客的關係已經糟到不能再糟，這一來顧客觀感就更負面，在社群媒體、聊天室、部落格裡抱怨，接著有人做出作弊軟體，可以進入只限英國收看的 BBC 奧運節目的串流播放。

對於這些擁有傳統遺產的電視台和有線業者，保護內容是第一要務。要考量的利害關係太多，以至於他們的串流感覺並不是完全流動及開放的。ABC 電視台前產品總監亞伯特．程說：「我進 ABC 前五年都在協調有線電視部，把我們的有線電視放到網路上，很多限制超荒謬的。」顯然他相當不滿。有線電視付費套裝是美國企業史上從無到有最成功的故事之一，而現在面臨風險。盜版、駭客、分享密碼，以及其他違反使用規則的頭痛行爲，都是過去線性播放的電視時代沒有的，現在則變成持續威脅。就像幾個主要唱片品牌被「擷取、混合、燒錄」打擊得一蹶不振，電視產業的守門員選擇將內容延伸到線上，但是只到某個限度。這種保留態度，清楚顯現在TV Everywhere 的應用程式，有個預設功能是幾天後會把使用者自動登出。相較之下Netflix 的使用經驗就十分順暢，工程師確保介面會保留登入資訊，絕對不會讓顧客必須重新登入。TV Everywhere 應用程式建立起數位高牆，牆上還加了鐵絲網。

阻礙使用者體驗的摩擦還不只這樣而已。由於大部分付費有線電視仍有廣告，必須爲串流重新建立整個廣告模式。廣告主在串流節目中投放線上廣告，而節目單位希望能得到補償——早期的 YouTube 並不是這樣。不過，要求廣告主拿錢出來，電視台必須要求客戶，本來買線性廣告的金額是「X」，若在串流播放也要得到相同廣告位置，就要多付一些，也就是「X＋1」。許多客戶還沒有覺得急迫到必須做所謂的多平台廣告宣傳，而傳統的線性廣告時間沒有伸縮彈性，以這種線性時段而建立的廣告就出現大缺口。在傳統電視中，如果四分鐘的廣告時段沒有賣給藍籌廣告主，也就是在美國股市上市的大型公司，電視台絕對不會選擇縮減長度，而是把這個時段提供給比較沒有名聲的廣告主。這種「經過試驗爲眞」的做法，導致許多小型有線電視台播出許多爛廣告，內容多半是反向抵押貸款和專門協助石綿污染受害者的律師。

在串流的競技場上，如果廣告銷售團隊無法說服寶僑或微軟爲 TV Everywhere 買廣告，這些僵化的廣告時段就變得更明顯。二〇一四年，美股研究公司 BTIG 資深媒體分析師里奇・葛林菲爾德發布報告，描述「對觀眾不友善的」《末日孤艦》觀影經驗。這部影集在 TNT 電視台和 TV Everywhere 播映，兩個平台都由時代華納的布克斯監督，他是帶頭傳播 TV Everywhere 福音的人。葛林菲爾德和他的團隊發現，串流平台上整整有二十分鐘無聊的廣告時間，而且無法跳過，看完才能進入四十五分鐘的節目內容。很多廣告都擠在同一時段，而且廣告庫存沒有填滿，造成許多重複，例如：某個時段播出三支雪佛蘭廣告、整集節目過程中同一支電信商威訊廣告出現了四次。分析師表示不滿：「線上影片應該要讓使用者經驗更有吸引力，而不是跟傳統電視一樣，或甚至更糟。」

不過，如果回顧美國電視史能讓我們有什麼啓示，那就是媒體很厲害，即使爲了營收放進過多廣告而犧牲觀眾滿意度，媒體產業還是很賺錢。在別的國家，電視產業的經濟模型主要是消費者付年費，享受到的節目絕大多數是沒有廣告的。美國一九四〇年代播映第一支電視廣告，大家普遍的認知是插上有線電視機上盒是免費的，但是要收看「免費」節目就得忍受廣告。

且慢，TV Everywhere 的敗筆，還不只這些。除了雜亂無章的商業廣告，還有發行授權問題。這些電視台想把許多節目放上網路串流，給有線及衛星電視訂戶收看，卻碰到授權難題。有些節目已被授權給葫蘆網、亞馬遜或 Netflix，混亂的契約必須更新或重簽。有的例子是原始契約並沒有把串流納入考慮，留下許多法律上的解釋空間。這些瓶頸都讓 TV Everywhere 服務延遲推出，造成節目陣容不均，以及本質上的促銷障礙。

即使在產業內部，對於和消費者在線性播送之外產生連結，這種必要性到底有多急迫，也沒有共識。電信業者威訊的媒體及娛樂產品經理安布特（Joe Ambeault）說：「電視是一個應用，而應用可以放在任何裝置上。」他補充說，在一個狗吃狗的市場，「如果你沒有出現在螢幕上，你的競爭對手就會把顧客挖走。」不過，並不是每個人都這樣想。許多媒體巨擘的高層主管煩惱的是，串流收視沒有被第三方收視率公司尼爾森準確計算，因此會導致營收損失。還有，有線電視系統業者大力提倡新服務，當然會讓電視台產生懷疑，這兩個陣營長久以來亦敵亦友，就像十九世紀下半葉美國南方兩大家族的暴力械鬥恩怨。維亞康姆媒體電視台的內容發行及行銷執行副總裁丹森（Denise Denson）說：「系統業者希望內容是免費的，以作爲付費套裝的附加價值，但是我不認爲消費者會了解附加價值是什麼。」換句話說，在有線電視付費套裝中，那並不是最關鍵的部分。

迪士尼集團起初對 TV Everywhere 持保留態度。艾格在二〇〇九年全國有線電視協會的專題演講說明公司立場：「除非觀眾是某個多重頻道服務的訂戶，否則就禁止觀眾在網路上觀賞任何節目，這種做法可以說是反消費者也是反科技，我們覺得不能這樣做。」身爲企業執行長，這段話擦亮了他對科技充滿好奇心的名聲，但是同時艾格也了解他的閱聽眾，他知道在這種不確定的經濟情勢下，必須避免太用力搖晃船隻。「讓我說明這個再清楚不過的事實：有線電視對我們公司是極爲重要的，」艾格得到產業界的掌聲，「它是我們跟消費者之間一個非常重要的連結。而且，在我們好幾項事業上、在全球不同市場及地區上，它是驅動價值的關鍵創意引擎。」

二〇一三年，迪士尼擱置任何疑慮，正式加入TV Everywhere，爲旗下ESPN、迪士尼頻道等製作一套應用程式。艾格說：「我們非常支持身分驗證，相信這是一個趨勢的開端，未來不只是ESPN，還包括許多迪士尼旗下所謂有線電視資產。」

迪士尼跟其他媒體企業一樣，即使在只限訂戶使用的自家串流平台放上內容，仍然繼續把電影及電視節目賣給Netflix和其他平台。這也是當然，畢竟授權給第三方能進帳數十億美元，減緩了影碟銷售衰退的痛。衰退始於二〇〇七年，這並非偶然，當時亞馬遜、Netflix、葫蘆網已經提供隨選即看的電影和影集。二〇一二年迪士尼與Netflix簽訂長期授權合約，讓迪士尼一年進帳三億美元。這份利益延續了好幾年。艾格在二〇一五年向華爾街報告每季營收時，被問到迪士尼和Netflix的關係如何，他形容Netflix「比較是朋友而非敵人。他們是我們的積極顧客」。

迪士尼也開始重新設定電視觀眾的腦袋，尤其是比較年輕的觀眾，讓他們體驗到不同的節目播映方式。很多節目本來收視普通，只有在開始串流幾個月後才會衝上Netflix 排行榜。Netflix 的流通圈比較大，像 AMC《廣告狂人》《絕命毒師》都是受益者，而且時間愈久觀眾愈多，而不是隨著每季播出而遞減。Netflix 甚至讓英國和愛爾蘭顧客可以在美國上映隔天就看到《絕命毒師》最後一季。觀眾在 Netflix 的收視體驗，截然不同於過去看電視轉台或是固定時間收看，並且也逐漸證明大量觀眾願意「等到 Netflix 上架再看」，而不是急著在電視播出時收看。就算可以透過 TV Everywhere 應用程式的網路串流，觀眾還是比較喜歡等到沒有廣告的版本，而且還可以一次看完一整季。（大部分付費電視系統沒有把影集一次上架到隨選即看的影片庫，以爲這樣可以引導任性的觀眾回到線性的收看時段。）迪士尼旗下的 ABC 電視台，已經有好幾部影集都是這種收視模式，包括長青影集《實習醫生》，這是 ABC 第一部授權給所有串流平台的影集，除了葫蘆網之外。ABC 電視台研發長庫畢茲（Andy Kubitz）談到這齣影集在 Netflix 上的吸引力：「《實習醫生》是追劇首選，會讓觀眾想裹著毯子邊吃爆米花邊看。」

享用 Netflix 帶來的忘憂果是有風險的，到了二〇一五年更是顯而易見。付費電視訂戶在二〇一三年已達高峰，有史以來第一次整個年度呈現下滑，掉了二十五萬，只剩一億八十萬訂戶。接下來幾年，付費套裝客戶連續衰退，到二〇二〇年底只剩八千一百萬。寬頻網路愈來愈普及，愈來愈多消費者擁有其他選擇。非套裝的服務有

Netflix、葫蘆網、亞馬遜，部分業者提出新的網路「輕套裝」，例如：美國衛視（Dish Network）推出Sling TV、索尼推出PlayStaion Vue，可以透過網路收看十幾個頻道，訂購費用也不高，一個月二十到三十美元，沒有年度綁約。有線電視付費套裝興盛了四十年，突然之間，電視守門員發現自己遭到前所未有的打擊。

有線電視付費套裝是媒體產業的金雞母，它的前途堪慮，使得身爲娛樂產業霸主的迪士尼，在輝煌時刻蒙上陰影。二〇一五年十二月，迪士尼在好萊塢大道鋪下綿延一・二公里的紅地毯，邀請六千位賓客在三個不同電影院觀賞《星際大戰：原力覺醒》首映，這是睽違十年的《星際大戰》，也是迪士尼買下盧卡斯影業之後的第一部星戰片。不過，除了天行者及韓索羅的回歸，許多出席者想問艾格的問題是，有線電視將何去何從?尤其是ESPN，兩年來已流失七百萬訂戶。就在這次首映之前，艾格發表每季營收報告時表示：「該爲此恐慌嗎?當然不。大家還是喜歡看電視，還是喜歡ESPN頻道，還是喜歡看運動賽事現場轉播。」但是，投資者並不這麼肯定。迪士尼被股市評等降級，那年十二月股價掉了將近一〇%，即使《原力覺醒》全球票房是破紀錄的近十六億美元。

艾格和迪士尼管理高層，一旦承諾直接提供串流服務給消費者，就全速衝刺、全力投入，做到極致。艾格在回憶錄中表示，二〇一五年八月他對華爾街的回應「太坦率了」，對於付費電視訂戶衰退，表現得漠不在乎。他自己說，其實當時他幾乎就像歐比王那樣可以感受到，串流就是未來。有一位迪士尼前任高層說，當時公司並不是扳一下開關就跳過去了，這位主管說：「老實說，我們關注的焦點放在如何組建並推展周邊商品，讓創意中心眞正發揮作用等等。如果你回顧迪士尼的授權策略，我們跟別人一樣太慢才意識到，『等等，我們眞的要努力轉型，直接面對消費者。』」

對迪士尼來說，另一個難解的癥結點在於，它成立九十七年來和科技之間的磨合。迪士尼跟其他媒體企業一樣，九〇年代不得不認清網路是一個主要力量。迪士尼集團研究過多個選項之後（包括考慮跟美國線上合併），在科技方面展開一個大型計畫——成立 Go Network，結果，卻不幸創下失敗先例。這個入口網站是跟早期的搜尋引擎 Infoseek 合作成立。迪士尼最後買下 Infoseek，在此之前婉拒了另一個正在竄起的搜尋引擎領導者雅虎。（時任迪士尼科技策略長、麻州理工學院畢業的工程師、在哈佛進修管理碩士的梅爾，建議買下雅虎。）當時也是策略團隊一員的史代格斯，後來成爲財務長及營運長、在迪士尼集團任職長達十六年，當時已跟雅虎簽了原則同意合約，迪士尼集團將以一．八億美元買下雅虎一〇%到一五%股份，而雅虎則因爲迪士尼擁有眾多家喻戶曉的品牌而能吸引到更多訪客。迪士尼當時的執行長艾斯納粉碎了這個合作計畫，他放話說：「爲什麼要跟別人一起做這件事？我們可以自己來。」根據史都華（James B. Stewart）《迪士尼戰爭》一書，艾斯納還說這個策略團隊是「軟腳蝦」，要求團隊制定計畫讓迪士尼自己做，Go Network 就是產物。

迪士尼的 Go Network 很快就碰上一連串問題。辦公室分散在好幾個城市而無法有效運作；像三色交通號誌的品牌標誌碰到商標問題；訪客測量工具太弱而無法吸引到任何廣告商。致命一擊發生在一九九九年，Go Network 資深高層諾頓（Patrick Naughton）因持有兒童色情影像並與十三歲女孩涉入網路性交而遭逮捕（諾頓被判逾越界線、意圖與未成年人發生性關係，但他以發展技術工具協助 FBI 追捕網路戀童者而免入監服刑。諾頓當時確實出現在相約的聖塔莫尼卡碼頭，辯護時以「幻想抗辯」聲稱他認爲對方是成年人）。

經營有成的 ESPN 高層主管波恩斯坦（Steve Bornstein），被說服出馬掌理 Go Network，但是他本人從來不相信這個事業的潛力。他對當時的集團執行長艾斯納第一項建議是關掉這個入口網站，這項事業在九個國家雇用了二千人；他建議，專注在集團旗下各品牌的影響力，例如：ABC 新聞、迪士尼頻道和 ESPN。艾斯納對於承認失敗很敏感，他覺得波恩斯坦要更有遠見，常常跟波恩斯坦抱怨：「飛機都在天上飛了，你還在經營鐵路。」內部爭執讓 Go Network 苟延好幾個月，到二〇〇一年迪士尼才終於拔掉插頭，認列七．九億美元損失。

接下來還有更多出軌事故。迪士尼集團在二〇一〇年以七．六三億買下當紅社群遊戲新創 Playdom，四年後迪士尼決定不再繼續自行發展遊戲事業，因此 Playdom 列入事故傷亡名單。二〇〇七年迪士尼以三．五一億買下一款兒童線上社群遊戲平台「企鵝俱樂部」，後來受歡迎度逐漸下降，就像遊樂場版本的MySpace一樣。二〇一三年，迪士尼旗下ABC電視台和西班牙語的環視媒體合作成立Fusion，融合數位平台與一個新成立鎖定拉丁裔千禧世代、但推出時機不佳的線性有線電視台。三年後，環視買下迪士尼所持的Fusion股份。二〇一四年，迪士尼以六・七五億美元，買下擁有眾多YouTube頻道的網紅行銷公司Maker Studios，初期成長幅度驚人，但是因爲YouTube可以拿到內容創作者的廣告收益的一半，導致Maker Studios賺不到錢，很快就造成它成長遲緩。

艾格對這些事件的看法是，迪士尼看到未來的發展趨勢，決定顛覆自我以跳脫創新者困境。但是，要能好好的整合科技營運、採用科技業的方法，對於任何一家非屬科技業的組織都是很困難的。迪士尼在二〇一〇年代轉型進軍串流，在媒體營運中表現算是名列前茅。迪士尼電影製作公司幾乎囊括美國本土票房的一半，是因爲它掌握了漫威、皮克斯及盧卡斯影業，持續供應影片內容。在付費電視方面，ESPN的滲透率在下降，但它掌握高價值的運動轉播權，可以繼續對有線電視業者收取高額費用（每個訂戶超過八美元，而其他電視台只跟業者收取每訂戶幾分錢而已）。一位迪士尼前任高層主管說：「我們有些事業的獲利非常豐厚，而這些利潤是從舊有基礎得來。這些讓公司很難擁抱改變。」ESPN的利潤比主題樂園還要好，因此，要讓戰艦轉向，長期下來就需要相當大的意志力及決心。

在組織層面上，集團裡幾十個高層主管的薪水，並非根據他們對長期風險的胃口或是對冒險的憧憬，而是根據每季財報數字。公司高層沒有財務誘因去做任何創新，而只是以現有的基礎將利潤最大化。他們多年來的辛苦與掙扎確實贏得某種權威地位，但是，一位前任高層主管表示：買下 Playdom 或是 Maker Studios「不足以改變公司的DNA。而且，公司的DNA也缺乏讓你能夠建立並滋養那些事業的遺傳密碼」。雖然有這種基因上的缺陷，二〇一六年迪士尼仍進一步與推特洽談併購。不過，艾格後來回憶，當初他認爲這項交易「會腐蝕迪士尼的品牌」，因此最後併購沒有成形。

不過，未來還是一樣不斷侵入迪士尼的事業。身材瘦長、溫文儒雅的英國人安迪・博德（Andy Bird）形塑迪士尼集團的全球策略長達二十五年，他回憶，連續好幾次會議，集團內的人認知完全不協調。ESPN的約翰・史基普說到打算以幾十億美元取得轉播權，在這個很賺錢的有線電視台繼續播出專業賽事；接著電影部門拚命推銷若將影片庫從有線電視業者 Starz 轉移到後起之秀 Netflix，可能會帶來相當大的利潤。這樣的事情多到足以讓人頭暈。博德認爲，影視一定會走上音樂那樣的軌道，消費者寧願付錢使用內容而不是擁有內容。博德是艾格的副手，艾格要他鬆動迪士尼集團以柏班克爲中心的企業文化，打造出一個眞正的全球媒體企業。博德的提案是：投入串流。

博德說，「艾格是很願意的，他說『如果你這麼想做，那就提個計畫來吧』。」因此迪士尼就在英國推出鎖定家庭的 DisneyLife，集合眾多精采內容，有《小鹿斑比》、皮克斯的《玩具總動員》等動畫電影，有賣座電影《神鬼奇航》系列，還收錄了五千首歌和迪士尼出版書籍的數位版。博德的團隊花費無數時間重新商談發行合約，從英國市占率很高的天空有線電視台（Sky）手上取回迪士尼電影及影集的非獨占授權。DisneyLife 是由迪士尼內部團隊開發出來的，二〇一五年秋天推出，訂購費是每月九．九九英鎊。

博德回憶：「我們可以選擇一個比較小的市場，不引人注意，但我真心覺得這也是個學習機會，在比較小的市場可能學不到那麼多。確實有風險，就像把頭伸到牆垛上，但我認爲是值得冒的險，所以我們就決定在英國推出。」

DisneyLife 並沒有發揮作用。這個自家發展出來的技術服務有很多缺陷，尤其是對安卓系統的手機使用者來說。價格太高，而且行銷宣傳不夠，倫敦的主管們把推出這個服務當成電影首映來操作，以電視廣告來宣傳。他們沒有想到最能接觸串流消費者的方式是什麼，也沒有挖掘主題樂園的情報，深入了解什麼最能吸引迪士尼最忠誠的粉絲。不過，艾格沒有把這個服務關掉，而是採納博德的建議把它留著，當作「即時且大規模的焦點團體」。

從 DisneyLife 學到的教訓，讓負責策略規畫的梅爾決定，把眼光放到柏班克之外，尋找科技團隊，來實現迪士尼在隨選即看領域的企圖。他找到美國職棒大聯盟ＭＬＢ的串流部門 BAMTech。ＭＬＢ進階媒體公司簡稱ＭＬＢＡＭ，旗下有一系列數位事業，但是最有名的是它的串流小組，後來獨立出去，名稱簡化爲BAMTech。外界想不到的是，這個領域的前鋒竟是位於紐約曼哈頓的雀兒喜市場，此處以前是一座餅乾工廠，後來改成美食及購物廣場，還有企業辦公空間，包括Google、Food Network等科技及媒體公司進駐。當時是棒球比賽最脆弱的時期，電視收視率上上下下、醜聞不斷，以前看棒球比賽是全國最愛的休閒活動，現在愈來愈吸引不到年輕族群。然而，棒球能預測到影片發行的未來。二〇〇二年，以串流播出的第一場比賽是德州遊騎兵隊對上紐約洋基隊，免費提供給這兩隊所在大都會之外的任何人（這樣才不會干擾到當地的電訊轉播）。BAM主管包爾曼（Bob Bowman）說：「技術已經可以這樣做，但是當然，可以做並不表示那樣做是好的。」剛開始的串流影像「看起來比較像快速翻書」，雖然如此，當時也掌管ESPN網站的ESPN執行長史基普，他認識包爾曼，也了解他的營運，到了史基普升任ESPN總裁時，他到處宣揚BAM，馬上贊成把BAM帶進來。

BAM的串流服務推出當時，大部分美國人仍用數據機撥接連上網路，不過它還是做起來了。二〇〇二年MLB推出訂購方案，八月及九月重要賽季時轉播沒有在當地有線電視播放的比賽。（幾年下來，亞馬遜、臉書及YouTube都已成爲轉播比賽的串流媒體。）運動賽事向來就是線性電視的收視引擎，它也爲串流帶來成長，因此BAM就可以把它發展出來的科技賣給別的公司（包括具有專利的定位科技，以辨識誰能收看什麼節目），三月瘋美國大學籃球比賽、專業摔角比賽、北美職業冰球聯盟比賽，都是使用BAM的科技。很合理的下一步就是進入娛樂產業，客戶包括葫蘆網及HBO。在這之前，HBO不斷趕進度，終於在二〇一五年以五千萬美元打造出直接面向消費者的HBO Now。

梅爾很清楚，從頭打造串流平台要花上多年時間，輕易就能讓迪士尼燒掉幾億美元。因此他決定，比較好的做法是收購做串流的專業公司，買來立刻就能派上用場。他計畫跟BAMTech分幾步驟來簽訂合約：起初是投資大約十億美元買下三三%股份，而且可以在二〇二〇年取得完全掌控權。二〇一六年八月消息正式發布，迪士尼透露，這份投資可讓BAM為ESPN建立一個直接面對消費者的新服務。不到一年，艾格從奧蘭多開完董事會回來告訴梅爾，要加速進行BAMTech收購案，他也通知公司裡其他高層主管，「準備迎接重大策略轉向，進入串流事業」。

早在十年前，史代格斯和梅爾發表的備忘文件就預測到了，迪士尼若要在數位時代展現強大的專賣授權及品牌，就必須繼續投入創新。觀眾在數百個串流服務有如汪洋大海的內容裡找尋方向，自然而然會去找熟悉的指標物——漫威、星際大戰、皮克斯。兩週後，在梅鐸的貝萊爾莫加拉葡萄酒莊，艾格和眾人品酒之餘提出一項大膽提案：買下這位八十幾歲的媒體大亨過去四十年來從幾家報紙擴張而成的媒體帝國。迪士尼買下二十一世紀福斯集團大部分股權，將能擁有更多重大的專賣經營和葫蘆網的控制權。艾格的自傳寫道，梅鐸提出結盟讓他備感驚訝，但是根據某位熟悉這次會談的消息來源，結盟提案是來自梅鐸家比較年輕的媒體大亨，他非常想奠定自己的貢獻。

根據某位前任高層表示，本來梅鐸是跟某家不是迪士尼的企業商談，但沒有下文，後來梅鐸家族和公司的利害關係人考量到從前合併及收購的軌跡，尤其是管制的部分。梅鐸集團曾經兩次嘗試收購英國的天空衛視都沒有成功，天空衛視是阻擋梅鐸建立媒體帝國的一大障礙。兩次收購嘗試，管制者都緊咬著梅鐸在新聞產業裡的事件，第一次是小報電話竊聽醜聞，第二次是與福斯新聞有關的負面疑雲。情況愈來愈明顯，福斯很難擁有操控的自由。

另一方面，艾格認為這宗高達七一三億美元的交易，是迪士尼能掌握操控權的終極指標，他認為這是進軍串流一連串賭注中的高潮。迪士尼跟其他媒體企業不一樣的是，它經營主題樂園、旅館、郵輪行程，跟消費者直接連結是迪士尼最自豪的事。串流的基本元素——獲得顧客、滿足顧客、留住顧客，會被放在更優先的次序。迪士尼跟康卡斯特競爭梅鐸併購案勝出，一連串管制癥結也終於克服之後，艾格反省，是心態上的改變讓這家企業能推動這宗交易，重塑媒體產業前景。迪士尼並不是把福斯集團看作是幾個電視頻道和電影公司的資產集合體，而是視之為串流管道的填充。也許迪士尼永遠不會像 Netflix 那樣一年有七百個節目上架，但是現在迪士尼取得《辛普森家庭》《阿凡達》、國家地理頻道，納入已經很豐富的陣容當中。

艾格對CNBC電視台說：「到了收購機會來臨時，我們知道正要進入這個領域，透過這樣的新視野，我們評估買到的是什麼。使用福斯的影音庫，不是要透過傳統方式來獲取利潤，而是這個——」艾格補充：「我的意思是，啪！靈光閃現了。」

第六章 庫柏蒂諾現場直播

二〇一九年三月一個陰涼的早上，眾多好萊塢名人、電影公司高層及律師，聚集在加州的庫柏蒂諾。許多一線明星已習慣扮演主角、享受特殊待遇，但是在這個場合，這些影劇名人降格為配角及待業導演。這場戲的主角，毫無疑問是蘋果和即將宣布推出的串流服務。

蘋果寄出的電子郵件邀請函有個動畫檔，是以前電影片頭常見的倒數三、二、一秒，然後「節目開始」。外界從收到這封邀請之後，就引頸期盼這個科技巨頭進軍好萊塢的首次登場。一向神祕的蘋果公司，卻不隱藏推出影音串流服務的企圖。畢竟跟歐普拉簽下合約，很難壓下各方揣測。不過有幾個大問題，蘋果還是沒有回答：要花多少錢？什麼時候會推出？蘋果如何運用全球十四億部使用中的裝置，來搶奪市占率？別的串流服務提供更多更廣的影劇節目，蘋果能與之競爭嗎？

組成製作團隊的經紀人、電影公司高層主管及創意人才，不管加入什麼案子，通常都會參與幕後計畫，但是這次很挫折，因為完全搞不清楚。他們希望最後一切終能揭曉。

蘋果在二〇一七年八月擊敗 Netflix 標下《晨間直播秀》，顯示它對於進軍好萊塢非常看重。蘋果早期嘗試製作的原創內容不太受人矚目，節目品質也不怎麼樣，例如真人實境秀《APP星球》，找來軟體工程師上節目提案，評審團包括葛妮絲．派特羅、潔西卡．艾芭、饒舌歌手威廉等名人導師，節目只播出一季就喊停。

轉變發生在蘋果挖角之後。他們找來兩個索尼影業電視部前任高階主管，范安伯格和厄立克，來領導原創節目。兩人曾製作過熱門影集如AMC的《絕命毒師》、FX的《光頭神探》、Netflix的《王冠》。不過，他們的目標並非做出像Netflix那種什麼都有的娛樂自助餐，而是少數量身訂做的計畫，來匹配蘋果自詡的頂級消費品牌。這兩人過去職業生涯大部分都是賣出內容，而在蘋果公司則是要購買內容，不過，好萊塢的創意社群及製作人都對他們很熟悉了。對於矽谷科技公司拿著大把鈔票闖進來揮霍，大言不慚說要革新娛樂產業，好萊塢是反射式的警戒，但是一般共識是，范安伯格和厄立克似乎可以克服這個困難。

這兩人以二年時間跟好萊塢大人物簽下合約，其中包括導演史蒂芬．史匹柏、談話節目主持人、媒體大咖歐普拉，還有奧斯卡影后奧塔薇亞．史班森。《晨間直播秀》卡司也屬非凡，奧斯卡影后瑞絲．薇斯朋和珍妮佛．安妮斯頓共同擔任主角演對手戲，這是安妮斯頓近二十年來首度演出系列影集。卡瑞爾和庫達普也有相當吃重的戲份。

外界謠傳，好幾個大牌明星，包括歐普拉、安妮斯頓、薇斯朋、史匹柏及導演J．J．亞伯拉罕，都趕到北加州去參加蘋果二〇一九年三月的活動。但是這次在矽谷的首度登台，跟好萊塢熟悉的儀式相當不同。如果這些演藝界大人物要促銷節目或電影，或是參加頒獎典禮，他們會走上紅毯、擺姿勢給攝影師拍照並接受訪問，會有人追著他們要簽名，活動舉辦後幾小時內，音檔剪輯、照片、預告片都會傳遍全世界。但是在庫柏蒂諾這個陰涼的星期一早晨，這些完全沒有。

好萊塢的重量級人士，包括娛樂產業律師齊福倫（Ken Ziffren）及環球影業副董事長列文森（Peter Levinsohn），都聚集在賈伯斯劇院的底層大廳，享用小泡芙及濃縮咖啡飲品，連同矽谷皇族們，包括天使投資者康威（Ron Conway）及賈伯斯遺孀蘿琳．鮑威爾，都在臆測紛紛。從外來觀察者看來，他們就像很多奇珍魚類，在那個劇場的環形玻璃結構裡沒耐心地轉圈圈。這個劇院三六〇度環視蘋果企業二一．四萬坪的廣大園區，整個建築物的設計刻意讓人想起蘋果專賣店那種現代又高敞的美學，屋頂的形狀就像鏡頭，蓋在一個巨大的玻璃圓柱體上，這個圓柱體長達近七公尺、直徑約四十公尺。設有一千個座位的劇院本身是藏在地下，因而更能傳達出一種符合品牌的「驚喜元素」。

作家艾薩克森執筆賈伯斯的傳記，這本書出版距離當時已經八年，書中隱約透露，蘋果過去所做的就是讓電腦、音樂播放器、手機等裝置更簡潔俐落，而同樣的工夫將會用在電視上。賈伯斯說，他的電視將會揚棄複雜的遙控器。

渴望中的蘋果電視機從來沒有落實，不過，蘋果實驗室裡確實有一部原型。一位前任蘋果高層人士表示，病重的賈伯斯在帕羅奧圖家中跟公司高層開會，討論他對電視的願景，他希望電視是透過聲音和觸控來控制。公司內部設計團隊做了各種不同的原型，要做出賈伯斯的壯志，創造出簡潔俐落的電視介面。他們開了許多動腦會議，思考各種設計特點，例如：一部眞正的智慧電視能在消費者進入室內時辨認出來，啓動個人化的收視體驗。

「問題是，第一，價格會非常非常高，而人們通常是每七年才會換電視，」某位前任蘋果內部人士說，「第二，每個人家裡的電視尺寸都不一樣。而蘋果當時是『不管什麼裝置，我們最多只會做兩種尺寸』。」

二〇一一年十月，賈伯斯因胰臟癌併發症過世後，執行長庫克手下的高階主管，包括軟體工程副總費德瑞傑（Craig Federighi）、作業系統大師佛斯托爾（Scott Forstall）、軟體及服務部門主管庫依、設計總監艾夫（Jony Ive）等人，對蘋果自有品牌蘋果電視的未來命運互相辯論。庫依提出質疑，要怎麼賣出一個標價七千美元的裝置？高性能螢幕、低利潤區間，怎麼可能賺到錢？庫克則是在想，蘋果要怎麼爲住家客廳裡的一塊玻璃板，建立一套商業模式。

這項裝置，並不符合庫克對於建立蘋果生態系的願景。這位執行長上任後首先立下的戰功是讓蘋果的供應鏈更爲順暢，他並不是以推出石破天驚的新裝置而聞名，而是在前任執行長的創造上建立一系列的產品及服務。庫克是個聰明又穩定的經營者，而這正是蘋果在偶像創辦人過世後最需要的。庫克在舞台上表現冷靜從容，滲入溫暖而輕快的阿拉巴馬州口音，缺乏賈伯斯那種發電魅力。賈伯斯會把聽眾帶到一種瘋狂期待的狀態，然後瀟灑地說「還有最後一樣東西」，把高潮帶到當天的大產品。

賈伯斯令眾人陶醉地介紹蘋果產品「瘋狂偉大」的那個時代，已經過去。庫克並不追逐炙手可熱的東西，他想再推出二〇〇六年的蘋果電視數位機上盒，他認為這個產品比較沒那麼貴，更能夠進入消費者的客廳裡。

推出實體產品是一回事，讓傳言中的訂閱制視訊串流服務重生，又是另一回事。訂閱制視訊串流，將會非常切合蘋果所提供的服務，這部分業務正在急速成長，價值數十億美元，到二〇一九年三月已超過ＭＡＣ電腦及 iPad 的合計營收。而且 iPhone 銷售趨緩，串流服務能補上這塊收入，也是讓消費者對蘋果裝置更緊抓不放的另一個理由。

有些電影公司高層預測，祕而不宣的蘋果公司是放長線釣大魚：在幾個受人矚目的項目上投資幾十億美元，以吸引外界注意蘋果電視應用程式，這支應用程式其實已經裝在好幾百萬部 iPhone 和 iPad 上面，但是無人注意而萎縮。一旦消費者愈來愈習慣使用蘋果電視應用程式，演算法就會發揮作用，那麼這支應用程式，理所當然就會成為使用其他串流服務或是租看電影的起跳點。透過這支應用程式，蘋果會很高興能得到新訂閱制的分潤（通常是營收的三〇％，頗為豐厚）。最後其他眾多電視應用程式將會消失，只剩下一個，那就是蘋果電視應用程式。

一位有隨選即看服務營運經驗的電視高層人士說：「我認爲這是一個重新集結內容的方法，有線電視業者是內容的集結者……蘋果想要以數位方式來做，而且是用蘋果的裝置。那是該走的方向。」

確實，庫依曾嘗試和有線電視巨頭康卡斯特建立夥伴關係，希望能成爲它的機上盒提供者，但是沒有成功。康卡斯特決定自己做，它投資在自己的X1平台，配備更進一步的搜尋功能、個人化推薦、網路影片應用程式。庫依後來試圖繞過康卡斯特直接跟節目製作方合作，但是也失敗了。「有些人不喜歡他，」蘋果某個消息來源說：「覺得『他很傲慢』。」

庫依一再被拒絕，於是決定從頭建立電視訂閱服務。

蘋果祕密花了數年在內部發展影片服務，以避免重蹈二〇一四年以三十億美元買下Beats Electronics之後產生的文化衝突。併購並不是蘋果的特色，而那次是有史以來最大一次，是爲了讓晚進入音樂串流領域的蘋果能加速腳步，在這個領域，新秀Spotify已吸引了數百萬訂戶。透過Beats的共同創辦人饒舌歌手及製作人Dr. Dre和新視鏡唱片創辦人吉米．艾文，這次併購也會爲蘋果注入文化威信。

Dr. Dre和吉米．艾文推出的個人化音樂串流服務Beats Music相當受到好評，爲蘋果建立了進入串流事業的上層結構，不過它的誕生過程非常複雜。位在庫柏蒂諾的

iTunes團隊，與來自加州卡爾弗城的音樂人嚴重分歧，結果做出妥協之下的產品，既不受評論者青睞也不受使用者歡迎。最後，艾文這位出身紐約布魯克林市井的碼頭工人之子，在蘋果再也不受歡迎，此時的蘋果公司已經從血氣方剛的賈伯斯時代變得比較小心謹慎——而且富有。艾文在《紐約時報》採訪中說：「我去蘋果，對我來說是個新的創作問題。我們要怎麼讓它成爲音樂產業的未來？我們要如何讓它不平凡？但是到後來我個人是沒辦法了。得要有別人來做這件事。」

這次，庫依要找的不是表演的馬，而是馱重物的馬，那就是范安伯格與他長年共事的厄立克。專業圈子裡相關人士問他們爲何拋下索尼，兩人引述的例子是索尼的特麗霓虹電視，它曾經是客廳的地位象徵，呈現精湛的彩色畫面（事實上，這款電視是第一個獲得艾美獎的消費電子產品）。索尼銷售了二億八千萬部特麗霓虹電視機，但是後來沒有再繼續創新。這款電視的專利在一九九六年到期，競爭者例如三菱就能製造比較便宜、配備同樣科技的機型，使得特麗霓虹逐漸從家庭消失。這是消費科技叢林中的達爾文法則：沒有進化的產品就會死。

范安伯格和厄立克對某個人講述這個故事。這位消息人士說：「他們在索尼看著這件事發生。這款產品是唯一一項最大獲利來源，後來卻再也無人聞問。而蘋果的心態是，你不能故步自封，這種心態不只是對蘋果電視，還有對蘋果這個品牌……這是它們下一個進化。如何讓大家想買更多我們的產品？」

在庫柏蒂諾，蘋果的新串流服務揭幕之前，有一場長達一小時的產品開箱儀式，來自好萊塢的來賓們幾乎都不感興趣：新的蘋果信用卡、蘋果新聞訂閱、手機遊戲 Apple Arcade，還有進階版的蘋果電視應用程式，會出現在各地螢幕上。

揭幕時刻來臨，庫克借用賈伯斯某些誇張辭令，描述蘋果新的串流服務可謂改變了世界。庫克說：「透過絕佳的說故事方式，我們覺得可以對文化及社會做出重要貢獻。所以我們跟最有想法、最有成就且得過獎的一群創意夢想家合作，這些人**從來沒有**聚集在同一個地方創造出新的服務，這是**前所未有**的事。」

庫克身後的投影螢幕上，像《聖經》中描述的雲朵分開了，出現它的名字：Apple TV+。接著厄立克和范安伯格出場誇耀蘋果如何吸引到一群「傑出藝術家」，「底蘊深厚又勇氣十足」，把最棒的作品跟蘋果分享。他們說這項裝置將會奉獻於「萬世流芳的故事」，還順便向曾在史詩電影《萬世流芳》飾演耶穌的麥斯．馮．西度致歉。

接著播放一段剪輯影片，背景是饒富氣氛的經典黑白，主題圍繞在說故事的藝術，好幾位好萊塢重量級人物——史蒂芬．史匹柏、亞伯拉罕、蘇菲亞．柯波拉、奈．沙馬蘭、朗．霍華、奧塔薇亞．史班森、薇斯朋、安妮斯頓，在弦樂聲中訴說創作過程。現場舞台的燈光亮起，史匹柏赫然出現在台上，這是他首度在蘋果園區露面，燦笑面對滿場歡呼與掌聲。接下來這樣的出場又重複數次，在 Apple TV+ 首度的登場群星一個一個上台：《晨間直播秀》薇斯朋、安妮斯頓、庫瑞爾，《末日光明》傑森．莫摩亞，

《異鄉人，美國夢》庫麥爾．南加尼，《芝麻街》大鳥，導演亞伯拉罕和一起合作影集《逐夢之聲》的莎拉．芭瑞黎絲。

歐普拉現身，歡呼掌聲達到最頂點，此時庫克回到舞台上。歐普拉穿著飄逸的白色襯衫，宣傳著加入蘋果必然的誘惑，「因爲它們就在幾十億人的口袋裡呀，沒錯，就是幾十億人的口袋」。

這次發表會的舉辦時機，安排在迪士尼已規畫好的投資者說明會前兩週，似乎是來個先發制人。如果串流音樂領域已是眾聲齊放，那麼串流影片則是快要變成刺耳不和諧了，美國已經有二三五個訂閱制影片服務。蘋果似乎是準備在旋律尚未形成之前就調高音量。

將近二小時的盛大發表會，最後仍沒有回答到幾個重大問題：買 Apple TV+ 到底要花多少錢？什麼時候推出？令人驚詫的是，宣傳節目片段只出現短短幾秒鐘。過去娛樂產業一向是大量釋出預告片來造勢，這是經過試驗有效的策略，而這場發表會卻完全背道而馳。

不過，蘋果認爲這場發表會是成功的。承辦單位覺得順利橋接了北加州及南加州的文化鴻溝。科技業東道主舉辦晚宴招待發表會前一晚抵達的賓客，還在蘋果園區的咖啡廳舉辦茶會，歡迎來賓在社群媒體貼文，於是會場充滿著好萊塢自我推銷的衝動，歐普拉及薇斯朋等明星在 Instagram 貼出照片給數百萬追蹤者。會場上排出三十個明星的肖像照，照片風格就像《浮華世界》雜誌封面。這些明星為了出席這場發表會，踏上往北五百公里的朝聖路，有些人並沒有登上發表會舞台，承辦單位透過這個安排來安撫明星的自尊心。

不過，從蘋果的角度看來最重要的是：絕對不可以在發表會前洩漏任何關鍵細節。並不是各方都感受到勝利之情。許多人面無表情，像是即將上映的蘋果電視影集《捍衛雅各》演員克里斯．伊凡及蜜雪兒．道克瑞、《狄金生》的珍．考克斯基，被拍到坐在聽眾席用力鼓掌，遠離聚光燈。

發表會後，有個經紀人立刻去堵范安伯格及厄立克表達不滿，交談愈來愈不愉快，經紀人清楚表明他的客戶沒有被請上台而受到冒犯，而且他的演員客戶所參與的計畫，發表會連提都沒提到，這位經紀人說：「我認為蘋果會後悔的。」

另一個經紀人則是比較直接：「超爛的。我很想跟他們說：『你他媽的是在耍我嗎？』」這位電視經紀人吃驚的是，蘋果花了那麼多心力在每月發行的雜誌訂閱服務，但是對自家原創影集卻是連預告片段都沒有播出。「我是覺得，你們這樣做，給我們這個圈子的訊息是非常非常非常糟糕的。」

好萊塢人士既憤怒又困惑，而新聞報導則是尖酸不留情。

《衛報》的勞森（Mark Lawson），報導下標「蘋果大發表會小格局」，他寫道：「如果蘋果新推出的電視節目，就像產品發表會那樣沾沾自喜地傳福音、自我耽溺、編排雜亂無章……這對蘋果電視的訂戶來說會很不妙，然而，對市場上的領先者 Netflix 則是天大的好消息。蘋果似乎經常面臨的風險是，一家科技公司搞得有點像宗教崇拜，而它全力進入電視內容市場，則表現得非常像是媒體界的統一教。」。CNN的帕羅塔（Frank Pallotta）則是驚訝於眾星雲集卻落得「全都被草草帶過」。輿論普遍對這場發表會不滿，少數持反對意見的是流行文化網站《Vulture》亞戴藍（Josef Adalian）：「星期一那天，蘋果並沒有試著在推特上獲勝，甚至也還沒有要讓任何人訂購 Apple TV+。蘋果不需要懇求麥迪遜大道的廣告公司。再考量到蘋果網羅了多少創意人才，它也不需要說服好萊塢任何人：蘋果投入電視領域是來真的。」

不過，對某些好萊塢人士來說，庫柏蒂諾這場發表會，像是放出了蘋果產品櫃裡的另一個暗夜魅影。他們想起，幾年前蘋果曾提供某個娛樂作品，卻搞砸了。那就是二〇一四年庫克歡迎U2樂團主唱波諾及吉他手 Edge 上台，宣布U2專輯《赤子之心》在 iTunes 上架，只要有 iTunes 帳戶都會獲得免費下載，不管你要還是不要。蘋果這個舉動花了一億美元，卻引來消費者排山倒海反對，有人是困惑不已，有人是憤怒不已。主唱波諾後來在ABC新聞訪談中道歉：「這有一點浮誇，也是心存慷慨，又摻雜了自我推銷，還有深深的恐懼，害怕我們幾年來嘔心瀝血創作的歌曲可能不會被聽到。」他像是在解釋似的說：「外面有很多雜音。」

蘋果介紹 Apple TV+，生動地呈現出融合科技和娛樂的危險。科技產業通常全心全意避免「奧斯本效應」，也就是消費者延後購買某個當季產品，等著更新更好的機種推出。這個名詞的由來是奧斯本電腦公司，它是公事包尺寸個人電腦的製造先驅，消息走漏說新一代機種螢幕更大、功能更強，使得銷售跌到谷底，最後在一九八三年倒閉，這個故事一直被矽谷引以爲戒，所以，新裝置在放到貨架上之前，絕對不會透露一個字。在蘋果，奧斯本效應被視爲絕對眞理。

好萊塢則是恰恰相反，娛樂產業靠的是發表之前一連串哄抬造勢，丟一段「搶先看」片段，利用社群媒體宣傳，這些添柴添薪都在建立預期，讓大家盼望即將推出的影集或電影。在娛樂產業的世界，沉默等於專業上的死亡。

第七章 熬製「快速咬一口」

卡森伯格的宏大願景首度浮現檯面，天時地利，就在一個媒體與科技交會、晴空萬里的場合：艾倫公司主辦的太陽谷峰會。這個年度夏季盛會，由一家投資銀行召集，不同領域的大人物在此私下交流想法，牽涉到好幾件科技及媒體交易。過去幾年來，這個會議促成了幾件重大交易案，包括迪士尼買下首都城／ABC電視台、亞馬遜創辦人貝佐斯買下《華盛頓郵報》。這個奢華場合遠離媒體窺伺，主要用意是讓大家穿著休閒服在小團體裡交流聯誼。

二〇一七年七月的度假會議中，健談的卡森伯格從抵達愛達荷州太陽谷那一刻起，便滔滔不絕說著對手機娛樂革命的願景。雖然最終的商業計畫還付之闕如，但是他對這些大亨同儕熱切描繪出一個概念形貌，他稱之爲「新電視」。

這個想法是，把好萊塢人才帶到小螢幕，做出可以在手機上看的微電影或影集，每段七至十分鐘長。這些小分量的娛樂影片是設計來填補人們等待的時間，例如：在診所、超市排隊，或是在星巴克等著咖啡師遞來拿鐵。當然，在YouTube及社群媒體上，這些令人沉迷的影片已經存在好幾年了，但是「新電視」將會提升品質標準，放上更精采且值得訂閱的節目。換句話說，卡森伯格希望能擴大短影片的規模。他宣稱要放膽籌募到二十億美元來實現願景。當初夢工廠動畫公司被康卡斯特擁有的ＮＢＣ環球買走，他因此被迫離開夢工廠，之後就開始醞釀這個概念。卡森伯格接受《綜藝》雜誌採訪時談到：「這項任務很艱鉅嗎？是的。這個事業會比夢工廠偉大嗎？我希望是。」

卡森伯格在太陽谷釋放試驗氣球後不到三年，他在洛杉磯主持一場會議，會場是一片光潔的白色，主要設備是一個投影螢幕。僅僅五週之後，二〇二〇年四月六日，卡森伯格進入串流公開賽的服務正式推出，名稱是Quibi，結合了quick（快）和bites（咬一口），代表的是引人食欲、像點心一樣的短內容。這個名字讓許多人皺眉，但是至少好過卡森伯格本來要選的名字：Omakase，日文的「廚師發辦」，通常出現在壽司餐廳中。

那場七十五分鐘的會議，目的是在服務正式推出之前，讓一組二十人的創意團隊跑一遍實境秀。這是典型的卡森伯格風格。七〇歲的他結實又充滿精力，以深厚產業連結而聞名，在娛樂圈的資歷已進入第六十年。他比好萊塢那些充滿幹勁的人物更厲害，可以在同一天內訂下好幾個早餐會，也保持極高的工作道德。卡森伯格十幾歲時就開始他終生對政治的狂熱，當時他為紐約市長候選人林賽工作，負責青年事務，紐約大學第一學期讀完就輟學到市長辦公室上班到二十一歲，當時他聽到好萊塢女妖發出的美妙歌聲，就像被大砲轟過來一樣降落到洛杉磯，受到影視業鉅子巴瑞·迪勒一路提攜，三十一歲被任命爲派拉蒙主管，成爲有史以來最年輕的電影公司主管，接下來擔任迪士尼主管、華特迪士尼公司董事長，以《小美人魚》《阿拉丁》《獅子王》等賣座大片，救活迪士尼垂死的動畫工作室。卡森伯格還連同製片大衛・葛芬及名導史蒂芬・史匹柏，成立夢工廠SKG。自從一九一九年聯美電影公司成立以來，夢工廠是對藝術家最友善的新電影公司，卡森伯格負責主持夢工廠的動畫部門。媒體主管的類型，有那種待在角落辦公室裡砍預算的企管碩士，也有著名影人艾爾文・薩爾伯格那種模式，讀劇本並提出修改建議。卡森伯格兩種才能兼具，但是他比較偏向薩爾伯格。在夢工廠，他通常會在錄製時段坐鎮，說些笑話或建議台詞怎麼唸。有個親身經歷過的人士印象深刻，卡森伯格執掌迪士尼之後，爲公司注入非常高的期待：「如果你星期六沒有來上班，那你星期天就不用來了。」

Quibi每週的工作會議（在週間舉行），卡森伯格開場就說一段軼事，是這個新創公司吸引一對Instagram網紅的故事，那就是克勞蒂亞・歐雪莉（帳號Girl with No Job）跟賈姬・歐雪莉（帳號JackieOProblems）。兩姊妹正在一家海邊餐廳，卡森伯格把一份不在菜單上、「改變一生」的迷你漢堡送到兩姊妹餐桌上，讓她們大吃一驚，兩人立刻在貼文上命名它是「卡贊漢堡」，傳遍數百萬個社群網路追隨者。卡森伯格回憶有一次參加週日晚宴，發覺同桌賓客有《超級名模生死鬥》製作人泰拉・班克斯，他假裝害羞對她揮揮手，不太確定當時提案的微紀錄片《Beauty》狀態是怎樣，後來班克斯爲 Quibi 主持並執行製作了這部片。

這位媒體大亨一直都是如此精力充沛，卡森伯格會聆聽卡司安排進度，丟出潦草的筆記（像是「第二章結尾很不錯」），會跟團隊一起腦力激盪宣傳噱頭，說要把時尚設計師王大仁的名人談話節目《Potty Talk》現場，移師到紐約大都會博物館慈善晚宴的廁所；並邀請短影集《Dummy》女主角安娜．坎卓克加入洛杉磯湖人隊比賽時卡森伯格所在的那一側球場，還要帶上劇中和她一搭一唱的喜劇角色，就是她男友的性愛娃娃芭芭拉。

當時紐約市對新冠病毒愈來愈焦慮恐慌，確診人數達到三十三人，疫情令人警戒。演藝界還沒那麼擔心，但是影集《最危險的遊戲》主角連恩．漢斯沃對於離開澳洲前往德州參加西南媒體節表達疑懼。不到幾天，疫情就讓好萊塢完全停擺，西南媒體節等多個現場活動都被迫停辦。電影院關門；重量級大片發行推遲，包括《花木蘭》《玩命關頭9》《〇〇七生死交戰》；影劇公司暫停製作數百部電視影集。

「我從沒見過環境改變這麼大。每天都是新的一天，有新的數據和新的擔憂。」Quibi 的執行長惠特曼說。卡森伯格親自找她來經營這家新創公司。惠特曼是哈佛企管碩士，當初年輕有才幹的她進入迪士尼策略規畫部門，從那時起就跟擔任迪士尼電影公司董事長的卡森伯格開始互動。卡森伯格後來邀她加入夢工廠動畫的董事會。

起初卡森伯格試圖把這場災禍看成可能對 Quibi 有利。之前編劇界醞釀罷工迫使影劇製作停擺，Quibi 預期到這一點，已經事先囤積了新鮮內容。卡森伯格說，全美上下在家避疫，焦慮地期盼能減緩病毒傳播，厄運當頭，人們急需能轉移注意力的事物。而這正好就是 Quibi 承諾提供的：容易消化的「一小口」——呃，其實是輸送到手機上的大量娛樂。電影像書一樣分章節；步調快速的實境秀建立在自然的間隔上，一集一集以合乎邏輯的方式銜接起來。二〇二〇年春天所有人都在關注新聞，這也是許多節目之中的一項。

卡森伯格說，「我們剛剛才開始做的事，我們的轉型，也許是這樣的：眼下所有人的生活內內外外都被搞得天翻地覆，有人可能是極度悲慘，有人只是不太方便、不太舒服、不太有成就感——就在這個時候，有一個東西是新的、是獨特的，而且很不一樣。」

某方面來說，惠特曼是卡森伯格第一個勸服的人。二〇一七年十一月二十一日，她宣布卸任惠普執行長那一天，電話響起，是老朋友卡森伯格打來的。「接通之後他說：『妳現在要幹麼？』我說：『你知道的，我不知道啊。我是爲美國而教基金會的董事長。我可能會跟我先生一起做點什麼事，還有就是旅行吧。』他接著說：『不是。我的意思是，妳今天晚上有事嗎？』我說：『我認識你不是一天兩天了。今晚就一起吃飯吧。』」

卡森伯格飛到帕羅奧圖，在餐廳一頓飯吃了三小時，對惠特曼提案用手機看短影片。他說到科技匯流趨勢，快速成長的無線網路足以乘載高品質影片，傳輸到每個人口袋裡都有的手持裝置，也就是智慧型手機。消費者已經習慣隨時隨地看影片，二〇一二年每人一天花六分鐘，五年之後每人每天花四十分鐘，這代表「獨特的創業時刻」，他想要從這裡賺到錢，方法是透過頂級娛樂內容的訂閱制服務。

在我們的訪談中，卡森伯格引用HBO的例子，HBO推出訂閱服務當時，住家客廳內收看的主要還是免費的無線電視台，而HBO在一九九〇年代開始製作昂貴的原創節目，吸引了廣大觀眾，例如：極受好評的《黑道家族》、高人氣情境喜劇《六人行》、黃金時段大戲《急診室的春天》。卡森伯格說：「HBO出現，它說：『我們不是電視，我們是HBO。』它們沒有放下電視這一塊，再說，怎麼可能放下呢？那是電視的高峰，出了很多精采大作。HBO就是說：『我們要給你不一樣的內容。因爲我們是訂閱制……我們能做的事情跟無線電視不一樣。』」

隨時隨地可以看的影片，也代表著對這個媒體重新想像的機會。擅長分析的惠特曼心裡琢磨的是，一個成功的消費者事業包含哪些要素，這是她在美國幾個最大品牌包括寶僑、華特迪士尼、孩之寶、eBay 歷任職涯中不斷磨練的，而行動影片則符合所有要件。

惠特曼說：「我最後說，『你知道嗎？我想我可以看到自己投入另一項新創事業了。』」她曾跟另一個非常有遠見的創辦人，也就是eBay 的奧米迪亞一起擔任執行長。

二〇一八年三月一日，惠特曼加入 Quibi 成爲第一位員工，初期辦公室設在共享空間 Serendipity Labs，氣氛年輕有衝勁，讓人想起 eBay 創辦初期。惠特曼把自己領導 eBay 十年的回顧寫成《價値觀的力量》，書中說，這些矽谷辦公室氣氛隨興，海灘椅、年輕員工穿著牛仔褲和 T 恤，「完全不同於厚重大理石和桃花心木裝潢的會議室、斜紋領帶配領帶夾的全套西裝，也就是與那種哈佛要我們學著去尋路生存、去掌控的環境相去甚遠。」

惠特曼加入 Quibi 之後五個月，卡森伯格宣布這家新創企業已募得驚人的總額十億美元。大股東有幾位：馬卓納投資公司，它是擁有沃爾瑪的沃頓家族旗下投資公司；中國電子商務龍頭阿里巴巴；投資銀行高盛及摩根大通。令人注意的缺席者是三星繼承人、媒體大亨李美敬，她曾經對家族提議投資卡森伯格之前創辦的電影公司夢工廠。

所有好萊塢電影公司都投資了，它們加入的誘因，有位銀行業者稱之爲「傻蛋保險法」：不管人家賣什麼都要參一腳，以免錯估了機會。如果「新電視」沒有成功，這些電影公司可以在 Quibi 兩年專賣期限過了之後，自由把這些內容剪輯到比較傳統的電影或電視劇裡，然後在別的地方賣，因爲它們擁有智慧財產權。

Quibi 最後募到十七．五億美元，雄厚資本立刻引來好萊塢關注。任何擁有節目可以提供的好萊塢公司都緊盯著這家新創企業，視爲尚未開發的巨量資金。

布倫之家製作公司的執行長布倫說：「我盡可能賣多一點影片給卡森伯格，而且盡可能賣得快一點。」身爲製作人，布倫挖掘出一個利潤豐厚的利基市場，製作好萊塢最成功的驚悚片類型，包括奧斯卡提名影片《逃出絕命鎮》。布倫跟 Quibi 簽約，製作娜歐蜜．華茲主演的原創影集《Wolves and Villagers》和另外兩部系列影片。

除了布倫，Quibi 還吸引到許多一線影視人，包括導演吉勒摩．戴托羅及山姆．雷米，演員珍妮佛．羅培茲、伊卓瑞斯．艾巴、凱文．哈特、皇后拉蒂法，球星坎姆．牛頓及勒布朗．詹姆斯，音樂人喬．強納斯、黛咪．洛瓦特、利爾．亞蒂、饒舌歌手錢斯。對劇情片創作者尤其有吸引力的是，Quibi 的合約結構經過刻意設計，版權在七年後返還給創作者，這點比其他串流公司來得有彈性。例如 Netflix 雖然酬勞豐厚，但那是因爲 Netflix 通常永遠擁有版權。

Quibi 現金充沛，但是根據某個團隊資深成員說，這也有潛在危險。這個行動事業的新起之秀，本來是百廢待舉的新創公司，願意押注在剛剛嶄露頭角的人才，這些人的創作可能比較能引起年輕族群共鳴，然後漸漸累積聲量，例如：堪薩斯城的摩根．庫柏大膽改編《新鮮王子妙事多》。但是，幾乎在一夜之間，Quibi 變成偏好不帶冒犯的主流內容，像 NBC 新聞網、氣象頻道、根基穩固的電視品牌，這些能夠觸及比較廣泛的群眾，讓廣告商開心、投資者安心。

這位前任高層人士說，「有時候，錢太多也是壞事。因爲卡森伯格募到二十億美元，現在它們就必須賺到二十億，而如果你創業資金是一億美元，你可以低調經營，不一定要迎合每一個人。」

理論上 Quibi 是對創意人才友善的新創公司，但是有耳語說，它已變成其他電影公司不要的東西的去處。以喜劇《Dummy》爲例，幾年前就在 TBS 籌備，是規畫中的深夜時段節目，很像 TBS 的手足公司、以成人爲取向的 Adult Swim 頻道。編劇寇蒂．海勒已經完成八集劇本裡的七集，故事靈感來自海勒發現她同居男友丹．哈蒙的性慾娃娃之後的反應。但是此時 TBS 終止計畫，籌拍工作擱淺。

曾任 TBS 發展主管的柯林．戴維斯（Colin Davis）在 TBS 負責這項專案，後來他加入 Quibi，因此《Dummy》獲得重生。

「我接到戴維斯的電話：『嘿，是這樣的，我離開 TBS 了。現在這家公司，你沒聽過，是傑佛瑞．卡森伯格辦的。我把妳寫的《Dummy》劇本給他看了，他想立刻跟妳見面。』」海勒回憶說，「我去跟卡森伯格見面。他超級酷，態度很支持，而且還能說出幾句劇本裡的台詞。」

卡森伯格表達希望能製作這個節目，只要它能吸引到對的「明星陣容」。安娜．坎卓克加入了，爲了配合她的檔期，拍攝工作濃縮在十八天完成。《Dummy》得到影評溫暖接受，其中有人說它是「搞笑荒謬、骯髒赤裸的戲，正是我們現在需要的」，艾美獎也提名了坎卓克。

雖然 Quibi 爲創意社群開了許多扇門，但是它的名字及匆促做法在社群媒體上釀成反彈。許多新創公司撞上一堵懷疑主義形成的牆，有時事出有因，有時卻沒什麼道理。這個新競爭者進入這個行業，系出名門的創辦人和執行長成為外界嘲諷的標靶。雖然Quibi一再強調在娛樂產業地圖中找出了不太擁擠的「白色區域」，但是在醞釀三年之後，串流版圖已變得愈來愈擁擠。無法忽視的對手是抖音這個影片分享應用程式，娛樂內容讓人忍不住一直接著看下去，抖音搶盡了鋒頭，在Quibi終於推出時，抖音應用程式的下載量已超過二十億次。

「對Quibi的厭惡，在推特蔚為風潮，每個人都想吐槽Quibi。我發覺自己變得有防衛心，而且很受傷，」海勒說：「我得要在Quibi做我的節目。卡森伯格信任我，放手讓我做我想做的。」

惠特曼描述卡森伯格是個「右腦型的說故事人」，惠特曼則自認是「左腦型的分析式思考者」。接近Quibi的好萊塢觀察人士說，在打造這個平台時，卡森伯格和惠特曼發生衝突。有位好萊塢律師說，因為卡森伯格的工作狂傾向，幾個高層主管被排擠而離開。卡森伯格了解到，堅持週末工作加上其他工作規定，雖然讓他享有盛名，但是也讓外界認為，以現行標準來說，他是個「尼安德塔人」。二〇一八年卡森伯格在一場對史丹佛企管碩士候選人的演講表示：「更聰明的工作，而不是更辛苦工作，有時候是比較好的。」但是許多知情人士說，Quibi在推出前的工作模式，這種寬宏大量並不存在。

惠特曼承認：「我開玩笑說，如果我們再年輕個二十歲，可能已經把對方給殺了。但是我們的個性也夠成熟，知道彼此都是希望 Quibi 能贏。我們不是在劃地盤……我認爲我們之間有善意、寬恕及信任。我們眞的信任彼此，相信彼此的直覺和所擅長的專業。絕佳的夥伴關係是建立在信任上。」

不過，這想法可能是一廂情願。《華爾街日報》揭露，在看似專業的表面下，這段工作關係因爲壓力而破裂。惠特曼描述卡森伯格獨裁專斷，藐視她，待她有如下屬而不是眞正的執行長。報導中說，惠特曼甚至威脅要辭職。從公司成立之初就有文化衝突。有個高層主管充滿懷疑地回憶說，好萊塢類型的人執著於要有個辦公室和助理，過度注重外表，而樸實無華且矽谷作風的惠特曼對此深惡痛絕。

「這個例子有點可笑，但是某種程度顯示出 Quibi 的問題，」這位高層人士認爲，這種對外表的追求，完全跟崇尚專業且永不懈怠以顧客爲焦點的 Netflix 相反。「更重要的是你的辦公室有多大、你跟誰見面、會議桌上誰坐在哪裡、誰發言等等的事情。」

隨著好幾個資深主管離職，內部鬥爭的跡象偶爾會洩漏到外界。簡妮斯．閔（Janice Min）曾任《好萊塢報導》編輯，據說因爲在 Quibi 的新聞及資訊節目《每日必須》（*Daily Essentials*）的方向上，屢次跟卡森伯格起衝突而離職。提姆．康奈里（Tim Connelly）是夥伴及廣告部門主管，他離職是因爲惠特曼干預廣告合約事宜。梅根．殷布理斯（Megan Imbres）是 Netflix 前任董事，擔任 Quibi 的品牌及內容行銷主管，在 Quibi 上市推出之後兩週離職，卡森伯格說是因爲在策略方面「意見不同」。

二〇二〇年一月消費電子展在拉斯維加斯舉辦，Quibi 出場，卡森伯格及惠特曼必須離開戲劇化的後台，在人前公開表現和睦。主題演講開頭是促銷短片，幾個月過後再來看，這支片子有如時光膠囊，封存了疫情前的那個時代。片中人們進行日常活動時，一邊在手機上看影片，無論是在泳池浮板上愜意躺著，還是站在地下鐵月台等車，或是在咖啡廳啜飲咖啡。

短片斷言，未來的娛樂，就在你的手裡。

卡森伯格單獨站在舞台上說：「手機是全世界有史以來散布最廣又最民主化的娛樂平台，手機的科技創新和網路傳輸量，代表現在有幾十億使用者每天觀賞幾十億小時內容。數字非常龐大，而且還在增加。」

卡森伯格介紹 Quibi 出場，說它是好萊塢創意的科技創新長篇故事中，下一個革命性的章節。Quibi 會帶給大家電影般的故事，專門爲行動時收看而製作的。惠特曼說到建造一個平台，讓說故事的人能充分利用手機的能力——觸控螢幕、鏡頭、內建的位置偵測及導航功能，以訴說不同凡響的故事。

惠特曼說：「從第一天起，我們就想得很清楚，我們是打造只爲手機而生的平台。爲什麼？因爲我們不是要把電視擠到手機裡。我們打造的是新的東西。」惠特曼引述一個例子，史蒂芬．史匹柏的驚悚影集，觀眾只能在天黑之後看。她說：「天黑之後，這齣節目才能解鎖。太陽出來時，這部虛擬實境的電影，就在你眼前消失。」這個節目《天黑之後》（*After Dark*）從來沒有製播過。

這場主題演講的重點是 Quibi 運用的科技，名稱是 Turnstyle，觀影者轉動手機就能順暢切換直或橫的全螢幕模式。YouTube 影片可以從水平翻轉成垂直，就看使用者怎麼拿手機，但是 Quibi 不一樣。每部電影一開始就是以垂直和水平來拍攝及剪輯，然後接在一起，以一個封裝傳送到手機上。使用者翻轉手機時，影片就會無縫接軌地切換，過程中沒有任何黑框，觀影者只要動一下手腕就能切換敘事觀點。

導演札克．魏切特（Zach Wechter）充分利用這個技術來訴說具有兩個觀點的故事，那就是 Quibi 的電影《無線》（*Wireless*），在這部劇情片中，媒介就是訊息。由《一級玩家》的泰．謝瑞丹演出片中自戀的大學生，撞車之後在科羅拉多山區間漫遊，他生還的唯一希望是很快就會沒電的手機。

魏切特說：「你把手機拿水平，看到的是這個故事在傳統電影銀幕的視角。」他用一種特殊配備去捕捉手機的前向及後向攝影機，同時也捕捉到手機螢幕的畫面。「但是，當觀者將手機轉成垂直，看到的就好像這個角色的手機接收了你的手機。」

《無線》描繪出 Quibi 所承諾的事物，也描繪出節目播映的斷裂。這齣戲充分運用了這個應用程式的技術特色，做出獨特的觀影經驗。但是，這個節目並沒有在 Quibi 推出時就能收看，而是幾個月之後才有，那是二〇二〇年九月。其他節目也都利用了手機的互動性，例如：他們規畫製播一個新版電視約會節目《The Hot Drop》，由觀眾提交影片，就有機會和符合條件的單身對象約會，Quibi 社群會投票選出最有機會成功的三位候選人。但是，連一次約會都沒有發生。

有位曾經待過 Quibi 的知情人士說：「要做到互動說故事，需要整套技術基礎，但是它從來沒有見光。」

與其發展技術，Quibi 卻是訴諸卡森伯格的好萊塢人脈。首批上線的節目眾星雲集，包括連恩・漢斯沃的《最危險的遊戲》、法庭實境秀《Chrissy's Court》、由饒舌歌手錢斯重現 MTV 的惡作劇節目《Punk'd》、烹飪競賽節目《Dishmantled》。接下來還預計請來基佛・蘇德蘭重拍《絕命追殺令》，唐・奇鐸及艾蜜莉・莫提梅主演規畫中的驚悚影集《Don't Look Deeper》，還有凱文・哈特主演後設喜劇動作影集《Die Hart》。

卡森伯格走過消費者電子產品秀的舞台，背景是五彩繽紛的名人肖像，一邊說：「我們向外界宣布 Quibi 推出，距今還不到十八個月，真令人難以置信。其實我非常自豪，在這麼短的時間內，這麼多演藝界中流砥柱答應參與，而且還有很多很多。」

不過挑戰在於：Quibi 找來這些招牌人物，卡森伯格希望透過他們吸引千禧世代，但是千禧世代卻甩都不甩。千禧世代不太需要透過 Quibi 來跟這些名人連結，這些明星已大量出現在別的地方，在抖音或是 Instagram。

卡森伯格回到舞台上，坦承推出訂閱制服務，卻沒有豐富與大眾熟悉的電影或影集，是一大困難。Quibi節目策略客製化，這些內容很難從現成貨架上找到，所以必須從頭製作每一部內容，計畫以一年時間推出多達一七五部新原創節目，這個數量跟Netflix差不多，但是串流巨頭Netflix的製作費用是一三五億美元，Quibi只有這個數字的零頭。

卡森伯格說：「我們意識到，並不是每個空檔你都會想要同樣類型的娛樂，所以我們在內容方面採行的做法，必須是每個時刻你要什麼，我們都有。」

高層主管解釋，Quibi內容有三種型態：分章節的電影，每節七至十分鐘；非劇情節目及紀錄片；還有《每日必須》，結合全國新聞、體育新聞、氣象報導及類似靜坐節目《The Daily Chill》那種生活風格內容。《每日必須》的合作夥伴，就跟Quibi涉足的其他領域一樣，都是大有來頭。ESPN規畫一個特製六分鐘精選剪輯；已有五十二年歷史的新聞長青節目《六十分鐘》則會首度製作縮短版本《六分鐘縱覽六十分鐘》，所有報導內容都是原創，跟每週在CBS電視台播映的不一樣。

Quibi即將推出時，外界保留態度開始消退，不過還是有人抱持懷疑。有個出席消費電子展的投資銀行家說，在拉斯維加斯某次不公開晚宴，有人說「別跟卡森伯格對賭」。這句話確實是表示尊敬，卻遠遠算不上是堅定支持。

第八章　卡通小子

許多中小學年紀的孩子夢想著長大要當太空人、體育選手、消防隊員，而麥特·史特勞斯小時候只希望能隨時挑選他想看的卡通影片。史特勞斯成長於七〇年代紐約市郊的蠔灣，當時他並不知道，日後的事業竟然就是把小時候這個簡單的道理付諸實現。從史特勞斯一路以來的軌跡，從兒時愛看卡通，到成爲NBC環球串流服務「孔雀」的總監，可以清楚看出電視產業是如何應對數位時代。

幾十年前是廣播電視制霸的年代，史特勞斯會把所有他最愛的卡通，在星期六早上何時播出都記錄下來。有時他不在家或者是晚起床而錯過時段，那就無法把他想看的卡通找回來在另一個時間看。幾年後他回憶說，這實在「超級不公平」，話中還留有一絲童年時代的憤恨：「我很煩惱，煩到我爸媽不知怎麼辦才好，因爲別的小孩都沉迷於蒐集棒球卡的時候，我還在一直一直抱怨。」

接著，錄影機進入生活中，七〇年代後期美國消費者普遍都能取得。同情兒子的史特勞斯夫婦買了一部，對八歲的他來說，那是個重大轉捩點。史特勞斯笑道：「我熱血地錄下所有節目，錄了好幾百支帶子，爲每個節目分類編目錄。我建立資料庫，每支錄影帶都做編號。當然那時候我根本沒有意識到，但某方面我是在建立更多隨選即看的經驗。朋友都會來我家看，他們知道我是那個有好多錄影帶的卡通小子。」

蠔灣位在紐約長島，而創辦 Cablevision 及 HBO 的媒體先鋒多蘭也住在蠔灣。錄影帶盛行後不久，蠔灣成爲美國最先接通有線電視的社區，也許並不令人意外。以前電視台只有三個，有線電視接通後，史特勞斯可以從三十個有線電視台錄下節目，他的資料庫立刻擴大十倍。他也開始收集電視器材，這個興趣一直延續到成年。「我有一個速度非常快的電視遙控器，無線的，牌子是增你智。」他笑著承認這「非常科技宅」。

史特勞斯從紐約大學商學院畢業，面試到 ABC 電視台紐約總部工作。當時羅伯特·艾格掌管這家電視台，史特勞斯把他當偶像效法，一路在策略規畫部門爬升，他運用商業知識，但是也懷抱更高的企圖。小時候爲錄影帶編目錄建立資料庫時，他就「一直有興趣嘗試讓電視變得更好」，不只是像他商學院同學所想的增加市值或提升收視率而已，他一直不服氣的是：爲什麼卡通只能在週六早上播？「我認爲這是不對的，我想把它糾正過來，」史特勞斯解釋：「對我來說，電視運作的方式不對。我不能接受它這麼糟，竟然只有一種看電視的方式，所以我希望盡一己之力做點什麼。」

在 ABC 電視台學到電視產業的竅門之後，史特勞斯得到一個機會回到家鄉長島，在電視這個媒介大展身手。有線電視業者 Cablevision 想找他去協助發展一個很有企圖心的概念：隨選即看。史特勞斯寫出商業計畫，勾勒出服務的輪廓，稱作「雜誌架」，由來是在書店或雜誌攤上瀏覽各種雜誌；它後來在二〇〇一年推出。隨著網路普及，有線電視業者可以透過隨選即看讓觀眾在非直播時段追看節目，而雜誌架是影片雜誌，聚焦在小眾利基市場，例如：科學、健康、汽車、葡萄酒等領域。Cablevision顧客可以免費使用這項服務，因此 Cablevision 就可以說訂閱很值得，甚至要求其他有線電視業者付授權費才能使用這項服務。多蘭打造的 Cablevision，雖然擁有創新光環，但是業界稱之爲「迅速的追隨者」，通常是把邊緣小型業者所發展出來的技術加以主流化。這家公司積極追求數位影片錄影技術，雖然它的機上盒內建數位錄影機，但是仍然跟 TiVo 等公司纏訟多年。而且，Cablevision 跟索尼簽下一份有風險的合約，製造出業界前所未有、設計細緻的機上盒。史特勞斯讚賞其工藝水準：「幾乎就像法拉利等級的機上盒。但是太貴了，無法普及。不過它讓我們看到一些可能性。」史特勞斯當時只有二十幾歲，直接跟著多蘭工作，擔任所有這些創新事物的副總裁，他似乎在這裡找到自己的族人，「我一直相信未來就是隨選即看」。

過了一段時間，位在長島的有線電視公司變得太局限在地方，它在紐約的市占率還不錯，但仍然只是全美第六大有線電視業者，這樣無法在電視產業裡把錯的事做對。史特勞斯決定跳槽，導致他後來經營串流媒體孔雀。他直接冒昧打電話給史迪夫・伯克，也就是傳奇媒體人丹・伯克（Dan Burke）之子，當時是費城康卡斯特有線電視負責人。史特勞斯任職 ABC 電視台時，丹・伯克當時經營的首都城電視與 ABC 合併。

身爲下一代的史迪夫也曾任職於首都城／ABC，後來拔營來到康卡斯特，史特勞斯打電話給他的時候，康卡斯特已經發展成全美第一有線電視業者。

令史特勞斯驚訝的是，史迪夫．伯克親自接電話。史特勞斯說，他一直都在注意伯克跟康卡斯特執行長布萊恩．羅伯茲（Brian Roberts）的公開言談，他們聲稱電視產業的未來是收視者賦權，可以自己選擇何時收看什麼節目，「我就直接跟他說：『我知道你在隨選即看想要達成什麼。我可以幫你打造。我知道你需要做哪些事。』」伯克要史特勞斯搭火車到費城跟他當面詳談。

史特勞斯詳述隨選即看電視節目的願景，不只是每次觀看付費的改良版而已，這在有線電視早期就已經存在。他記得當時對伯克說：「我們應該製作原創節目，應該把它納入付費套裝方案，作爲市場區隔，爲有線電視套餐增加附加價値。」如此一來，康卡斯特不只是「改變人們看電視的方式」，而且面對競爭的衛星電視業者也會有優勢，例如：DirecTV及Dish Network，因爲這些衛星業者的「單向」技術使它們無法做更多隨選即看服務。

與伯克見面之後兩週，史特勞斯被聘用了，「基本上沒有工作內容描述」。接下來十七年，史特勞斯都待在康卡斯特（本書撰寫時他還在任）。史特勞斯領頭發展一系列計畫，讓康卡斯特站上創新者的位置，即使它仍是一家有線電視公司，而且顧客服務評價參差不一。史特勞斯是發展Xfinity有線系統的主管，負責把Netflix、亞馬遜

Prime Video、YouTube 及其他串流應用程式整合到Ｘ1介面。這表示，與其強迫收視戶費力在電視和串流之間切換，康卡斯特減少使用者體驗的摩擦，讓串流服務變成遙控器上的一個按鈕。康卡斯特的逆向理論是：即使顧客不看傳統電視，也要把顧客留在 Xfinity X1 機上盒體驗中，這種淨效應對康卡斯特是正面的。這個理論是說，能夠輕鬆選擇影片服務，顧客開心，就比較不會取消康卡斯特有線電視訂閱。

史特勞斯還帶頭開發另一項專案：Xfinity Flex 影片服務，這是免費給寬頻網路顧客使用的，類似於免費的串流方案如 Pluto TV、Roku 頻道、亞馬遜 Fire TV。Xfinity Flex 把幾十個頻道和串流服務整合起來，針對非常抗拒大型套餐的顧客；這個族群會減少訂閱頻道以降低有線電視費用，對有線電視業者是一大威脅。當然，銷售寬頻網路已經是相當賺錢的獲利事業，所以對康卡斯特來說，吸引顧客訂購寬頻有其道理，即使這些顧客並不想要傳統的付費有線電視。Flex 很快受到歡迎，推出後兩年之內，裝設機上盒的數量超過三百萬台。

二〇一三年，康卡斯特買下ＮＢＣ環球股權結構中通用電子所占的股份，完全擁有ＮＢＣ環球。隨著串流興起，付費電視套餐漸漸退場，但是在ＮＢＣ環球，直接面對消費者的串流服務的想法一直沒有受到歡迎。跟媒體業的競爭對手如迪士尼和時代華納不同的是，ＮＢＣ環球並不傾向顛覆自己，它滿足於營運 TV Everywhere 應用程式，只有付費電視訂戶才能用這個應用程式來收看串流影視。另外，ＮＢＣ環球也會把自製節目發行到全球，收取頗高的授權費。即使在二〇一九年初康卡斯特宣布，跟隨迪士尼及華納媒體的腳步進入串流，執行長羅伯茲在華爾街法說會上卻溫和表達不同意見，他並未指明道姓，而是繞了很大的彎指出康卡斯特和迪士尼的做法不同，康卡斯特是把內容授權出去，而非收回己用。羅伯茲說：「我們非常注意不要完全把內容從別的平台拿回來，那不是我們目前的心態。我們喜歡這些合作關係。」對此史特勞斯則有更細膩的觀點：「康卡斯特通常在執行決策時比較有條理。」

康卡斯特比較有條理是因爲，它必須保存許多遺產，尤其是NBC環球，這個公司總部位在洛克斐勒中心三十號，在媒體歷史上可說是個紀念碑。例如一九三五年，三樓近三十坪的辦公室空間，改裝成世人首見的商業電視台攝影棚Studio 3H，天花板很低，架好的攝影機幾乎紋絲不動，但是在啓用時，NBC很想展示最尖端設備，因此找來新聞媒體，在洛克斐勒大樓第六十二層樓裝了監看螢幕。評論員貝蒂·古德溫（Betty Goodwin）、喜劇演員艾德·韋恩、紐約火箭女郎舞蹈團都上台了，還有企業高層人士如RCA鉅子大衛·沙諾夫，他曾取笑一九三九年世界博覽會某個更有企圖心的展覽。這場表演的節奏不太均衡，新聞播報、電影片段、現場表演都混在一起。粗製的舞台燈光熾熱，太靠近演藝人員，某歌手的假睫毛還滑到臉頰上。爲《紐約客》供稿的作家E·B·懷特撰文報導，說這場表演的美學讓他暈頭轉向，人的臉孔看起來像「敷上一層眞絲水波綢」。二十分鐘的表演讓人覺得「在客廳裡擺個電視並沒有更實用」，不過他的結論是，「當然，家居正在改變」。

NBC電視台在媒體及娛樂產業扮演要角將近一世紀，爲家庭客廳推出無數變革，在二〇〇四年和環球娛樂合併後的名稱是UBC環球。過去它領導創新循環，蘋果最初的產品發表會就是在NBC，但現在年代不同了，NBC必須急起直追。Netflix創辦於達康年代的最高峰，它大幅定義了串流產業並稱霸市場。Netflix唯一產品是一支應用程式，聘雇了幾千個工程師微調這支應用程式，在全世界一九〇個國家擁有二億多訂戶。傳統媒體公司對於這些不惜工本的科技入侵者，並沒有多少明顯優勢，主要優勢是擁有相當可觀的節目內容。例如NBC情境喜劇《我們的辦公室》是Netflix串流排行前幾名的影集，現在NBC環球可以拿回節目授權，作爲它自己串流服務的錨，不過，這樣做的代價是五億美元以上。

伯克擔任NBC環球執行長任內負責推動串流計畫。六十二歲，西裝筆挺、一表人才的他，同時也具有敏銳的分析式思考。他承認自己是個不斷鞭策員工的嚴厲領導人，但是他在公司內部獲得許多忠臣，在產業界也受到愛戴。伯克和其他媒體執行長不同的是，他不像一般東岸或西岸的顯貴，他需要放鬆休假的時候，會去蒙大拿州釣魚。伯克職業生涯初期曾在迪士尼與父親一起擔任首都城的負責人，首都城在一九八六年買下ABC電視台，十年後又被迪士尼收購。當時ABC電視台總裁羅伯特·艾格曾經帶過年輕的伯克，助他在ABC事業成功，但是伯克對於轉移陣地到柏班克沒有興趣，因此選擇了經營康卡斯特有線電視。艾格在他的自傳《我生命中的一段歷險》寫道，「那感覺像是在我背後插了一把刀」，自稱好心的艾格罕見表示，史迪夫．伯克不像他爸爸那樣「天性和煦」。

伯克記得，二〇一七年艾格宣布迪士尼要把它擁有的內容從Netflix撤出，自行推出與之競爭的服務，當時NBC環球也正在積極策畫。他回憶說：「我們開始開會。每兩週開會一次，每次都長達數小時，我跟我們的財務長及策略部門開會，有些會議要找所有執行主管來開會，他們都是直接對我負責，我們會詳細討論，試圖找出該怎麼做。」有個做法是擴大規模，結合NBC環球的資產、廣受歡迎的迪士尼實境節目、時代華納豐富的情境喜劇及連續劇。某個核心人士指出，伯克和康卡斯特執行長羅伯茲，找探索頻道公司執行長札斯拉夫（David Zaslav）幫忙向迪士尼及時代華納提出這個想法，說是合作夥伴同等受益，但是當康卡斯特有意收購這兩個比較小的媒體公司時，雙方合作告吹。

伯克和團隊以迪士尼爲學習對象，找出逆向建立商業模式的方法，以發展出財務上可行的串流服務。伯克回憶：「我們說，『迪士尼嘛，很聰明，一定有些洞察是很有道理的。我們缺的是什麼呢？』所以我們打電話給幾個從迪士尼離職的人，也找了曾經爲迪士尼工作的顧問公司，但就是無法做出可行的計畫。接著有一天……有個人走進來說，『如果我們讓它是免費的，而且有廣告呢？』」

對一家大量投資在現狀的公司來說，這句提問非常符合邏輯。NBC環球的廣告營收，包括線性、數位、全世界串流，合計一年多達一二〇至一三〇億美元。因此，串流服務繼續保有合作數十年的廣告商，這個想法是很有吸引力的。畢竟，自從一九四一年七月一日在布魯克林道奇隊對費城人隊的棒球賽中播出第一支廣告，內容是寶路華精品名錶，觀眾已經看了這麼多年有廣告的免費電視節目。有一個早期家用娛樂創新裝置，就是可以跳過廣告的數位錄影機，它發明之後大家都說電視要滅亡了，但是CBS All Access和葫蘆網的基本付費方案顯示，有廣告的大規模串流服務還是可行的。有廣告的免費串流通路如Pluto TV和Tubi，收視族群正在增加，這些串流通路對於購買新型智慧電視的顧客，或是想停掉付費電視的數百萬美國人，都非常有吸引力。伯克認爲，要以純訂閱制來挑戰Netflix這種已固守陣地的對手，似乎很艱鉅。「財務上很難挑戰成功。訂閱制的服務，你確定的是，剛開始訂戶數是零，到了年末可能會有三百萬，第二年成長到六百萬訂戶。對訂閱制商業模式來說，這是一個慢慢上升的坡度，起初還沒有建立訂戶基礎，但是必須在第一天就拿出產品和成本，所以這是個很痛苦的經濟模型。」

廣告取向的策略開始成形時，伯克一開始並沒有找史特勞斯來推動這個計畫，而是任命值得信任的副手波妮．漢默來掌管日常營運。漢默起初是製作紀錄片和公共電視節目，早期作品包括《這棟老房子》（*This Old House*），接著在環球電視擔任重要職位，然後是NBC環球。她開始大顯身手，強化並重新包裝E!、USA、Syfy等大型有線電視營運計畫。她出生於紐約皇后區，個子嬌小、說話快、充滿活力。她把電視台打造成生產現金的機器，升到電視公司高層主管。二〇一〇年代初期，電視台發展頂峰時，她改造的電視台每年利潤將近二十億美元。

雖然漢默很有眼光，能挑出高收視節目，也能延攬人才，但是她從來不曾埋頭在技術細節。發展串流服務，她必須處理的問題包括影片傳輸過程中的延遲、使用者介面、幾百支影片的發行授權等，從接掌職務到服務推出之間只有十五個月，而且一切都加速進行。七十二歲的漢默發現自己一頭栽進新創事業不穩定的代謝節奏。在新鮮的挑戰中，漢默仍運用了她最擅長的技能：利用NBC環球擁有的資源及遺產，從頭打造一個品牌。

當時伯克要求她：「看看NBC環球擁有哪些資產，試著決定出片庫和潛在的原創影片等內容的強項是什麼。我們要找出有趣又有話題的內容來協助服務推出。」目標是運用NBC環球的資源，同時也創造出獨特的事物，「有原創性的、過去曾有良好紀錄，能夠對NBC環球和它的歷史致敬。」

比起其他電視台，NBC對串流的觀點比較複雜。它跟福斯一起推出葫蘆網，這是第一個透過網路傳送電視節目的先鋒。不過那是在二〇〇七年，而全國最大有線電視業者康卡斯特於二〇一一年買下岌岌可危的NBC，包括它的地方電視台及有線電視頻道，再加上環球電影公司。康卡斯特集團的有線電視營運事業，包括高速網路和影片，使集團內的娛樂部門相形見絀，有線電視營收是娛樂部門的兩倍、利潤是四倍，商業利益非常龐大。

二〇一八年，康卡斯特和迪士尼爭奪二十一世紀福斯公司落敗之後，又對某個資產投下龐大賭注，這在它的串流策略中相當重要——康卡斯特和迪士尼進行了另一項爭奪，拿出四百億美元買下英國天空衛星電視。歐洲的衛星電視就跟美國的同業一樣漸漸衰退，但是天空很努力突破，讓康卡斯特對這筆交易有信心。而且天空掌握了大量運動賽事轉播權，並且已跟HBO簽訂合約，在英國及德國擁有獨家發行權。英國天空衛視的串流服務名稱是Now TV，被認為是歐洲最佳串流服務，這套服務的建立者將在美國好好發揮。

康卡斯特尚未顛覆現存模式的原因是，它掌握了大型賽事的電視及數位轉播權，例如奧運。以傳統方式來測量奧運收視率，顯示收視人數正在下降，但是社群媒體使奧運節目依然是少數全球都在談論的話題。NBC環球從一九八八年起擁有美國獨家奧運轉播權，二〇一一年起賺進一二〇億美元以上，並且擁有轉播權直到二〇三二年。NBC環球已將節目發布在有線電視台和數位平台，但是仍堅持保留幾十年來的概念，那就是在每晚黃金時段播出。轉播因時區不同而有延誤，而現在這個時代，觀眾可以立即在社群媒體得到滿足，等到黃金時段才播出顯然太落伍。NBC環球在數位及線性平台一共輸出了好幾千小時的奧運轉播節目。即使收視率持續下滑，但是根據NBC環球的報告，獲利相當穩健，這要歸功於觀眾事後追看，還有廣告商願意付費買下受到高度矚目的賽事廣告時段。

NBC環球在訂閱制串流服務的經驗也是好壞參半。它有NBC Sports Gold運動頻道，利基穩健；但是鎖定喜劇的串流服務Seeso，觀眾卻反應冷淡。Seeso於二〇一六年初推出，NBC宣稱它將會是旗下第一個鎖定主題的服務，目標是運用NBC擁有的歷史資產來獲利，例如《週六夜現場》和週四晚上的情境喜劇，月費四美元，價格很合理，但是對新顧客來說，並沒有非常強的理由去訂購。截至二〇一七年秋天，訂戶只累積到二十五萬，於是這個串流服務就結束了。這次失敗並不便宜。有位熟悉財務狀況的內部人士表示，大約投資了三億美元，其中八〇%用在顧客獲取，其餘用在原創節目及購買節目。NBC當時董事長是葛林布雷特，他在二〇一六年電視評論人協會的夏季新聞巡迴對記者說，像Seeso這種「試水溫」的計畫只是前奏，後面有更大的。「我們知道這個OTT（線上影音串流平台）數位策略將會發生，」他說的OTT是指繞過傳統有線電視，「這已經發生在很多地方了。關鍵是觀眾去哪裡、他們要求我們去哪裡。我們花了很多時間討論要在這個空間裡做什麼。」

雖然串流服務走走停停，但是二〇一六年里約奧運最後卻是該公司史上獲利最高，賺了二・五億美元。其中無線電視仍是最有力的，大約占獲利七五%。里約奧運閉幕後一個月，NBC播映了感傷的新影集《這就是我們》，以時間跳接的方式，刻畫一家人代代之間的互動，風靡一時，叫好又叫座，收視觀眾平均將近五千萬，而在這個時代，黃金時段影集的觀眾只有這個數字的零頭。其他兩個最受歡迎的電視節目，美式足球聯盟的《週日夜足球》以及《美國好聲音》，線性收視率則是高得驚人。NBC有理由繼續相信傳統模式；串流多半只是讓人頭痛。

伯克說明NBC對串流服務「孔雀」的想法：「我們發揮自己的優勢。我們剛好是一家擁有五千五百萬影片顧客的公司，而且我們是美國最大的電視廣告提供者。」里約奧運舉行時，NBC新聞當家主播布萊恩．威廉斯報導伊拉克戰爭誇大不實而引發外界抗議，伯克親自處理一連串醜聞而長出傷疤癒合組織，並且千方百計避免登上頭條新聞。「他不是害羞，也不是沉默寡言，他只是不像我那麼愛說話。」伯克的老友華倫．巴菲特在伯克就職時對《紐約時報》說。

伯克並非無視串流革命，他完全預料到其他大媒體公司會推出類似Netflix的訂閱服務。但是，對於一家現金流穩定且管理保守的公司來說，每年損失數十億美元是行不通的。伯克是哈佛企管碩士畢業，從父親經商歷程中學習，他向來被外界認爲是經驗老道的大老闆。二〇一七年末，經濟環境對併購有利，加上傳統媒體公司害怕顧客切斷有線，電視收看行爲也衰退，於是冰山正式融化了，接下來就是商業史學生所熟悉的：企業併購集中化。AT&T宣布買下時代華納，接著立刻是獅門影業併吞

Starz，探索頻道母公司則透露打算以一四六億美元收購有線電視業者 Scripps 互動電視網。不過最大一宗交易則在二〇一七年十一月揭曉：迪士尼正在與二十一世紀福斯洽談收購。這宗交易將重塑電影及電視產業的版圖，同時，串流網站葫蘆網的控制權也將掌握在唯一一家公司手上，這是葫蘆網從二〇〇七年推出以來的第一次。對 NBC 環球來說，這是一大挫折。這些企業併購最主要的動機是掌握串流，各家媒體公司的目標都是組建一套有力的節目內容以吸引善變的顧客。

二〇〇四年康卡斯特在一項交易中抱持敵意和迪士尼競爭，二〇一八年雙方再度對決爭奪二十一世紀福斯，結果是康卡斯特落敗，接著它決定積極進攻梅鐸媒體帝國另一個物件：稱霸歐洲的天空衛視。康卡斯特和迪士尼競標，最後以四百億美元勝出。天空衛視擁有重要運動賽事轉播權，天空新聞台也是穩健品牌。不過，與福斯資產如《辛普森家庭》《阿凡達》、X 戰警等擁有周邊授權的產品相比，天空衛視的串流主要價值仍在於它的產品專業。天空在英國的串流服務名稱是 Now，公認爲業界領導者，Now 製作團隊的任務是複製它，進入 NBC 環球期待已久的串流領域。

剛剛和天空簽好約，伯克就在美國爲這個期待已久的串流服務揭幕，於二〇二〇年初推出孔雀。伯克選擇和別人走相反的路，推出免費使用但是有廣告的串流服務。伯克認爲，由於集團內有康卡斯特和天空兩家有線電視業者，這個串流事業可以借助自家之力，讓幾百萬消費者立刻就能使用免費的串流新服務。

伯克清楚表明，NBC環球不會用華納媒體和迪士尼打算採行的方式去追求新訂戶。他說：「大約八〇%的串流收視者是在付費電視的生態系統裡，而我們已經身在其中。」

第九章 長跑賽

庫依若沒有在蘋果策畫新產品或服務時，就熱衷於高爾夫。「我真是打上癮了，」庫依在YouTube系列影片《Callaway Live》中燦笑招認，主持人是高爾夫球具廠商。「一有空我就愛去打球。」他補充說，打高爾夫時結交了幾位「最親近的朋友」。

二〇一八年，有兩個朋友顯然是他最期待能夠透過高爾夫結交的，那就是老虎伍茲和費爾．米克森。這兩位榮登名人堂的專業球員要參加一場新穎的現場串流活動「大對決」，感恩節期間在拉斯維加斯打十八洞。球員穿戴即時收音的麥克風，被鼓勵說些垃圾話（對伍茲和米克森來說不是太難，兩人本來就不睦）。獲勝者可獲得九百萬美元。根據熟悉這次商談的人士說，多方想購買這場比賽的轉播權，庫依是其中之一。蘋果當時甚至還沒有推出Apple TV+串流服務，所以蘋果要用什麼來打包它，其實並不清楚。但是對庫依來說，這場比賽實在不能錯過。某個經紀人回憶說：「庫依絕對是真的有興趣，幾乎要出價了，」並笑著加上一句：「他想跟伍茲一起度週末。」

各方爭奪轉播授權，其實這筆費用只占整個球季的零頭，在運動媒體產業，整個球季的授權費幾十億是很常見的。這次表演賽的授權爭奪也未持續太久，快要談成的是ESPN，但是在最後一刻破局。AT&T後來居上，買下授權給透納運動台及

DirecTV 使用，單次付費觀賞費用是二十美元。那位經紀人說，AT&T 高層人士的動機和庫依差不多。透納運動台執行長列維（David Levy）及 AT&T 當時執行長史蒂芬森兩人都親臨活動現場，跟球員合照，而且似乎很想跟球員交誼，不過其實這場高額對決的官方策略是吸引年輕收視者。經紀人記得當時想著：「這很有趣。你們花錢是不是爲了自己可以跟名人交流？我以爲你們這些人才是統治宇宙的大老！」

最後，這場比賽變成串流史上丟臉的註腳，因爲發生了嚴重的技術問題導致串流不順。列維責怪「記憶體不足」，當時正逢黑色星期五購物潮因而湧入高流量。AT&T 最後立刻解除付費觀看的門檻，讓收視者能免費收看，退費給已經付了二十美元的十五萬觀眾。其他發行通路也跟進。比賽來到米克森在延長比賽球洞勝過伍茲時，就連最死忠的粉絲也轉台了。

這場表演賽結果落得令人不滿，讓許多愛好高爾夫的企業高層及明星渴望投錢進去，但是沒有人眞正去處理轉播執行的技術層面。這也顯示出，在付費電視套餐中，運動仍是主要動能，還有這些老闆急切想把運動放入串流的心情。試圖在串流競賽中跟上 Netflix 腳步的每一家公司，在現場賽事轉播都有極大的利害關係，但是關鍵是能不能驅使運動粉絲考慮以數位收看，歷史紀錄顯示，這些人會願意付錢觀賞自己所支持的隊伍。

從二〇一〇年代開始，亞馬遜、推特、臉書、YouTube 都仿效 BAMTech 做法，開始提供賽事直播串流服務。現在亞馬遜擁有美式足球聯盟《週四夜足球》獨家轉播權，也握有YES Network部分股權，一年串流播出二十一場紐約洋基隊比賽。亞馬遜在全球轉播英超足球聯賽及大型網球賽。蘋果則和幾個美國大學運動聯席會及地區性的運動電視台商談，但是直到本書寫作當下仍未扣下扳機。NBC環球的串流服務孔雀，和迪士尼旗下的ESPN+，核心是現場直播比賽，華納媒體的HBO Max則在二〇二一年加入職業冰球聯盟授權。維亞康姆旗下的CBS電視台把派拉蒙的Paramount+定位為下一層級的串流參賽者，已將足球、大學運動賽事、美式足球聯盟都納入賽場。

串流時代的運動授權，各方玩家逼近危險邊緣以求勝的狀況相當複雜，要理解這種情勢，很少有誰比約翰．史基普更有資格。這位身材瘦長、六十五歲的資深媒體人，在迪士尼及ESPN任職長達二十七年，後來有段時間擔任DAZN運動串流媒體的執行董事長，這個運動串流媒體幕後金主是億萬富翁萊恩．布拉瓦特尼克。DAZN在美國營運，但是八百萬訂戶幾乎都在美國之外。它只存在了幾年，卻能拿到幾個主要足球聯盟的授權，還有頂尖拳擊手如安東尼．約書亞及卡內洛．阿瓦雷茲，並得到授權在某些國家播出美式足球比賽。

二〇二一年史基普離開DAZN，創辦精緻的製作公司「草原雲雀媒體」。以前他在執掌ESPN最後幾年時，並非一帆風順。當了六年總裁，最後因為吸食古柯鹼上癮而辭職，消息一出震驚媒體產業。近來在曼哈頓西村某次悠閒午餐時，史基普指出，他當ＥＳＰＮ總裁最初幾年也很不順。二〇一二年，付費電視套裝達到頂峰，接下來那一年的紀錄是幾十年來從未有過的往下坡走，此後衰退更爲加速。「我在二〇一二年一月一日就任，幾年後我跟別人說，我到任那天就是公司開始被夷爲平地的第一天。」史基普笑道。他說話時母音拉長，聽得出來自北卡羅萊納州中部。當時，顧客切斷有線電視的趨勢默默加速，這是爲二十世紀打造的機器碰到二十一世紀的現實，史基普的任務是在愈來愈少的訂戶中擠出更多利潤。

ＥＳＰＮ一直到現在仍然利潤很高，但不斷流失傳統訂戶也是確實存在的威脅，這對迪士尼在串流的地位影響很大。艾格在接任迪士尼執行長之後就承認，ＥＳＰＮ注定要變成「更直接面對消費者的產品」，不過轉型必須花費多年。二〇一八年推出ESPN+ 非套裝的付費服務，三年後訂戶將近一千五百萬，但它仍屬於附加性質，重要的比賽及節目只能透過付費有線電視在ＥＳＰＮ頻道收看。

迪士尼和其他媒體公司在二〇〇〇年代面臨網路威脅，接下來十年，要完全轉型到串流的路上碰到許多阻礙。內部辯論非常激烈，而強大的ＥＳＰＮ比別人更有理由忠於傳統商業模式，而不是「go over the top」，這是電視產業一開始稱呼串流的詞彙（譯注：也就是ＯＴＴ名稱由來）。ＥＳＰＮ非常強勢，可以隨心所欲提高搭載費用，用最高價格賣出廣告。一九八三年ＥＳＰＮ發明了雙重營收金流，不但說服有線電視業者付費搭載這個頻道，同時也賣出廣告，這種絕技是其他有線電視先鋒如ＭＴＶ、尼克兒少頻道及CNN無法做到的。這種創新模式剛起步時收費低廉。根據米勒及薛勒斯的口述歷史書《窺探ESPN》（*Those Guys Have All the Fun: Inside the World of ESPN*），前任ESPN執行長布登海默（George Bodenheimer）回憶，曾說服家族經營的小型有線電視業者，每個訂戶每個月收四美分。最後這些搭載費累積到幾十億美元，而且無意間對任何要轉向到串流的業者形成障礙，因爲媒體高層主管拿到的獎金是根據自己的績效，也根據部門績效和公司整體表現。失去這些搭載費用，表示十幾個資深高層主管失去六到七位數年薪總額。

史基普回憶，ESPN「曾經認眞討論過」轉型到數位串流的必要性，「ESPN可能是妨礙迅速移動的煞車，而我是其中一部分。因爲如果我們也做OTT，那就不能去跟通路商說『我要再拿七到八%』。」身爲總裁，史基普說他跟手下發行主管的立場一致，「身爲發行負責人，內心當然會有個聲音冒出來說：『等等，你在說什麼？我們一年賺八十億（付費電視的搭載費），而你要破壞它？』」史基普說：「我們會討論這些，然後就說：『未來是那樣沒錯，但是要什麼時候轉型呢？』轉型得太快，就是拿槍射自己的腳。所以，艾格做這些決定的時候，一直都考慮到怎麼保持股價，讓股東得到報酬。」回想起那段複雜的日子，史基普表示，他負責推出只限寬頻用戶的ESPN3，是初期的運動串流出口。這個從母公司切出去的頻道，有各種不同現場運動賽事轉播，包括大學聯盟排球賽及板球賽，它是爲了迎合擴張到寬頻版圖的付費電視業者，需求節節升高。史基普說，ESPN還是能從寬頻業者拿到每訂戶五十美分的搭載費，讓業者作爲加值，把這個頻道免費提供給高速網路顧客。ESPN3是進入運動串流的奇襲先鋒，發行模式也相當特定，它跟ESPN+一樣，是繞著ESPN行星運行的衛星。

問題是，這個大行星何時會開放，讓非付費有線電視顧客也可以收看？將近四十年前收取第一筆搭載費以來，這個問題一直都存在。史基普的繼任者是吉米·皮塔羅，根據一位了解他想法的消息來源說，皮塔羅可能會考慮這樣做，管理階層「已經朝這個方向談論一陣子了」。但是同時，改變並不是那麼迫在眉睫。這位人士說：「我了解你爲何會這麼問，又爲何會那樣想：『他們現在會把直接面對消費者擺在更優先的順位，所以一定會盡快讓旗艦產品直接面對消費者。』但是答案不是這樣。我們一直都在審慎討論『如果要這樣做，什麼時候做』。」

一般認爲，從電視轉型到串流是無可避免的。拍攝最後兩部《復仇者聯盟》、爲漫威及迪士尼執導過許多巨作的羅素兄弟，在成爲電影產業原動力之前就是在電視圈工作。他們擔任電視影集的製作人及導演多年，作品有《廢柴聯盟》和《發展受阻》，目擊了線性電視台的顛覆，以及它對創意社群造成的效應。喬伊·羅素談到範圍更大的轉型，從傳統電視套裝轉向串流，「安東尼和我已經說了十幾年。」安東尼·羅素說，電視台是「建立在品牌及廣告上，內容是被廣告商和他們的錢所驅動，它主導你能播出的內容類型。毫無疑問，那種模式壞掉了，因爲它會腐化敘事，你要跟其他不會腐化的發行通路合作。廣告商影響電視內容。對我們來說那是壞掉的模式，架在四輪都扁掉的輪胎上，就這樣開了至少六、七年。有一度他們得要把車停在路邊，宣告它是瑕疵車，報廢，拆下車牌，走人」。他用了一連串比喻，不時爆笑出聲。

但是，廣告已深深嵌入美國電視的結構中；電視這個媒介在世界上其他地方的運作方式跟美國不一樣。從早期《豪迪．杜迪》及《德士古明星劇場》，一直都是廣告商暗掌大權，把商標名稱秀在節目裡、播出廣告、要求演員在節目中「唸出」贊助商的訊息。因此對美國觀眾來說，串流影片從興起到目前爲止都是沒有廣告的訂閱制服務，主要龍頭是Netflix。二〇〇〇年代最早期的數位影片平台（主要是葫蘆網和YouTube）的確有廣告，但是透過網路傳送影片這種觀看體驗的本質，很快就不證自明，該是時候由觀眾來掌控了。

「『立即性』和『生動』一直被認爲是不可或缺的電視體驗，但現在則被認爲是以前的電視傳輸技術的副產品。」媒體研究教授亞曼達．羅茲在她的書《顛覆廣電》（*We Now Disrupt This Broadcast*）寫下觀察：「網路及其他數位科技讓觀眾可以掌握電視收看，這以前也發生在印刷及聲音媒體上。觀眾很高興，但是現在電視產業模型必須跟上。」相反的，Netflix有如儀式般強調它要「讓會員感到欣喜」。用過Netflix的觀眾很滿意，眼界也開了，不會再接受廣告的轟炸。在HBO出現之前，CBS是線性播放電視的典範，串流之所以能夠顛覆這個典範，很可能的原因是，有線電視產業推出有廣告的 TV Everywhere，造成觀眾不順暢的收看體驗。

不過，如果未來必然要進行重大轉型，招牌節目及大量觀眾都從傳統有線付費套餐轉移陣地到網路上，那麼來自廣告的經費是必要的。亞馬遜最近積極納入運動賽事，同時也投資其他串流平台如 Twitch、Fire TV、IMDb TV，出發動機都是廣告。亞馬遜現在一年的廣告營收估計超過二百億美元，有些華爾街分析師認爲到二〇二六年會成長至三倍。亞馬遜的影片廣告和臉書及 Google 比起來曾經遠遠落後，但是現在它的影片廣告營收跟其他公司一樣都是巨量。

運用數位領域鎖定客群的卓越能力，廣告商願意探索串流，作爲找出年輕消費者的途徑。以 Netflix 爲代表的串流概念是沒有廣告的訂閱制，但是二〇二〇年開始浮現「訂閱疲勞」的情況。尤其因爲新冠疫情而造成的財務負擔，研究數據顯示消費者一次不會付費收看超過三個訂閱服務。立場不同的人相信，有廣告的串流時機可能終於來了。數十年來，美國觀眾坐等廣告播完才能繼續觀賞節目，以換來不必付費或是很低的費用。爲什麼同樣的概念在串流時代就行不通呢？

再過一段時間，沒有廣告的訂閱制隨選即看（SVOD），與手法比較細膩的有廣告隨選即看（AVOD），兩者之間的和解，將會定義觀看影片的經驗。Roku 平台營運總經理史考特・羅森伯格密切觀察上千個形形色色的串流應用程式，他說：「眞正頂級的首輪內容，由於運作方式，它的商業模式必須要是ＳＶＯＤ，或是ＳＶＯＤ兼ＡＶＯＤ。純粹ＡＶＯＤ模式，Google及臉書已經在做。它們具備某些要素，但是要擴大規模，或許需要不同的放映管道。我確實認爲，純粹的ＡＶＯＤ，要做原創且高產製價值的首輪內容是可行的，至少在某些領域可行——食物、生活風格、綜藝實境秀。但是更深刻、花費高、戲劇性的影集產品，可能現在不行，或許推到全球規模就可行。」高端的ＡＶＯＤ可行性，一直在做測試的是孔雀及HBO Max，接著是葫蘆網，而最近則是Paramount+（舊名CBS All Access），這個華納媒體的串流服務所嘗試的，在如今這個媒體時代，只有ＡＭＣ和Bravo這些有線電視台試過：剛開始沒有廣告，後來才加入廣告。二〇一九年Paramount+宣布，它的訂閱選項除了一個月十五美元沒有廣告之外，還會加上每月十美元但是有廣告的選項。

許多觀察者都認爲Netflix未來必須納入廣告，雖然共同執行長海斯汀及薩蘭多斯嚴詞否認，但是持懷疑態度的人認爲，Netflix很難面對競爭對手每月訂閱費只收取Netflix的零頭，甚至不用錢。免費的串流服務遍地開花，例如Pluto TV、Tubi、Crackle、亞馬遜擁有的IMDb TV、Xumo等等，吸引數千萬每月「使用者」（user，取自科技業常用詞彙）。自從可以連網的智慧型電視普及，收視者切掉有線電視之後，免費串流服務就如雨後春筍。它們的經濟模式跟Netflix大不相同，原創影片不多，收費很低廉。早期ＡＶＯＤ服務非常原始，收視體驗並不令人滿意，不像Netflix等主要追劇平台有著很高的觀眾黏著度。但是免費串流服務的收視體驗持續在穩定進步，提供的內容也倍數增加。IMDb 電視帶給觀眾一流節目，例如《廣告狂人》及諾曼．李爾具代表性的一九七〇年代影集，觀眾不用花一毛錢。經營這些免費服務的公司，樂意在 Netflix 這種高級精品店旁邊開設十元商店，在疫情導致經濟混亂時，吸引了大量好奇的購物者。

聚焦在運動賽事的串流服務，可能不會是免費或是完全沒有廣告。在比賽時間結束或是兩隊換場時，有什麼可以塡滿空檔呢？「我們確實認爲，轉播運動比賽是可以有廣告的，」史基普說：「我們也眞的覺得，廣告是第二個相當可觀的營收金流……我們必須有好幾個收入來源。」運動串流媒體 DAZN 與 Google 合作，發展出動態插入型的應用程式，這是顧及串流廣告商執著於運用數據找出特定顧客。以網路爲基礎的發行方式跟線性播放電視不同，它是建立在個人化、以數據爲中心的廣告方式。光譜的一端是對幾千萬戶客廳播送同一支啤酒廣告，另一端則是動態插播廣告。史基普希望 ESPN 的串流媒體能夠提高廣告的角色，是因爲在現實上，光是購買授權本身已經不足以確保利潤，至少在美國是這樣，授權費用一直都在節節升高。美國媒體公司要花數十億購買轉播授權，同時也要花費巨大資源投入建置自己的串流服務。而在歐洲與其他地區，足球賽及其他賽事的本地授權套裝費用，過去幾年來已經大幅降低，原因有好幾個：管制比較嚴格、出價方比較少，還有令人驚訝的是，長年以來的權利擁有者決定，更新授權的費用可以收低一點。所以，DAZN把注意力轉向美國以外，一大原因是國外的合約環境比較有利。

在授權的前景上，ESPN新任執行長皮塔羅看到更多改變：「對於某些運動，現在要重新來過。不可能兩全其美。或許十年後可能會回到成長模式，到時候這些OTT服務已經證明其價值，但是……我們正在目睹愈來愈多人剪斷有線電視，在這個環境下營運相當挑戰。到某個程度，產業也得接受收視率下降、訂戶減少，結果就是廣告營收減少，媒體公司支付給內容提供者的費用也會下降。什麼都在降，就做不下去。」

抱著重新來過的希望，美式足球聯盟展現了它的威力，二〇二一年三月宣布一套主要授權更新合約，開價近一千一百億美元。合約展延期是十一年。維亞康姆CBS、迪士尼的ESPN、福斯、NBC環球、亞馬遜，全都確保了授權可以展延至二〇三〇年代中期。畢竟美式足球聯盟是二〇二〇年十大最高收視率的第七名，這個數字並不是完全出人意表，不過依然驚人。傳統廣播電視被稱爲「Big Iron」，而美式足球聯盟賽事轉播讓Big Iron繼續待在電視產業裡再存活十年。到底什麼時候完全擺脫這種熟悉的營收來源，這個兩難的棘手問題會繼續下去。

世界摔角娛樂比賽總裁尼克．可汗曾經是運動經紀公司ICM及CAA經紀人，他密切觀察運動賽事授權。對於美式足球聯盟的合約更新，他預測「比較基本的有線頻道會死掉」，因爲觀眾改用串流，而這將會在短期內發生。NBC宣布二〇二二年關掉已存在數十年的運動頻道，節目轉移到孔雀。另一方面，迪士尼已取得大部分職業冰球賽事轉播授權，冰球聯盟決定廢止自己的頻道NHL Network。可汗認爲，大家都不知道，甚至就連威力無窮的亞馬遜也不知道的是，如何引導運動賽事觀眾通過這個轉型。他指出，串流跟傳統付費有線電視不一樣：「觀眾不會在各頻道之間轉台。消費者晚上看電視轉台時會不經意看到某些轉播，『噢，我不知道下一場比賽也有播出』；而在串流世界，觀眾看的必須是不容錯過的節目。」

第十章　小丑公司的誕生

對好萊塢來說，不理會早期的 YouTube 是很容易的。在這個最受歡迎的影片網站，人們透過挖掘的喜悅，跟朋友興奮分享怪異有趣、令人忍不住要看的影片——用健怡可樂和曼陀珠做科學實驗；某個「星戰小孩」怪怪的揮舞著光劍；勵志演說家賈德森·賴普利隨著剪輯的十幾首流行歌曲變換舞步並稱之為「舞蹈的進化」，這些都吸引到幾百萬觀眾，讓 YouTube 得以變現。

使用者自創的內容只是用來短暫消遣，在二〇〇五年似乎並沒有對《美國偶像》《CSI犯罪現場》《實習醫生》等電視節目造成競爭威脅。但是，科技發展初期的狀況通常是這樣，而威脅的本質會迅速進化，使用者發現 YouTube 這個影片分享平台有新的應用方式，那就是上傳最喜愛的電視節目片段。YouTube 早期有一支迅速瘋傳的影片，根本就是從電視直接剪過來的：《週六夜現場》的「慵懶星期天」短劇，由克里斯·帕內爾及安迪·山伯格主演，兩個懶惰鬼一搭一唱地說著紐約木蘭花麵包店的杯子蛋糕有多好吃，還有進城去看《納尼亞傳奇》。兩分半鐘的短片幾天內就有五百萬瀏覽數，播映該節目的 NBC 電視台沒拿到一毛錢，要求 YouTube 立刻下架。

當時有幾個追求者希望買下 YouTube，包括維亞康姆、雅虎、梅鐸新聞集團、暗中行動的時代華納，都想把這個不聽話的網站放到娛樂產業的備用區。時代華納要求幾位高層主管準備好去談條件，但是此計畫遭集團執行長布克斯否決，不予考慮。所有本來可能得手的，都輸給一家口袋很深的矽谷公司，就是好萊塢最痛恨的 Google。二〇〇六年十月，Google 以十六．五億美元併購 YouTube，這是一記警鐘。Google 的業務主管，現在可以去拜訪購買無線及有線電視廣告時段的廣告商了。更糟的是，這個蒸蒸日上的平台會鼓勵消費者，在付費電視以外的平台觀看影片，而付費電視是傳統媒體雙重營收之一。首家結合科技及媒體的企業是美國線上時代華納，雖然兩家公司最後分手，但是眼看 Google 買下 YouTube，即使短期內失血，還是令人膽顫心驚。

當時福斯新聞集團發行總裁麥可．霍普金斯說：「每個人都在擔心。我們必須掌控自己的命運。我們不能把所有內容都授權給第三方，讓市場自己發展，而不參與其中。」

NBC 高層主管也逐漸明白這個令人芒刺在背的事實：YouTube 共同創辦人赫利與陳士駿已經取得資源去發展這個快速成長的網站，不到一年，它就聚集了世界各地五千萬使用者進入這個不容小覷的新娛樂平台。NBC 環球前任數位執行長皮瑞特（Jean-Briac Perrette）說：「我們坐在 NBC 想著，『媽的，這些人兩分鐘前才開辦這個公司，馬上就以十六億美元賣出，而且還是用我們的內容』，我們到底在幹麼？」

皮瑞特和 NBC 環球當時新任媒體總監札斯拉夫開始著手建立堡壘以對抗數位叛

軍，同時尋找同業戰友。戰友名單首位就是傳媒集團維亞康姆，它有吸引年輕人的有線電視節目，比如喜劇中心的《囧司徒每日秀》《南方四賤客》、尼克兒少頻道的《海綿寶寶》，這些都能在YouTube上找到，而且都沒經過合法授權。事情很快就明朗，原來維亞康姆正在跟另一個有類似企圖的傳媒集團洽談——梅鐸的新聞集團。

NBC和新聞集團開始正式商談。新聞集團的談判位置比較有利，因爲旗下福斯電視台在黃金時段收視率居高，多虧了有《美國偶像》影集，它已成爲一股流行文化現象，還幫忙吸引觀眾收看《24小時反恐任務》《怪醫豪斯》等其他福斯節目。以前福斯跟維亞康姆爭奪當時世界最大的社群媒體網絡MySpace，最後是福斯勝出。如果網路上有個運用好萊塢內容的新影片平台，那麼梅鐸新聞集團一定會想要擁有它。

福斯壯起膽子準備作戰。本來是敵人現在變成夥伴的各家傳媒集團，卻無法召募到另一個想轉型到數位領域的同業CBS，因爲執行長穆維斯（Les Moonves）被內部顧問說服，認爲此舉將稀釋CBS被外界稱爲「蒂芙尼電視台」的品牌，因此婉拒了。迪士尼旗下的ABC電視台則認爲會威脅到自己的數位計畫，因此面露難色、藉詞合夥事業無法成功。維亞康姆最後只好選擇上法院戰YouTube，結果還是輸了。NBC的困難是無法找到第三個媒體夥伴來作戰，這個行動內部稱之爲「ScrewTube」。不過NBC決定無論如何仍往前推進，得到當時集團執行長札克（Jeff Zucker）的支持。

時任NBC數位執行長的皮瑞特回憶說：「我們都坐在那裡說：『可惡，還有什麼別的辦法嗎？』不然就試試看吧。」

就像任何撼動現狀、把企業帶向未來的專案一樣，串流媒體葫蘆網在製作第一個版本時，也面臨內部排山倒海的反對。

有一個新聞集團前任主管說：「有趣的是，公司裡幾乎每一個人都不喜歡。無線部門、有線部門、廣告業務團隊、內容同步供應團隊、家用影片部門，全都跑來我辦公室說『你這樣會毀了我在做的事』。」

付費電視生態系統價值將近六八六億美元，用來支付製播節目的開銷（也是電視台的利潤來源），要解開船纜離開這個生態系，新聞集團旗下的福斯和NBC的高層主管都很擔心。如果觀眾可以免費以串流收看黃金時段強檔大戲《怪醫豪斯》《法網遊龍》《24小時反恐任務》，何必每月支付有線或衛星電視訂閱費？內容同步供應團隊則是預想到，如果重播節目在網路上都看得到，還能授權重播節目給美國次級有線電視台或是國際發行商嗎？

電視台廣告部門主管在拜訪廣告主時緊張得冒汗，因爲另一組數位銷售團隊也在爲同一個節目的網路發行賣廣告。家用娛樂部門則是煩惱，網路會瓜分數位下載及影碟租片的可獲利市場。

新聞集團當時的總裁是彼得·錢寧（Peter Chernin），霍普金斯說，錢寧的「想法及策略是，『這一定會發生對吧？我們無法阻止這列火車。我們必須走向那裡，我們必須學習，我們必須去消費者所在的地方。』」。霍普金斯後來被任命經營串流媒體葫蘆網，現在他已跳槽到亞馬遜 Prime Video 及亞馬遜製片工作室。「錢寧用力在組織內推動，他說：『好了，大家都別吵。我們就是要這樣做，大家都要參與。』」

為了領導葫蘆網這個顛覆式事業，新聞集團和ＮＢＣ聘請了傑森．凱勒。凱勒本來是亞馬遜高層主管，是他為這個網路零售業者寫出最初的商業計畫書，進入錄影帶及影碟事業。凱勒的名字最初並未出現在獵頭清單上，清單上主要是媒體產業的備役人才，但是錢寧指示去找非影視界的經理人。影視公司的高層主管就像批發商，賣電影給電影院、後來賣給有線電視，再賣電視節目給廣告主和有線電視業者。而葫蘆網需要的是有電子商務背景、會考慮到消費者體驗的人。

凱勒從亞馬遜轉職到葫蘆網，得到貝佐斯的熱情支持。兩人是在哈佛商學院課程「管理市場」下課之後在教授辦公室認識的。那堂課同學們預測網路書店一定會失敗，而貝佐斯承認沃爾瑪和邦諾書店很強，但也溫和堅持電子商務需要不一樣的心態。凱勒說：「那時候我就看得出來，他會是我們這個時代的重要領導人物，因為他非常專注，思慮非常周詳。」兩週後凱勒飛到西雅圖，跟創辦才兩年的新創亞馬遜正式面談，當場就接受工作聘雇，在亞馬遜和貝佐斯共事長達九年。要召募凱勒來做葫蘆網，著實花了好大一番工夫，因為這位哈佛企管碩士很清楚合夥事業的歷史相當災難，有三分之一在成立最初五年就失敗。凱勒從小崇拜華特．迪士尼，懷抱壯志希望有一天能經營媒體公司。他同意應聘的條件是：錢寧和札克必須擔任公司董事。

皮瑞特說：「他很聰明，知道自己會需要他們直接參與，直接處理一堆胡說八道和企業內部的器官排斥問題。每一家股東持份的公司，一定都會發生這些事。」皮瑞特認為自己算是凱勒的朋友。

凱勒有一種童子軍的人格特質，就像《快公司》有篇文章描寫某位企業高層的健康形象：每天早上五點起床跑步，每晚回家哄四個孩子上床睡覺，而且不喝咖啡等等會影響情緒的飲品。凱勒出生在匹茲堡，父親是西屋公司的電氣工程師，母親是報刊作家，為當地報紙寫幽默專欄《夠就是太超過》。凱勒記得媽媽「把我家生活寫成別人的笑料」，有篇文章說校車站牌是「全美成長最快速的心理創傷中心」，記述某天七歲的凱勒錯過校車的原因：「十一歲的杰夫好像在校車站牌大喊著據說是凱勒女友的芳名。凱勒否認有這女孩的存在，所以他轉頭就走……哭著回家。」媽媽揭曉那個欺負人的男孩就是凱勒的哥哥。

童年被媽媽披露而獲得不必要的媒體關注，過了幾十年，這位高階經理人為葫蘆網帶來獨特願景。這家公司被媒體和網路評論者戲稱為小丑公司，凱勒擔心自己對未來的願景被扼殺，第一個行動就是換掉位在加州聖莫尼卡的辦公室門鎖，不讓NBC和新聞集團匆促成軍的百位傳統媒體從業人員進入這個辦公室。

凱勒跟一個朋友，前微軟工程師馮逸組建技術團隊，馮逸在北京創辦過一家影片新創公司。他們建立了兩個技術團隊，一個在加州、一個在北京，以加速開發過程。美國團隊把規格傳給中國團隊，隔天一早，中國團隊已爲南加州團隊即時完成程式碼。辦公室四處都是創業文化的典型，比如手足球桌和啤酒桶，這是一個會買蛋糕和亮彩氣球來祝賀員工的「體驗團隊」。

這個串流網站英文名是Hulu（就是葫蘆的音譯，有句中文諺語說葫蘆裡裝有財寶），在二〇〇八年三月推出，迅速成功，堵住懷疑人士的嘴。

兩個月內，葫蘆網就闖進數位測量公司ComScore評測的影片串流網站前十大，流量是八千八百萬人次。線上觀眾有許多免費內容可看，從NBC老影集《老爺砲艇少爺兵》到近年的福斯《辛普森家庭》。二〇〇八年美國總統大選期間，蒂娜．菲在《週六夜現場》客串模仿共和黨副總統候選人裴琳，犀利演出吸引了觀眾使用這個才剛推出的新平台。《週六夜現場》在電視播映結束，葫蘆網就立刻把每段畫面編碼傳上網站，網路觀眾數百萬。二〇〇九年三月，葫蘆網擠進影片串流網站前三名；二〇〇九年四月，另一家大電視台加入了——迪士尼旗下的ABC。

有一支超級歪廣告，請到《超級製作人》主角亞歷．鮑德溫向大眾說明葫蘆網讓你「隨時隨地免費看電視」，廣告導演是執導過強檔大片《勝利之光》的彼得．伯格。這支大秀特效的廣告受到許多媒體好評，但有些觀眾表示搞不清楚廣告訊息到底要講什麼，而且廣告詞很饒舌：「葫蘆：摧毀世界的邪惡陰謀」。對某些電視高層來說，這記揮棒絕對是太接近本壘了。

葫蘆網很快就變成自身成功的受害者。

葫蘆網頁上的內容開始消失。FX要求葫蘆網撤下所有影片，只留下由丹尼・狄維托主創的脫線喜劇《酒吧五傑》最新五集，這部影集在電視播出時奄奄一息，直到葫蘆網使用者發現它之後，搖身一變成爲該網站最受歡迎的節目。這讓有線電視節目提供者很不安，它們對於觀眾可以免費看這種影集感到猶豫。

大力支持葫蘆網的新聞集團執行長錢寧，宣布在這家公司任職長達二十年後離開，繼任者是副董事長卻斯・卡利（Chase Carey），他開始踩剎車，公開說葫蘆網應該發展出付費版本，二〇〇九年他在一場產業高峰會上說「免費模式很難抓到內容的價值」，並預告將在二〇一〇年推出「尊榮級」（premium）、意即「付費版」串流服務。葫蘆網這項合夥事業的其他夥伴，開始施壓增加廣告量——傳統有線及無線電視節目一小時有十六到十八分鐘是廣告。不過，數位觀眾眞的會接受這種收視體驗嗎，尤其是如果用筆電來看？

有位董事會成員提出一個可能解方：把葫蘆網和Netflix合併。兩者結合將會創造出「免費頂級」（freemium）模式，有廣告的葫蘆網可以提供Netflix那樣頂級的收視體驗。初期跟Netflix執行長海斯汀洽談可能性，但是沒有進展，因爲董事會並沒有全員支持這個想法。

葫蘆裡的緊張情勢加劇，這一點都不意外，畢竟葫蘆網背後的金主，是本來彼此競爭票房及尼爾森收視率的各大影視公司。電影公司的高層不高興的是，被迫繳出強檔大戲給葫蘆網，然後營收衰退導致自己年終紅利受到影響。有一位曾任職葫蘆網的董事說：「有家電影公司高層對我說，『我是最笨的笨蛋，因爲我的公司在虧錢，我還付錢給競爭對手。』」

電視廣告業務部門主管抱怨，行銷公司跳過他們直接跟葫蘆網聯絡，買下同樣一齣黃金時段影集的廣告時間。而負責電視台網站的主管則強力要求拿到造訪葫蘆網的消費者數據，這些數據很敏感，他們表示「我們還在不停的要」。電視演藝人員包括《週六夜現場》主創羅恩．麥可斯及《吉米A咖秀》主持人康納．歐布萊恩開會討論如何直接跟這個最新娛樂品牌合作，導致NBC環球數位娛樂總監薇薇．齊格勒（Vivi Zigler）下令禁止這類商談。

凱勒發表〈電視的未來〉一文，把各方對葫蘆網的未來意見分歧公諸於世。凱勒戲稱這篇是他的「傑瑞．馬奎爾宣言」，借用一九九六年電影《征服情海》原文片名，電影故事是運動經紀人給公司寫了一份感人的備忘錄，結果導致自己被革職。凱勒在文章中大量運用某些科技高層愛用的經典行話：「深思熟慮的頑固」「不懈追求更佳方式」，沒有指名道姓說誰，卻顯然指出這個合夥事業大老闆們的短視近利，他表示，事實早已顯示，消費者希望廣告更少，並且對收視體驗有更多控制權。

凱勒當時在一篇部落格文章寫道：「歷史顯示，現有企業往往會抗拒對現狀造成衝擊的潮流，在這個過程中不再聚焦於最重要的——顧客。」這篇文章後來在葫蘆網站上就找不到了。「葫蘆網並沒有背負那種包袱。」他發誓自己的團隊會繼續這份奇蹟般的追求，「重新發明電視」。

這份備忘並沒有帶來好結果。福斯集團新任執行長卡利並不是太高興；自認很會使用數位科技裝置的迪士尼執行長艾格，則是覺得自己被攻擊了。葫蘆網董事會成員討論把凱勒解職。凱勒這位曾被雜誌《快公司》稱為電視產業「救世主」、帶有煽動性格的改革推手，二〇一三年自願離職，據報導入袋四千萬美元，同時葫蘆的金主之一普羅維登斯投資公司賣掉一〇%持股。

其他高層主管則跟隨著這位有魅力的領導者離開，留下這家前途未卜的公司。迪士尼及新聞集團考慮賣掉令人頭痛的串流服務，收到出價接近十億美元。有意收購的買家包括錢寧，正在計畫如何讓葫蘆網重生時，大股東們卻又改變心意了。

霍普金斯當時跟同業迪士尼的策略長梅爾討論，要更認眞與Netflix競爭：「在福斯和迪士尼內部，每個人都開始想『嗯，也許我們眞的應該這樣做』。」

新聞集團的卡利和迪士尼的艾格同意這項策略，並且諮詢康卡斯特執行長羅伯茲，當時康卡斯特在葫蘆網的股份是少數，已經把管理權讓渡出去，換取管制當局批准康卡斯特於二〇一一年收購NBC環球。霍普金斯說：「最後我認為各方大概都差不多，很多事情正在發生。卻斯和艾格去找羅伯茲說：『我們要留住它。我們認爲應該再丟進一筆錢。你要不要加入？』他回答：『當然要』。」

大老闆們在二〇一三年七月宣布，不只要繼續掌握葫蘆網擁有權，還要加碼投資七．五億美元，希望能讓它變現。有個曾任職葫蘆網的知情人士說，董事會的訊息很明確：「你再也不是一個避險工具，你要出去闖蕩打天下」。這個大轉彎的決策，讓停擺數年幾乎沒有在運轉的葫蘆網再度推上成長的軌跡。

到了二〇二〇年一月，葫蘆網訂戶成長到三千萬，比去年同月份高出二〇％，多虧有好看的原創影集，比如拿下艾美獎的《使女的故事》，這是霍普金斯從米高梅電視買來的。葫蘆網前任執行長費耶爾（Randy Freer）說，這都要怪集團內部還殘存著憤恨、或者就只是厭惡而已，因此背後的那些電影公司金主拒絕出售節目給葫蘆網，迫使他必須去外面買內容。

葫蘆網後來發現，必須跟口袋很深的Netflix及亞馬遜等對手競爭原創內容授權，像是膾炙人口的歷史劇《凱薩琳大帝》，這部戲由楚林娛樂製作、艾兒．芬妮飾演主角俄國女皇凱薩琳二世。隨後葫蘆網也成功取得另一部限定集數的高規格大戲，改編自伍綺詩暢銷小說《星星之火》，由瑞絲．薇斯朋和凱莉．華盛頓主演。串流平台之間的競爭，使得各方爭搶的影集價格水漲船高，葫蘆網無法繼續這樣花大錢買內容。

費耶爾在二〇一九年一次專訪中說：「現在這個世界，你不能那樣生存，因爲如果你在葫蘆，至少你沒有辦法每次競標都得手。」這次訪談之前他才剛剛敗給Netflix，Netflix與華納兄弟簽約，將開拍改編自作家尼爾·蓋曼漫畫系列《睡魔》的電視劇，每集預算高達一千五百萬美元。

二〇一九年三月迪士尼斥資七一三億美元買下二十一世紀福斯公司的娛樂資產，此舉讓這個位在柏班克的娛樂巨擘得以掌握葫蘆網。迪士尼很快就整併鞏固控制權，買下葫蘆網其他合資股東康卡斯特及AT&T時代華納的股份。

葫蘆網成爲迪士尼推出策略中一個至關重要的元素，它已有規模頗大的基礎，可以用來當跳板推出新款串流服務：Disney+和ESPN+。葫蘆網也取得集團內部的發展資源，由ABC Signature與《迷失》《傑克萊恩》的製作統籌卡爾頓·庫斯攜手改編科幻經典《銀河便車指南》。二〇二〇年三月，葫蘆網正式推出FX響噹噹的幾齣影集《美國犯罪故事》《豔放80》《冰血暴》《冷戰諜夢》。

不過，Disney+成功推出並在全球逐漸受到歡迎之後，產業界觀察者都想知道，葫蘆網能維持非付費套餐的單獨服務多久？葫蘆網的營運許多部分已經被位在柏班克的母公司吸納了，未來的命運，大概很難不被納入Disney+的項目之一。

第十一章 飛輪

在華爾街分析師聽眾面前，AT&T眾高層主管一字排開就座。這是二〇一八年感恩節後一週，地點在時代華納中心這棟屹立二十四年的摩天大樓，它矗立於哥倫布廣場紐約大體育館舊址。晚秋的中央公園一片金色與茶色相間的樹冠，有如歡迎門毯在落地大窗前展開。幾天前梅西百貨的感恩節遊行大氣球才剛飄過這些落地大窗，現在即將舉行的企業說明會氣氛不似遊行那樣具有節慶感，但仍然算是樂觀昂揚。

幾個月前，AT&T一場打了將近兩年的訴訟戰爭，終於打贏美國司法部的反托拉斯管制者，以八五〇億美元併購時代華納一案終於落幕。之前美國政府不理會法官明確判決，仍決定向聯邦上訴法院提出上訴。這讓AT&T營運及投資者的熱情蒙上一層陰影，但是，對華爾街分析師報告這一天，刻意要把聚光燈打在這宗併購的願景。振奮人心的報告是：時代華納旗下HBO、華納兄弟、透納電視集團的頂級娛樂內容，將與強勢發行通路AT&T聯姻。這個電訊巨頭在全世界掌握了一·七億顧客，從有線電視到衛星電視、無線到寬頻。AT&T執行長史蒂芬森和時代華納執行長布克斯，在二〇一六年十月首度透露這項併購。史蒂芬森對分析師解釋，美國政府提出法律訴訟「讓它們不得不暫停幾項計畫」。暫停近兩年之後，現在他期待利用這個機會「多說一點跟AT&T有關的事，以及我們的立足點在哪裡、計畫是什麼。」

史蒂芬森有時會稱他的資深管理團隊是「約翰家族」（the Johns），因爲他的三位主管剛好名字都是John，以他美國中部大平原的口音說這個綽號，排除了任何兒童不宜的弦外之音（譯注：John是男性名字，也引申爲廁所及妓女的客戶）。他們是華納媒體執行長約翰．史坦基、財務長約翰．史提芬斯（John Stephens）、無線及付費電視主管約翰．杜拿凡（John Donovan），這些中年白人男性帶領這家剛剛擴張版圖的企業，他們的共同點不是只有名字而已，他們都具有職人的精神，偏愛藍色襯衫，一季又一季永不停歇追求更高利潤。

大約一百年前，華盛頓特區新開幕的威爾拉得酒店有一場傳奇性的AT&T聚會，那次場面卻大不相同。根據吳修銘在《誰控制了總開關？》這本不可錯過的好書中描述，大約八百位企業高層及政治人物出席，慶祝改變全世界的貝爾電話系統。AT&T總裁西奧多．費爾（Theodore Vail）是個外表威武雄壯、像老羅斯福總統那樣的人物，他親自展示電信通訊無遠弗屆的力量，公開展演第一場長距離通話，光是這點就足以讓現場眾人驚呼，但是當晚的大結局更是震驚四座。費爾秀出一個更新穎的裝置，結合廣播、留聲機、電話科技於一身：動畫投影機，其實就是現代手機的前身。距離華盛頓特區一．六公里的維吉尼亞州阿靈頓，一家廣播電台播放美國國歌〈星條旗〉，同時有數百個無線接收器接力將聲音傳送到華盛頓的宴會廳，投影機在大螢幕上播放星條旗飄動的畫面。後來《國家地理雜誌》描述這場奇觀：「所有賓客都站起來，心跳加速、洋溢熾熱的愛國情操，心蕩神馳。」

二〇一八年的 AT&T，目標並不是要讓人心蕩神馳或是洋溢熾熱情緒，而是冷靜精確瞄準以下這些對華爾街具有持續吸引力的概念：效率、綜效、長期成長。AT&T 不像那些起伏很大的科技股，它幾十年來一直是典型的防守型股票，股息支付就像太陽升起落下那樣可以預測。公開上市公司的股票大多掌握在法人機構，但是 AT&T 有四八%股權仍掌握在散戶手上。在這種動態之下，一致性是必要的，固定配息是相當不錯的七%，許多人倚靠 AT&T 股息為收入來源。當然，串流是整場敘事之中最大的新元素，但是根據地在德州達拉斯的 AT&T，並不像 Netflix 和其他數位創新者那樣令人眼花撩亂。AT&T 買下時代華納之後，負債數字來到一八一〇億美元，所以 AT&T 不會到處亂灑錢，它進入串流的方式會有如工程般精準，就像建立無線通訊塔那樣，是這些電塔網讓 AT&T 奠下娛樂全世界的百年基業。

史坦基報告他的計畫結論是，要讓串流成為一個良性財務循環的中心，他稱這個循環為飛輪。在這個飛輪中，內容供給到電視台，電視台又把更多人帶到內容。在機械工程術語中，飛輪是機器裡一個沉重的旋轉輪，用來製造動能，動能愈大就產生更多力量及穩定度。而有些管理顧問及企管碩士會用「飛輪」來描述經營動態，但是你很難想像這個詞會從時代華納眾位創辦人傑克・華納、泰德・透納、亨利・魯斯等人的口中說出來。史坦基十五分鐘的報告提到三次飛輪，他的簡報堅持重複這個概念：

「我們必須做什麼？我們必須建立更好的產品、更好的經驗。透過經驗，更好的產品最終會驅動更多的黏著，更黏著則會驅動更多數據。最後，當你讓這個飛輪持續往前推進，就有機會變現，更好且更多。」

AT&T企業高層在報告中提到串流計畫，目前爲止大多只談概論，只說推出新服務的時間會是二〇一九年第四季。史坦基最後終於準備報告特定細節，投資者紛紛往前坐到椅子邊緣。他說這個新服務是「三層結構」，有各自的價格及節目層級。最便宜的一級，內容主要是電影；中間則是原創影集和更多電影；最高級則會加入片庫精選，包括經典老片、喜劇、兒童節目。新聞及運動節目並未被提及，即使該公司在這兩個領域已有數十年經驗。報告中沒有說出價格資訊也沒有服務名稱，所以還是讓人覺得有點模糊。

AT&T也接管了時代華納旗下正在努力做串流的公司。二〇一五年時代華納推出非有線電視套餐的付費串流服務HBO Now，再加上還有其他幾個鎖定目標受眾的服務平台，比如爲電影愛好者推出FilmStruck、給動畫迷的Crunchyroll。就在這次投資分析師會面之前兩個月，時代華納推出DC Universe，每月收取八美元，可以看到蝙蝠俠、超人等許多超級英雄內容。

在紐約時代華納中心與分析師見面的同一週，FilmStruck平台關閉，引起經典電影迷不滿。這個平台的內容來自透納經典電影片庫，也擁有好幾百部「標準收藏」藝術電影的授權，因此它關閉後留下了相當可觀的空缺。更糟的是，根據熟悉FilmStruck財務狀況的華納媒體高層主管表示，關掉它不是因爲沒有達到訂戶目標數字，也不是因爲集團重新思考如何運用電影片庫，而是因爲關掉它就能勾銷三千億美元支出，對企業財報有利。有個前任高層主管曾經警告史坦基：「你這樣做是跟產業裡最有創意的人作對，而你需要他們爲你創造內容。」當然，這些創意人才之中有不少大人物，包括史蒂芬·史匹柏、馬丁·史柯西斯、柯波拉、魏斯·安德森，他們直接寫信給史坦基。另一群人，包括克里斯多福·諾蘭、保羅·湯瑪斯·安德森、吉勒摩·戴托羅、艾方索·柯朗、李奧納多·狄卡皮歐，都寫信給華納兄弟要求暫緩執行。推特上一片罵聲，包括許多導演及好萊塢演藝人員。史坦基詢問FilmStruck某個主管，爲什麼大家這麼強烈反彈，這位主管對他說：「『因爲那蒐羅了許多電影，不只是『標準收藏』而已，標準收藏只占整個收視的三分之一，其他是來自二十三家電影公司的經典老片。大家悲痛的是這個服務提供的收藏，而那就是這個服務對他們有意義的地方。它是一個時光機；電影就是時光機。它跟現在的流行節目是不一樣的。你必須用不同的想法來對待內容。』而我心想，『史坦基他根本就不懂。』」

史坦基本人承認，他不是流行藝術的學生。他對《紐約時報》專欄作者索金（Andrew Ross Sorkin）說，他對看電視懷有「天主教負罪感」。成長過程中父母禁止他看電視，所以他會在星期六早上溜下樓看卡通，音量調整到幾乎聽不見，一聽到父母房間開門聲就立刻關掉電視。二〇一八年《浮華世界》在洛杉磯舉辦的新事業高峰會，史坦基在專訪時對索金承認「克服這個困難是有點挑戰」。身爲華納媒體的主管，他描述自己每天晚上得要惡補：「我會在辦公室走回家的路上買吃的，然後在公寓裡拿出影碟，花一小時邊吃邊看。」史坦基語氣中缺乏熱情，索金問「你喜歡嗎？」，史坦基所表示的喜悅聽起來很空洞。

有位曾任職華納媒體的高層主管說：「他不只是不喜歡而已，他眞的是對內容沒有任何興趣。如果內容爲王，那就必須是你的第一要務。而對他來說，重要的是平台、典範，還有財報。」

史坦基對分析師保證說，經典老片《北非諜影》《相見恨晚》不必靠 FilmStruck，在華納媒體推出更大型服務的飛輪上會更成功。他說：「以軟體經驗去包裝精采創作，用它來展現特定品牌，協助消費者找到方向並找到正確的策畫內容。」以前要看到時代華納的內容，必須是有線電視訂戶或是買電影票。史坦基可能聽不進影視熱情支持者及創作者的呼籲，但是他明白，在講求流暢不費事的線上世界，對顧客設下障礙是不可行的做法。網路和當時的串流平台已經讓神燈精靈跑出來了，傳統媒體公司花了好幾年希望能把這些精靈再塞回去。它們已經開始爲這個決策付出代價，因爲每年有幾百萬個付費電視顧客取消訂閱，這個趨勢漸漸吃掉幾十年來這些公司所收取的通路費用。電影銷售也開始下滑。有個華納媒體資深主管說：「由於新科技、新一代創作者及擁抱新科技的公司，消費者已經被賦權，而你剝奪掉這個權力，那就會輸。」

史坦基不願承認失敗。他談到華納媒體的串流入口：「它必須是很容易就能使用的，必須是無所不在。用任何載具都可以使用，無論消費者在哪裡，它必須有很強大的價值取向。要結合獨特的原創內容，讓這個服務有其特色。它會有片庫內容，而且漸漸會加入第三方夥伴，帶進能增強這些品牌的內容。」

在分析師說明會的問答時間，瑞銀集團分析師約翰．賀督利問史坦基，華納媒體推動串流轉型計畫是否有足夠規模，接著他又問一連串相關問題，試圖占滿整段分配給他的有限時間。史坦基提高聲音：「我們在這裡採用的是白宮的提問標準，所以不能有後續提問。」讓人不禁疑惑他是不是在開玩笑。這種回應就像幾週前白宮東廂記者會，川普當場壓制CNN記者吉姆．艾科斯塔。AT&T執行長史蒂芬森半開玩笑說：「把麥克風拿走別讓他講了。這裡又來一場官司。」

史坦基試著輕鬆一下又嚴肅起來，鏗鏘有力的男中音依舊渾厚：「簡短的答案是，是的。我認爲我們可以做得很好。想想接下來十八到二十四個月會發生什麼。」他繼續概述，預期媒體產業將會「出現頗爲可觀的結構變化」。被困住的企業正在重新思考策略，串流變成當前要務。史坦基說，與其像過去幾年把內容授權給第三方，從Netflix、亞馬遜、葫蘆網等平台收到好幾億美元，未來要把內容重新導回自己的平台。史坦基表示，競爭愈來愈激烈，華納媒體將居於有利位置，因爲它擁有許多知名消費者品牌，尤其是HBO。

他說：「我們不是倉儲策略，我們的策略是相當有價值、有深度的優良品牌，讓大家在這些品牌尋找內容時有清楚的方向。」由於掌握顧客關係長達幾十年，他繼續說：「比起一個從頭開始的服務，他們不必花很多心力。」

說到競爭對手平台的總收視時間，史坦基補充說：「它們的影劇總收視量七五％、八○％是那些授權內容。所以它們的壓力是必須轉移收視者觀賞的內容，從我們跟迪士尼的片庫轉移到它們自己的內容。」

換句話說，史坦基和傳統媒體同儕的看法一樣，他們認為，華納擁有《六人行》版權，迪士尼有漫威及星戰電影，NBC環球有《我們的辦公室》，是這些內容定義了Netflix。最受歡迎的節目排行榜上，這些對外授權數十年之久的重播節目高居榜首。因此，把這些節目授權收回來，傳統媒體公司就能重掌優勢。當然，這種看法忽略了Netflix、亞馬遜、葫蘆網早起步十年，它們已經建立了功能很強的串流服務，累積出大量數據。而且，這些串流服務的原創內容也已占有一席之地。像亞馬遜Prime《透明家庭》，葫蘆網《使女的故事》，Netflix《王冠》，都受到影評讚賞且拿下影劇獎項。買來的影劇作品是很不錯，但是製作原創影劇則是必要的任務。

之前迪士尼、福斯紛紛收回強檔影劇的版權，Netflix已經度過那段危機，仍然持續成長，還提高訂閱價格。共同執行長薩蘭多斯面對外界詢問這些威脅，他聳聳肩說：

「這些電影都很受歡迎，在有線電視及其他訂閱平台上可以看到，在 Netflix 上也可以看到。」Netflix 拿其他影劇製作公司的內容起步，但是早幾年就已預測到必須擴大原創節目製作。史坦基和同事向華爾街分析師報告時，Netflix 已經達到長期規畫目標，總收視大部分都是自己的原創內容。大眾耳熟能詳的情境喜劇會來來去去，但只要公司策略是繼續每年花一五〇億美元製作上百部原創影集及電影，訂戶就會找到別的影音可以看。確實，Netflix 和同行的片庫都在改變，但是絕對不是變得更少。

華納媒體面臨科技及策略挑戰之外，也有企業組織上的癥結要打開。為了聯手鎖定串流目標，華納媒體必須打掉各部門各自為政的結構，過去這些部門一直都抗拒發揮綜效，而許多其他媒體公司則因綜效而興旺。華納媒體這個還沒有命名的串流服務，是一個把各部門聯合起來的機會。AT&T 很清楚《冰與火之歌》創造的文化資本，利用這齣 HBO 影集來強化對投資者的訊息，在分析師說明會上播出一段剪輯，有一隻龍在市郊住宅區上空盤旋，家人用 AT&T 手機通話，回家時透過 AT&T 聯播網收看電視。那隻龍是善良的龍，沒有噴火也沒有攻擊三房家屋組成的聚落，不過龍的陰影延伸了數個街區，選擇它做企業吉祥物感覺有點不祥。

史坦基和他的同儕堅持說，AT&T 現有的顧客關係，讓新串流服務有了堅實基礎，跟別人不同，不必從頭開始。就連蘋果及迪士尼這樣強大的對手也必須從頭開始，而 HBO 已經有千萬訂戶透過 AT&T 電視及寬頻服務收看付費有線電視。

新服務的節目安排也必須多元與多樣化，超越個別電視台長期磨練出來的鎖定方式，其中最主要就是HBO。某個策略概念正在形成，內容可說是誘人或褻瀆，看你用什麼角度。華納媒體旗下各公司之間的壁壘消弭之後，居於中心的HBO串流媒體也可以放上《瑞克和莫蒂》《六人行》《宅男行不行》等影集。何必讓HBO一直定位在高品味人士的電視台？這些人通常年紀比較大且生活在都市。爲什麼華納媒體的串流服務不是大眾取向，像華納旗下的漫畫電影，或美國大學運動聯賽三月瘋轉播籃球比賽？

史坦基和其他幾個都叫John的高層主管們和華爾街投資分析師開會時，一組行銷人員正在想辦法，要在廣告業最大舞台「超級盃」拉抬HBO代表作，由廣告商Droga5爲HBO有史以來最成功的原創影集《冰與火之歌》操盤行銷。超級盃三十秒廣告的價格是五三〇萬美元，廣告商想出來的宣傳方式非常不搭調，彷彿把卡通《史酷比》跟情境喜劇《黑道家族》混在一起——他們要把這齣得過艾美獎的高額製作強檔大戲，跟百威淡啤酒配在一起。百威淡啤酒過去的行銷代言人，最有名的就是一隻可愛鬥牛犬。

HBO前任行銷主管史波塔西尼（Chris Spadaccini）回憶：「《冰與火之歌》最後一季最特別的是，我們正處在電視轉型到串流，隨選即看、大量追劇的模式。我們都感覺得到它要來了，那就像電視的終結。我們知道，週日晚上打開電視一起看節目這種全球共同的收視體驗，這樣的大型文化活動，《冰與火之歌》會是最後一個。」

早在超級盃開打之前幾個月的十一月初，最後一季的宣傳已經展開。這時史波塔西尼接到專門處理 HBO 社群媒體的同事來電：「你一定不敢相信，總統剛剛在推特貼了《冰與火之歌》迷因圖。」川普貼出一張他本人看起來很強硬的照片，配上「制裁即將來臨」，以《冰與火之歌》特有字體，顯然是借用史塔克家族的座右銘來警告伊朗。HBO 高層主管知道，如果要回應就要快。史波塔西尼和同事與執行長佩普勒商量後，決定如此回覆：「商標誤用的多斯拉克語怎麼說？」（譯注：多斯拉克語〔Dothraki〕是HBO聘請語言學者爲《冰與火之歌》馬王部族專門發明的虛構語言。）這則推特文得到十二萬六千個讚，是 HBO 官方推特文之中回應最多的，媒體報導雙方在推特上一來一往，爲該劇的行銷宣傳再添一筆。

關於在二月投放超級盃廣告，爲四月上映最後一季《冰與火之歌》做宣傳，最後定案時，創作團隊正在專注處理突如其來的情節大轉彎。他們也喜歡這齣戲被「文化挪用」、社群媒體上瘋傳迷因圖。如果超級盃廣告是一則文化挪用的精緻版，讓《冰與火之歌》終於可以拿某個消費品牌來反將一軍呢？團隊考慮了好幾個選項（其中之一是可口可樂的北極熊），最後跟啤酒商英博集團達成共識，它的廣告從一九八五年以來每年都會出現在超級盃。英博集團最成功的廣告是以中世紀主題呈現的流行語「Dilly Dilly」，據說靈感來自《冰與火之歌》爆紅，所以兩者一拍即合。二〇一九年的廣告中（電視播六十秒，YouTube 播九十秒），劇中熟悉角色聚在一個戶外小競技場，騎馬長矛格鬥正要開始，騎士身穿百威啤酒代表色的藍盔甲，國王、皇后和臣民情緒高昂，拿著百威淡啤酒瓶對敬，騎士被對手出其不意刺中落馬時，歡樂戛然而止。對手走近俯臥的騎士時才揭露身分：「魔山」格雷果．克里岡，身高接近二一〇公分、渾身精壯肌肉，以血淋淋的手段惡名昭彰。他俯身下探，此時鏡頭迅速切換，他已挖出騎士的眼珠、擊碎他的頭骨，取了他的性命。（劇迷們應該會立刻回想起第四季某個魔山的場景。）慌亂的皇族成員還在消化眼前所見，一隻龍從天而降，報仇似的吐出火焰，此時 HBO 商標和劇名出現在螢幕右下方。

安博集團對於殺掉代言人覺得不妥，詢問 HBO 是否能考慮更動這則廣告的結局，讓身穿百威盔甲的騎士不要死。HBO 堅持立場，請來好幾個《冰與火之歌》的導演及製作人，讓這則廣告就像真的戲劇一樣。創作團隊忍痛割捨某些劇本構想，那些可能會洩漏下一季的劇情。經過長達數月的製作及測試，啤酒企業害怕這種暴力程度，要求內容緩和一點。最後，真正謀殺的場景沒有出現在廣告裡，啤酒騎士的頭被擊碎的聲音就像咬碎洋芋片。這則廣告原本預計是四十五秒，後來拉長到六十秒，HBO 甚至得承擔更多成本。由於廣告是最後一季二千萬美元行銷宣傳的一部分，增加支出被認爲是值得的。

播出之後隔天，某個 HBO 高層主管在紐約見到廣告中的人物，神采興奮：「你不覺得那超酷嗎?!」他喊著：「最棒的是，劇情沒有洩漏出去，實在是太巧妙了。」觀眾意見有點分歧。有些人覺得最後啤酒騎士慘死一幕太暴力了，有些人非常喜歡這則廣告，滿心期待最後一季上映，還有一些人則是看不太懂。《美國今天》廣告測量調查，在觀眾情緒部分，這則廣告在五十八個超級盃廣告中排名第十六位。

這則廣告看起來魯莽傲慢又昂貴，它對觀眾傳達的訊息就是，HBO砸下最大筆預算行銷最後一季，它正在採取大膽行動。而對華納媒體及AT&T員工來說，這則廣告傳達出不一樣的訊息、不祥的暗示：HBO只是另一個待價而沽的產品，就像你在足球比賽節目廣告會看到的汽車、科技裝置、玉米片一樣。這家電視台長年以來一直堅持自己地位超然，是人們在雞尾酒會上聊起的訂製精品，現在則急著弭平自己和淡啤酒之間的差異。有個已離職的老員工觀察：「以前這家公司的原動力是內容，現在把內容視爲商品。HBO的節目，和TNT節目或是華納兄弟爲CBS做的那些大眾強檔是截然不同的——這個特色到哪去了?」

特別是，在串流環境中，華納其實很能和Netflix一拚，但是史坦基並沒有按照網路節目是什麼內容來調整他的飛輪。某位前任高層說：「如果你要做直接面向消費者的單一產品，那麼是否忠於品牌區隔就無關緊要，重要的是整體。如果人們是奉獻專業生命把某個品牌做起來，那種方向會很難讓人跟隨。」

PART 3

好戲上場

第十二章　奇妙仙子的魔法棒

如果要說迪士尼行銷大師最懂什麼，那就是如何建立期待。二〇一八年上映《星際大戰外傳：韓索羅》時，迪士尼電影公司在好萊塢大道正中央放了一個巨大的「千年鷹號」太空船復刻版；二〇一九年眞人演出重現《獅子王》，爲眾星雲集的首映會建造了榮耀岩作爲紅毯背景。以前促銷預算更充足的時候，皮克斯動畫《汽車總動員》首映，迪士尼在北卡羅萊納州夏洛特城的羅伊賽車場舉辦戶外首映，邀請大約三萬人觀賞，壯觀的賽車場跑道有十二圈，而且請來眞正的納斯卡賽車手開車，還有鄉村歌手布萊德．派斯里、搖滾巨星查克．貝里現場表演。

二〇一九年四月十一日投資者說明會，迪士尼要針對未來的串流服務詳述營運計畫，這場盛會吸睛的程度也是不遑多讓。迪士尼最高主管艾格一年以來都穩定保持著促銷的鼓聲，利用傳統呆板的企業每季財報來釋放新聞，二〇一八年十一月他是這麼做的：當時他宣布這項串流服務的名稱Disney+，提到這個平台會有專屬限定的新內容，包括《星際大戰》影集，由狄亞哥．盧納飾演反抗軍間諜，還有漫威出品的影集，由湯姆．希德斯頓回歸演惡作劇之神洛基。那一整年，迪士尼陸續釋出新服務的細節，經過精心設計的訊息就是要讓影迷瘋狂期待，包括《鋼鐵人》及《獅子王》導演強．

法洛將執導星戰系列影集《曼達洛人》作爲 Disney+ 首支強棒，消息一出引起熱議。

在投資者日，迪士尼心裡設想的聽眾是不同的對象——華爾街。艾格和梅爾這位帶領直接面對消費者事業部門的瘦長臉高層主管，他們制定出米老鼠王國獲勝的宏大策略，必須能說服投資社群，這個策略會讓迪士尼在數位未來取得成功，就算短期內要花上數十億美元。

分析師競相提問：是否可以提供估計數字，希望吸引到大約多少訂戶，或是提供任何財務指標？爲了追求未來機會而犧牲短期營收的意願到什麼程度？畢竟，根據估計，這個媒體巨頭每年可以從第三方收取五十億到八十億美元的影視授權費。

有些分析師希望迪士尼更清楚說明葫蘆網的計畫。迪士尼以七一三億美元收購二十一世紀福斯，旗下的娛樂資產當中，葫蘆網是一塊閃閃發亮的寶石。這個串流服務因《使女的故事》成功而取得動能，影集改編自瑪格麗特．愛特伍的反烏托邦小說，背景是極權主義未來國家。以這種背景起家的串流服務，眞的能融入「世界上最歡樂之地」迪士尼王國嗎？

梅爾描述說，投資日準備工作就像要開拍一部大型動作片，只是牽涉到的利害當然更高。他和團隊花好幾小時跟迪士尼負責投資人關係的主管辛傑（Lowell Singer）開會，一起發展出故事線。辛傑過去曾是投資銀行的研究主任，梅爾準備財務預測報告，他們仔細編排要向外界傳遞的訊息。劇本寫好並且經過修訂，強調過去十年來集團多項併購，最高潮是買下巨頭福斯，極致展現迪士尼關於娛樂品牌力量的策略思考，而所有併購的總體現就是Disney+，它是一個封閉的生態系，有如高牆圍起的花園，裡面擁有最芳香的花朵。

「我們可以在自己的生態系統內，擁有完整而強健、直接面對消費者的事業。如果我們不想跟外界購買任何內容授權，就不必買。買下福斯，我們擁有關鍵多數。」梅爾表示，其他傳媒為了照顧自己的花園也在推出串流服務，所以將來「內容授權會愈來愈難……如果每個人都是垂直式的高牆花園，那麼你最好擁有最棒的高牆花園，否則就會有麻煩」。

迪士尼選在位於柏班克的第二攝影棚舉辦投資者說明會，這個地點充滿歷史，傑克·韋伯曾在此拍攝電視史上破天荒的警察辦案劇《警網》。這個巨大攝影棚有時會用來製作主題遊樂園的建設，包括雙層甲板的馬克吐溫渡輪，現在這艘船還在加州安納海姆的迪士尼樂園「美國之河」航行。這裡也是《歡樂滿人間》愛德華時代的倫敦場景，茱莉·安德魯斯飾演的仙女保母一路唱進班克斯家每個人的心裡。

舞台一建好，馬上進行投資者說明會的彩排。說明會舉辦之前三天，彩排幾乎沒有停過，從早上八、九點一直持續到晚上十點，最後著裝彩排是當天早上。整體呈現都打磨得亮晶晶，媒體分析師和新聞記者抵達攝影棚停車場時，在棚外迎接的是一排白色帝國風暴兵。

葫蘆網前任執行長費耶爾說：「迪士尼這次投注的心力，無與倫比。」他回憶當時自己的報告就修改了許多次。「實際情況是艾格親自領軍，連同梅爾等人。整場報告經過高度策畫與管理，爲了說出他們想要說的故事，卯足全力做足了功課。」

由於這是迪士尼併購福斯影劇事業之後，第一次跟投資分析師見面，要強調的重點是，迪士尼電影公司整體的娛樂資產組合，如何助它推向娛樂產業的下一個行動——串流。由演員安東尼．霍普金斯及伊恩．麥克連擔任旁白的一段促銷短片，穿插了華特．迪士尼本人進入一個電影及電視劇的萬花筒，包括《星際大戰》、漫威電影宇宙、《玩具總動員》《獅子王》，也有福斯的強檔大作《鐵達尼號》等。

艾格穿著深色西裝及雪白襯衫站在台上說：「這些媒體公司以最高規格娛樂整個世界，與數十億人創造出不可磨滅的連結，是一個連綿恆長、價値不菲的內容寶庫。Disney+ 是建造在這個基礎上，沒有其他內容或科技公司能與之匹敵。」

梅爾的報告則是串流的商業運作，隨著家用寬頻呈現爆炸式成長，未來將有高速 5 G 無線網路，對隨選即看內容似乎有無盡的渴求，全世界觀眾每天收看的影片長度是十二億小時，幾乎令人不敢置信。

「我們進入這個領域是很積極的，反映出市場在根本上的轉型，以及消費者對串流服務的需求成長，這對我們來說是相當大的機會，因爲我們具有無人能及的品牌力量，還有我們的智慧財品質。」梅爾對投資者說：「而且我們對自身的獨特能力有信心，能運用所有資產來驅動長期成長。」

對梅爾來說，Disney+ 定義了他的事業，代表著這位努力進取的高層主管在迪士尼任職的最高點。梅爾來自馬里蘭州的貝西達，做過娛樂產業最基層：電影院的帶位小弟。他今年五十八歲，仍保持早年在麻省理工學院美式足球隊的強壯體格。當年他獲得機械工程學位後，夏天在洛杉磯休斯飛機公司當實習生，之後搬到聖地牙哥加入專做高頻微電子的新創公司，同時晚上在聖地牙哥州立大學攻讀電子工程碩士。他覺得自己在二十幾歲時是一個「徹頭徹尾的機械工程師」，不過也對各種事物的財務面抱著好奇心，不久就進了哈佛商學院。他在一九九三年加入人才濟濟的迪士尼策略規畫部門，與其他哈佛及史丹佛畢業的商管碩士共事。

另一個策略規畫老將惠特曼在《價值觀的力量》寫道：「我經常形容迪士尼文化是一場永不停止的橄欖球賽。我想，就連迪士尼樂園最任性的遊客，也不會像迪士尼高層主管之間那樣粗暴。我在那裡工作的時候，感覺公司飲水機裝的似乎是純淨的睪固酮。」

梅爾很快就在這群人當中脫穎而出，一九九八年升任策略規畫部門的資深副總裁。他在二〇〇〇年離開，因爲有機會成爲某個形象沒那麼陽光正面的媒體公司執行長：花花公子。他做了七個月後，轉職到清晰頻道傳播公司和 LEK 顧問公司。二〇〇五年，老友迪士尼財務長史代格斯說服他回到迪士尼，這時候是艾格擔任集團執行長。

外界認爲，身爲策略規畫部門的主管，梅爾是出了名的聰明且直覺能力強，擅長系統性地觀察解讀，策略直覺也非常敏銳，他知道五年之後會是什麼樣子。此外他也經常要求員工長時間工作，《華爾街日報》報導說，策略規畫部門的員工會告訴新人附近哪間便利商店有賣紅牛。

動視暴雪前任總裁凡戴克（Nick van Dyk）曾和梅爾在迪士尼策略規畫部門工作過十年：「他的要求非常多。我想他也不會否認。他的標準非常高，要求做到絕頂。你必須看看他管理的是些什麼人……企業策略部門的人以前都待過投資銀行，他們習慣長時間工作、要求高超表現。梅爾和任何一個高盛投銀的總經理沒有差別。要做到專業絕佳表現，要求都是一樣的。」

工程師訓練出身的梅爾，領導過清晰頻道及花花公子的互動事業，他很清楚看到迪士尼這個媒體巨擘的地平線上，正在出現破壞。在迪士尼認知到顧客切斷纜線的現實之前，梅爾就已經發出警告：「那四年我就像煤礦坑裡的金絲雀。大家取笑我，叫我毀滅博士，說我專潑冷水，但是我很確定那一定會發生，只是時間問題。」

迪士尼最大獲利中心ESPN開始流失數百萬電視訂戶，這時候眞的認知到付費電視對美國人客廳的影響力開始下滑，收視人數減少，廣告營收也減少。ESPN是制霸運動賽事節目的龍頭，根據尼爾森數據，二〇一一年高峰期有一億訂戶，七年內減少到八千八百萬，流失了一千二百萬訂戶，這是前所未有的現象。訂戶流失，投資者恐懼收視習慣改變、傳統付費電視套裝的需求縮小，導致迪士尼股價下跌。

迪士尼開始啓動直接面向消費者的串流事業，先是投資美國職棒大聯盟的串流事業BAMTech，再加上艾格指派梅爾檢視迪士尼的授權策略。與其把內容授權給別人，爲什麼不留住著作權、推出串流服務呢？迪士尼應該轉型，本來是批發商，把內容批發給零售商，現在要像旗下迪士尼樂園那樣，跟消費者培養直接關係。

梅爾與其他部門主管組成工作小組，討論顛覆舊商業模式同時也建立未來的結果會是什麼。艾格描述，二〇一七年六月在奧蘭多的華特迪士尼世界舉辦年度董事會度假營，整個期間都在討論顛覆破壞，以及公司所提出的解決方案，就是推出一個服務跟Netflix競爭。

「我們把想法提交到董事會，他們不只說好，還說『快點做』。」梅爾說。

艾格在二〇一七年八月對外宣布，迪士尼計畫要建立一個以娛樂爲基礎的服務，另一個則是建立在ESPN。服務推出之前這段艱苦的跑程，正式鳴槍開始。艾格對投資者宣布這項決策時，基本上就是燒掉回頭的橋，迪士尼大軍不能撤退。

梅爾跟團隊花了數月絞盡腦汁思考這項服務最細微的細節，首先就是名稱。「我們第一個要決定的是，名稱要不要叫作迪士尼？——這倒是很快就有了清楚的答案，當然要叫迪士尼。」這是全世界辨識度最高的品牌之一，爲什麼要浪費這個優勢？

團隊也考慮了企業標誌，否決了十幾個選項，才決定出這個其他媒體公司幾乎也都會仿效的名稱：Disney+。並且還花更多時間考慮到底要拼出 plus 這個字還是用符號。討論後的共識是用符號，接下來的問題就是如何呈現。

梅爾回憶：「第一個設計出來的加號看起來很像紅十字，感覺像醫療警示，所以不行。」

最後的名稱及標誌，是加號圓弧水平延伸出去，微微彎曲碰觸到 Disney 上方的星星弧，這是艾格仔細端詳之後從三個選項中選出來的。只要這個標誌一出現，就會播放一個讓人立刻想起來的音調，則是從蘋果裝置得到靈感，蘋果的產品只要電源線一插上插座就會有個音效。Disney+ 行銷主管瑞奇・史特勞斯說，艾格記得蘋果創辦人賈伯斯某次來訪時展示這個音效，艾格覺得這個音效可以代表星星劃過。

位在紐約的 BAMTech 團隊則負責發展介面，採用訂戶覺得熟悉且容易操作的格式，介面主要是一個滾動輪盤，上面有特色電影及影集的「英雄」圖像，疊在第二排五個項目之上，這五個項目是娛樂品牌：迪士尼、皮克斯、漫威、星際大戰、國家地理。接下來幾排是可以點選的圖像，列出推薦的新品，以及推廣熱門內容。

梅爾說：「我們認真想了很久，是否要做耳目一新的介面？但是，放棄收取任何授權費用、投入鉅資、推出串流平台，風險已經夠多了。你還想冒險嘗試以前都沒有用過的全新格式嗎？我們決定不要公然冒那個險。我們說，『這可是最先進的技術，大家在收看的時候會有預期……我們不會去改變那個典範。』」

將近三小時說明會所立下的模板，是其他媒體公司都會仿效的。迪士尼高層主管們一個一個上台來說明這家公司獨特的網路服務。

已經存在的 ESPN+ 會繼續專注在直播賽事，包括熱門的全球運動如足球、板球及橄欖球；還有單次收看付費的終極格鬥賽；也有特定球迷社群非常熱情、但是無法吸引全國電視觀眾的大學運動比賽，例如長曲棍球及排球。葫蘆網則會是前衛的成人節目，包括 FX 強檔影集《美國恐怖故事》《飆風不歸路》《火線警探》。迪士尼買下福斯的合約中，也包括印度的 Hotstar，會讓迪士尼在世界第二大市場有相當不錯的曝光率，每月使用者超過三億，部分原因是它擁有超級聯盟板球賽的獨家串流授權。

串流服務總裁普爾（Michael Paull）大讚 BAMTech 的實力，久經沙場磨練的技術將會用於驅動 Disney+。他說這個技術是用來處理上百萬收視戶同時收看現場直播賽事，例如 ESPN+ 綜合格鬥武術對抗賽《格鬥之夜：賽胡多 vs. 迪拉肖》，因此，HBO Now 串流《冰與火之歌》第七季大結局時湧入大量奇幻影迷的狀況，BAMTech 有能力處理。

綜觀其他串流服務，是主焦點之前的熱身。穿著剪裁合身西裝的梅爾回到舞台上展示應用程式，內容按照迪士尼各大娛樂品牌做整理。首頁上方是值得關注的新內容，皮克斯的動畫大片《可可夜總會》、真人演出的《驚奇隊長》，或是 Disney+ 原創影集如《曼達洛人》。而且，跟其他串流服務一樣，會根據訂戶過去收看的節目來做推薦。

會場上每個人都對迪士尼旗下的娛樂項目不陌生。不過，每個電影公司主管都花了很長時間說明，有哪些原創電影及影集會放上這個串流平台，從一九三七年十二月二十一日首映第一部動畫長片《白雪公主與七矮人》開始累積的龐大電影片庫，將會繼續擴大。Disney+推出第一年，會放上超過七千五百集電視影集、電影片庫四百片、一百部近期由真人演出的電影如《驚奇隊長》《獅子王》。五年內迪士尼每年將製作超過五十套原創影集，再加上十部原創電影、紀錄片及特輯。

這些娛樂項目的品質也和數量一樣讓分析師印象深刻。不過最令人注目的是價格。迪士尼宣布將以更低價格與市場領導者Netflix競爭，訂閱費是每月六．九九美元。分析師一陣驚呼。這價格幾乎是Netflix最熱門訂閱方案的一半。

梅爾說：「讓我們做個總結。我們擁有重要的品牌。我們擁有好幾代人喜愛的片庫內容，我們也有新的原創內容，由許多同樣的創作者製作，全都裹在美麗的套裝裡，以非常合理的價格，傳達給消費者。」他就像一個胸有成竹的律師，站在法官面前做最後陳述：「基於這些理由，我們很有把握Disney+一定會成功。」

迪士尼非常相信Disney+的未來展望，願意承受最初幾年損失，預測在二〇二四年獲利。

財務長麥卡錫（Christine McCarthy）列出數字。她預測二〇二四年財報年底前，迪士尼能得到六至八千萬訂戶，其中大約三分之一在美國。如果預測準確，迪士尼訂戶會比全國最大有線電視業者康卡斯特還要多，但是不如市場龍頭 Netflix 那麼多。最後結果顯示，迪士尼太低估這項服務的吸引力。

迪士尼計畫將在二〇二〇財報年度支出十億美元現金用在原創內容，到二〇二四年這筆投資會加倍。這個數字還不包括二〇二〇年支出十五億美元給其他部門，以獲得電影及影集授權。除了這些高額花費之外，本來能從第三方如 Netflix 收取到的影視授權費，迪士尼會損失數百萬美元。

艾格說：「我們提出的策略是志在必得，非常有目的性，因爲我們覺得，這個策略顯然極端重要。我們覺得，如果要實施這個策略，必須非常非常嚴肅，而且全力投入。因爲我們相信，要取得成功，這是最好的方式。」

有個分析師問艾格，是否認爲 Disney+ 會加速傳統付費套裝有線電視的衰退，艾格婉拒回答：「我們不打算討論這會帶來什麼衝擊……這不是我們想談的。」

Disney+ 許多層面還有待處理，但確定的是：這個服務推出絕不會低調。

迪士尼行銷主管史特勞斯作風時髦，他在日落大道的自宅曾登上《美麗家居》雜誌。他負責《黑豹》《星際大戰：原力覺醒》《美女與野獸》等多部強檔大片的市場行銷，說明會上由他列出行銷活動計畫。迪士尼會在影迷活動上宣傳串流平台，例如在芝加哥及聖地牙哥的動漫大展上慶祝星際大戰的活動，還有迪士尼要在安納海姆舉辦 D23 博覽會。透過迪士尼樂園、華特迪士尼世界主題樂園、迪士尼郵輪、迪士尼零售店，讓最熱情的忠實粉絲知道串流平台。此外還會透過集團旗下電視台節目例如ＡＢＣ《早安美國》強力宣達，讓全美一億多家戶了解詳情。

史特勞斯說：「我們行銷Disney+有一個清楚的優勢，我們能利用華特迪士尼公司的接觸點，數量相當多。可以料想得到，我們要運用無與倫比的影響力，在旗下眾多品牌與全世界，吸引千百萬粉絲和社群網紅。」

投資社群收到這個非常洪量而清晰的訊息。迪士尼股價達到歷史新高，市值增加二五〇億美元之多，總市值來到二三五〇億美元。當迪士尼公開了價格低於Netflix的串流服務，Netflix市值隨即損失近八十億美元。

優秀的媒體產業分析師納瑟森（Michael Nathanson）寫道：「出乎意料之外！大部分投資者（包括我們）參加投資說明會，是希望最好能協助我們弄清楚迪士尼在直接面對消費者及國際市場區隔的潛在損失。老實說，大部分投資說明會都無法達到預期，迪士尼這場更是很可能讓人失望。結果迪士尼卻立下高標準的期待，並且起身迎向挑戰。」

第十三章 「我喜歡那齣戲，我想你也會喜歡」

蘋果的產品發表會有一種可預期的熟悉節奏，很像百老匯戲劇的結構。開場必定是播放一則短片，讓觀眾對蘋果產品與它們在我們生活中的位置，油然產生溫暖的感受。執行長會走上空無的舞台，引起觀眾鼓掌。然後產品揭曉，依重要性排列，一直鋪陳到已故共同創辦人賈伯斯有名的橋段「最後一樣東西」。二〇一九年九月十日的發表會，也不例外。

兩小時的發表會，地點在庫柏蒂諾的賈伯斯劇院，Apple TV+串流服務的細節，在開場十五分鐘就揭曉，前後分別是介紹訂閱制的新遊戲平台 Apple Arcade 和老當益壯的 iPad 更新版。而占了蘋果營收一半以上的搖錢樹 iPhone，最新一代的重要消息則安排在活動最後。

庫克穿著簡單的黑線衫及黑牛仔褲，走上舞台重述蘋果對串流服務的宏大企圖：傳遞「能夠幫助你找到靈感的故事，根植於情緒的故事」。他雙手交握著，好像在傳道：「真誠的，由衷相信的故事。帶有目的的故事。」

不像六個月前眾星雲集的活動，這次庫克是 Apple TV＋唯一代言人。他大讚像《太空使命》這樣的頂級原創影集，內容是一九六〇年代太空競賽的另類故事，請來《星際大爭霸》主創羅恩・摩爾；穿越劇《狄金森》故事主角是青少年的艾蜜莉・狄金森，反抗爸爸拒絕讓她出版詩作，由海莉・史坦菲德飾演；眾星雲集的《晨間直播秀》，庫克向《娛樂週報》自嗚，說它是「秋天最令人期待的影集」。

庫克利用庫柏蒂諾這個舞台來播放《末日光明》預告片，發生在未來的末日科幻主題，致命病毒大量毀滅人類，生存下來的都是盲人。庫克說：「我希望各位能感受到我為何喜歡這些作品，我想你也會喜歡。」放映兩分鐘之後，畫面停在一望無際的山景，身披毛皮的原始社會人類準備作戰。

蘋果的價格很有侵略性，說明了它的企圖心。Apple TV+在二〇一九年十一月一日推出，發行全球一百多國，每月收取四・九九美元，比任何現存串流服務都還便宜。庫克說，任何人買了新的蘋果產品，無論是手機 iPhone、平板 iPad、Mac 電腦、蘋果電視，都能得到第一年免費。

庫克說：「我們等不及要讓各位在十一月一日開始觀賞 Apple TV+，用任何蘋果螢幕上的 Apple TV 應用程式來觀賞。這就是 Apple TV+。」庫克有效擺脫了好萊塢。「現在讓我們來關注 iPad……」

自從蘋果二〇一九年三月發表會令人失望之後，有些好萊塢大老闆對於庫柏蒂諾放了什麼消息，已經比較從容以對，講白就是等著看好戲。許多人懷疑這個串流服務會是什麼樣子，要怎麼傳遞給觀眾。

長期任職蘋果的高層主管庫依，身為網路軟體及服務的掌門人，職責範圍非常廣，包括Apple TV+、Apple Pay、Apple Music、iCloud。他很少受訪，在服務推出前的夏天罕見接受《GQ》專訪時，他說蘋果要充分利用電視版圖變遷這種結構性轉變來獲利。

「看到科技上的改變，我們認為這是一個參與的機會，」庫依說到即將來臨的電視革命，以及付費電視的時代即將完結。「我們做事的方法一直都是試著做到最好，而不是最多。我們對此非常興奮。我們製作的節目真的非常非常好。」

蘋果嘗試重現將近二十年前在音樂領域的勝利。從很多方面來看，當時是比較容易的，因為跟影視串流不同的是，蘋果不需自己製作音樂，只要加強把音樂交付給消費者的系統就好。當時唱片業很脆弱，有個麻州青少年寫了軟體程式Napster，讓大家易於進入別人的硬碟中分享音樂檔案，把唱片產業搞得天翻地覆。當時蘋果推出一組三個產品，充分利用檔案分享服務造成的數位破壞。一是iTune軟體，蘋果讚它是「舉世最棒最容易使用的點唱機」（還能用來收藏所有CD和下載來的音樂）；另一個是新一代iMac內含CD燒錄功能，讓使用者變成自己的DJ，擷取、混合、燒錄，把量身定做的歌曲清單燒錄到光碟上；最後是石破天驚的iPod攜帶式音樂播放器，「可以在口袋裡放進一千首歌」。

到了二〇〇三年，長久以來穩定的CD銷售迅速崩毀，主要幾個大音樂品牌同意讓賈伯斯在線上販售它們的音樂，透過 iTunes 音樂商店，一首歌曲賣〇．九九美元。庫依是負責談出那些協議的談判者，他既堅持又精明，是賈伯斯指定的代表，他巧妙運用窮途末路的音樂產業，創造合法網路購買音樂的來源。

環球音樂集團主席葛蘭吉說：「若以唱片業來類比，當時的情形是，賈伯斯是製作人，庫依是工程師，兩人合作創造出美好事物。這是非常以音樂爲中心的類比，庫依雖然不是做粗活的，但他會把所有事情打理好。」葛蘭吉回憶當時跟賈伯斯及庫依商談，同時也監管環球音樂的英國部門。「賈伯斯在開會時，每個人都不說話、順著他。但我要表明的是，撇開庫依是我的朋友不談，他確實是你可以信任的人，他很正直，是可以做生意的對象。」

音樂產業裡其他人形容，庫依「低調冷靜地」運用蘋果的影響力。現在納入環球旗下的 EMI 唱片，前任數位發行總監柯翰（Ted Cohen）說，庫依談定的條件，蘋果並沒有實現，例如分享匿名購買數據。向庫依求證時，他說唱片品牌隨時可以提出沒有履行契約的訴訟，在法院審理過程中，蘋果會停止銷售 EMI 的音樂。

柯翰說：「他不是個混蛋，跟他相處有時候還滿愉快的，只是有些答應的事沒有做到而已，無傷大雅。」

手腕高明，才能在影視產業裡吃得開。

庫依談到，運用蘋果擅長的細緻手法來創造影音節目的現實狀況是如何。他說在拍攝太空競賽影集《太空使命》時，重現NASA有人太空站（外界較熟知的名稱是Mission Control），非常困難。「我們請來業界最頂尖的好手，在細節投注相當大的心力，」庫依在《GQ》專訪中表示，劇中用的是眞正的控制台，不是仿製品：「我們弄來很多眞正的東西。我們不是做假的，我們用的是眞正的東西。」

不過，眞正的東西是一回事。Apple TV+是不是有「正確」的東西呢？

有些人納悶Apple TV+要怎麼吸引訂戶，因爲它提供的並不多。本來打算推出一些原創影集，但是沒有大眾熟悉的電影及電視節目作爲片庫，就像高級菜餚之間沒有撫慰人心的小點。電影公司的高層主管在想的是，爲什麼庫依不利用蘋果龐大的現金二千億美元買下索尼影業，畢竟多年來陸續都有談過。索尼擁有不少專賣權利的影片，包括《蜘蛛人》《星際戰警》《魔鬼剋星》《野蠻遊戲》，還有熱門影集《絕命律師》《絕命毒師》《王冠》《諜海黑名單》《古戰場傳奇》，這些立刻可以用來塡充片庫。

雖然蘋果最初的嘗試似乎很有限，但是這個科技巨頭有的是資源可以燒。所以很多人跟Apple TV+提案，即使心知肚明和蘋果合作是有附帶條件的。

影劇圈對蘋果的既定看法是，蘋果不喜歡比較有挑戰性的黑暗題材，對此，范安柏格和厄立克都盡力解釋。他們跟經紀人說，蘋果不會通過像《閃靈殺手》這類電影，這部片裡伍迪·哈里遜及茱麗葉·路易斯飾演年輕有魅力的連續謀殺者，成爲小電視的反英雄主角；只要帶給觀眾某種救贖，暴力是被接受的。

雖然范安柏格跟厄立克履歷很漂亮，曾經製作過《絕命毒師》這樣的熱門影片，但是某個曾與兩人共事的索尼影業前高層說，兩人的新角色跟製片人不太一樣：「他們以前是賣影片的，不用眞的去打造或是處理一齣戲所有層面——觀眾區隔、定調、利用一齣戲來獲取顧客之類的事。在蘋果，突然變成你本身就是電視台，你就是那個下指示的人。這樣的角色轉換需要調適。」

范安柏格和厄立克除了製作過成功作品，也曾經催生超級英雄影集《權欲》，題材跟亞馬遜《黑袍糾察隊》有點類似，試播階段被 FX 拒絕，索尼最後爲它找到的家有點出人意表：PlayStation 的遊戲機。這個遊戲部門涉獵電視，加進付費電視套裝 Vue，實驗自製原創節目。《黑袍糾察隊》製作費用八千萬美元，很快就失去觀眾注意，第二季沒什麼人看，然後就結束了。

范安柏格跟厄立克身爲 Apple TV+ 新主管，負責建立新品牌，影劇經紀人發現兩人帶進來的節目有一種與生俱來的開朗朝氣，一開始推出招牌影集《晨間直播秀》，「傳遞出的是『美國道地代表性』。兩個女演員都是觀眾喜愛的……喚起某種特定感受。」有一個要求匿名以維持與蘋果關係的經紀人表示：「即使這齣戲題材比較黑暗，但她們兩人並不黑暗——這是個選擇。」

相對的，Netflix 則是以《紙牌屋》奠下基礎，這齣政治懸疑劇一開場相當刺激神經，令人坐立不安，由凱文．史貝西飾演的州議員安德伍，在鄰居的狗被車子撞傷之後出手勒死牠，並對著鏡頭說：「像這種時候就要有人行動，有人來做不討好卻必要的事。」

經紀人描述，蘋果擔心某些創作選擇可能會使這個消費者品牌蒙塵、造成消費者離心，例如負面描繪宗教。

創意社群則是傳得沸沸揚揚，都說蘋果過度干涉，不斷下指令，對劇本有意見。有些人解讀，這種過度干涉其實是焦慮，想要製作出精心設計的精緻產品，即使可能會損失幾個節目統籌人也在所不惜。政治策略規畫師卡森（Jay Carson）曾爲《紙牌屋》擔任顧問及監督製作人，由於「創意看法分歧」而離開《晨間直播秀》。編劇及製作人富勒（Bryan Fuller）爲蘋果翻拍史匹柏電影《驚異傳奇》時，因看法衝突而離開。《綜藝》雜誌報導，富勒想像的是Netflix《黑鏡》那樣的影集，而史匹柏的製作公司安布林電視及蘋果要的是適合闔家觀賞的節目。「拍一部電視劇，從來沒有接到過那麼多指示。」說這句話的消息來源，就是受到指教的那一方。

有一位蘋果的編劇兼製作人說，壓力來自做到最頂尖，但是要達到這個目標的困難是，在原創影集推出之前，Apple TV+上面沒有任何節目可以看。蘋果高層主管擔心創意概念可能會跟別人重疊，蘋果的守密文化也讓人很難知道某個角色是否會跟另一齣正在發展中的有所衝突。影劇產業向來的做法是，正在製作中的作品要保持某種程度的話題性，然而蘋果的保密程度超出了這個行業的標準。

這位編劇製作人說：「即使你跟某個正在做另一齣戲的編劇一起工作，那個編劇不可以透露他們在做什麼。這樣很怪，因爲這種狀況絕對不會發生在別的地方。」他已找到方法來適應這個科技巨頭的獨特文化，「就變成在開玩笑：『呃，那齣你不能透露的戲，兩點有空來跟我們談談嗎？還是那時你人在那部不能透露的戲現場？』」

蘋果在二〇二〇年一月發動政變，宣布跟長期任職HBO的執行長佩普勒簽訂合約。佩普勒把付費電視台HBO打造成原創節目的引擎，在任職二十七年之中拿下一六〇座艾美獎。他的製作班底伊登製作公司跟蘋果簽五年合約，爲Apple TV+拍攝電影及電視劇。佩普勒起初和范安柏格及厄立克商談的是，把他的精品店帶到蘋果的可能性。這位HBO老將向來很讚賞兩人的工作，尤其是他們製作的《王冠》及《絕命毒師》，佩普勒一直覺得應該收到HBO電視台來，他說雙方對節目品質及卓越有著共同敏感度。在兩人支持下，佩普勒和庫依在艾倫投資公司舉辦的太陽谷峰會見面，這場年度盛會是科技與媒體大亨雲集的場合，雙方討論爲蘋果製作紀錄片及影集的可能性。

兩週之後，在紐約上東城由名廚馮傑李奇登（Jean-Georges Vongerichten）經營的馬克酒店餐廳，庫依表示有意將這段關係正式化。那年秋天，庫依、范安柏格及厄立克在蘋果位於曼哈頓的辦公樓裡開始建立合約內容。佩普勒說：「蘋果就像還在胚胎裡，而我覺得也許我可以貢獻棉薄之力，跟尊重及信任的人共事，我知道這個服務將會非常成功。」

庫依及佩普勒曾經在二〇一五年建立關係，當時HBO剛在iTunes推出獨立的串流服務HBO Now。當時佩普勒遇到一個問題。HBO最受歡迎的節目《冰與火之歌》是全球盜版最嚴重的電視劇，觀眾不願意付錢買昂貴的有線電視套裝「合法」收看這齣戲，於是就從網路下載，合法或非法的觀眾用網路串流收看，人數高達數百萬。

佩普勒透過中間人介紹而聯絡上蘋果的媒體主管，提案是：蘋果是否會想在蘋果專賣店裡販售HBO的服務？佩普勒手下的主管團隊安排了一系列祕密商談，讓佩普勒取得矽谷最高舞台的一席：蘋果的產品發表會。這個在舊金山舉行的活動非常有紀念性，佩普勒甚至把他當時上台演講的稿子裱框，掛在HBO辦公室牆上，直到離職。

蘋果跟佩普勒的製作公司在二〇二〇年一月二日宣布合作，擦亮了蘋果身為精品內容購買者的招牌。

同月稍後上映單元劇系列《異鄉人，美國夢》得到關鍵好評。這部影集由《我們的辦公室》資深編劇艾森伯格及《愛情昏迷中》編劇夫妻檔聯手合作，描述移民經驗感動人心的幾段故事。其中一段是說某個奈及利亞留學生在奧克拉荷馬州牛仔文化環繞之下發現自我，為當時川普執政所帶來的惡毒政治氛圍提供了解毒劑。

艾森伯格說，這齣戲似乎非常吻合蘋果的品牌，它的形象是全球、樂觀、有抱負。

艾森伯格認為他跟Apple TV+高層主管的互動具有建設性，並不會令人窒息（不過有些人可能會發現他和蘋果的厄立克之間的通話，辯論著每一集最後結論的文字提要及畫面，幾乎到了偏執的地步）。

艾森伯格說到他以前拍其他戲時：「曾經收到的指示，讓人感覺『你有看到第四頁以後嗎?!』」而蘋果給的意見就不是這樣，「他們非常注重細節，半夜會收到電子郵件，我從來不覺得難受，我覺得是『噢，我們有共同奮鬥的夥伴，跟我們一樣熱情的夥伴』。」

艾森伯格和蘋果合作頗有成果，於是簽下數年合約籌拍電視及數位媒體節目，新公司名稱是 Piece of Work Entertainment。二月蘋果宣布跟艾森伯格進行下一個計畫《新創玩家》，根據著名播客製作公司 Wondery 節目《共享空間 WeWork 的大起大落》（*WeCrashed：The Rise and Fall of WeWork*）改編，拍攝一齣集數限定的影集。

新服務似乎證明了它具有好萊塢特質，推出一齣由山謬·傑克森及安東尼·麥基主演的人權劇《幕後大亨》，預計在美國電影學院洛杉磯年度影展首映，但是蘋果卻突然退出，此舉在影展圈相當不尋常。有人指控，影片某位主要人物之子犯下性侵，迫使公司作出這項決定。（小伯納德·蓋瑞特否認這項指控，但是被從該片共同製作人除名）。整體檢視過後，蘋果的結論是可以在幾家電影院和自家串流服務上映該片。這齣戲來得快、去得也快。

奧斯卡提名導演艾美·澤琳及科比·迪克執導的紀錄片《記錄在案》（*On the*

Record）中，某位音樂高層挺身指控嘻哈大老羅素．西蒙斯性騷擾，本來此片由歐普拉擔任製作人，預計在 Apple TV+ 播出，後來在日舞影展首映前兩週，歐普拉宣布退出，再度掀起爭議。這部紀錄片後來在 HBO Max 上架，兩位導演的紀錄片影集《伍迪艾倫父女之戰》二〇二一年也在 HBO Max 串流上架。歐普拉退出時給幾個影劇公司發了一封聲明：「我決定不再擔任執行製作人。這部片不會在 Apple TV+ 上映。」

第十四章 Quibi 何去何從？

二〇二〇年二月有一支美式足球超級盃廣告，宣傳 Quibi 這個串流服務，在舊金山四九人隊與堪薩斯酋長隊的比賽中播出。對那些質疑 Quibi 長期生存能力的人來說，這支廣告可說是為懷疑論添薪助燃。

大部分超級盃廣告都是在幾個月前就買好的，不過 Quibi 買下超級盃廣告卻是在開踢前幾週才下手。二〇二〇年一月下旬舉辦日舞影展時，Quibi 創辦人卡森伯格和惠特曼主辦一場貴賓雞尾酒時段，兩人不斷宣揚以行動裝置收看微電影，還發手機及耳機給出席者欣賞《求生》一小段，由《冰與火之歌》演員蘇菲．特納及《黑色黨徒》柯瑞．霍金斯演出飛機失事的孤立生還者在白雪覆蓋的偏遠山區求生的故事。酒會上有人提出買下超級盃廣告這個點子。群眾散去後，一小群高層聊著剛才有人提出 Quibi 可以在超級盃初次露面，卡森伯格立刻贊同。

「那天晚上我們要回家，在開車去機場的路上就買下超級盃廣告了。」一位前任高層說：「那種感覺就像『真的嗎？』」

這個宣傳噱頭是直接取材自好萊塢劇本——至少是二十世紀的劇本。為了替一部電影造勢、製造預期，要在當年度最多觀眾收看的電視節目播放一段電影預告片。但是，此舉不顧Quibi行銷團隊的建議，資料早已顯示Z世代（和青年族群）對電視上的運動賽事不感興趣。這支矯揉造作、匆促製作的電視廣告，內容是四個戴面具的銀行搶匪急著呼叫用來逃逸的車輛，而駕駛正在開心觀賞Quibi影片，結果行動失敗，代價不菲。

一位行銷高層主管回憶說：「五百萬美元，基本上是丟進垃圾桶。當時我們離服務推出還有三個月。這種做法很笨，我們都說『不應該這樣做』。」他做過簡報說要觸及年輕數位原住民所在的地方，卻被無視。「接著在奧斯卡頒獎典禮轉播又做了一次，這次是一千萬美元丟進垃圾桶。我們跟惠特曼一起檢視數據，『這根本沒有效』。」

二〇二〇年四月六日Quibi正式登場，明顯缺乏吸引力，不過，新冠疫情到底對它影響多大也是可以討論的。全美就地避疫時，推出行動觀看的影片服務，確實是一大致命傷。不過卡森伯格仍堅持自己的原始理論，他相信在致命病毒蔓延的淒涼新聞之中，十八至三十四歲年輕人會很想要一小段能夠分散注意力的東西。

「當我們所有人集體緊張焦慮、沮喪、感到威脅時，當生活被搞得天翻地覆的時候，有個暫時放下的時刻。」卡森伯格召喚出一個現實扭曲力場，就跟賈伯斯的現實扭曲力場一樣有說服力：「這東西是全新、獨特的，它完全不一樣。你知道，我們這個產業整個目標就是：告知、娛樂、啟發。」

惠特曼先前已規畫出四億美元「震天價響」的行銷宣傳活動，就爲了在分心的世界中抓取人們的注意力，以一場星光璀璨的好萊塢紅毯造勢活動來烘托 Quibi 推出，邀請一百多位名流排排站在全世界娛樂媒體面前。

吸睛盛典本來應該能幫助 Quibi，在全球知名品牌 Netflix、亞馬遜、迪士尼制霸的擁擠空間中，突顯出它的獨特定位。但是，迅速散播的新冠病毒讓這個活動無法舉行，一整年的規畫付諸流水，惠特曼只好思考如何以遠距方式觸發名流效應。

在 Quibi 位於洛杉磯的辦公室中，刻意放了倒數時鐘標示，距離發表只剩幾天幾小時幾分幾秒，惠特曼決定展開 B 計畫。二〇二〇年三月一場專訪中她說必須調整策略：「好在我們是數位公司，對吧？所以，紅毯盛會怎麼舉辦，我們有很多點子——只是要在網路上辦。」

Quibi 發表會最後變成是無聲的盛會，宣布九十天免費以吸引訂戶。根據研究公司 Sensor Tower 數據顯示，應用程式下載高峰在發表當週，一五〇萬次下載，隔週掉了五七%。

社群媒體一片罵聲。有些人挫折的是無法擷取畫面並分享在社群媒體上。與電競網紅及行銷網紅合作的 Click Management 創辦人及執行長華特金（Grace Watkins）說：「他們完全沒有跟上迷因文化。」有些人抱怨被迫用家中最小的螢幕，就是手機，收看 Quibi 的影片和電視劇。科技進化到這個時候，Quibi 卻忘記了消費者想要怎樣收看內容——在任何地方、任何時間、任何裝置上。

Quibi 爲了能讓節目迅速瘋傳，加入了擷取畫面的功能。不過，社群媒體的討論有時是兩面刃，就以導演山姆・雷米重述營火晚會老故事爲例，有個男人貪圖妻子的金手臂義肢，在她死後偷走（後果是引來屍變復仇），這齣 Quibi 推出的單元劇集《恐怖五十州》，由艾美獎得主瑞秋・布羅斯納漢飾演對義肢有病態迷戀的角色，她被診斷患有「肺金疾」，但是拒絕接受截肢，臨終病床上喃喃說著一句話，後來在推特不斷被轉推：「我死後，把我的金手臂跟我一起埋葬。」

最難堪的批評則是節目品質。即使 Quibi 一口氣推出五十部影片，而且明星多到足夠塡滿《浮華世界》好萊塢專輯，但卻沒有一部算是石破天驚。《大西洋月刊》評論人史賓賽・柯納伯（Spencer Kornhaber）寫道：「上映的影片就是不足以吸引兩個眼球。」

Quibi 好不容易推出，隨即陷入訴訟，被一家互動影音公司 Eko 以違反專利侵權告上法院。這家位在紐約的公司控告，Quibi 員工竊取商業機密以製作突破性的翻轉功能 Turnstyle。訴訟一直到 Quibi 中止營運之後還持續著，卡森伯格在二〇二一年九月同意這項翻轉技術歸於 Eko，這才和解落幕。

即使在 Quibi 最後終於死掉之前，驗屍報告就已經出爐，很多人幸災樂禍熱議，惠特曼及卡森伯格這兩位卓然有成的高層，賠掉十七・五億美元。《連線》雜誌刻薄表示：「嘲笑 Quibi 比收看 Quibi 來得有趣多了。」

Quibi 在九十天免費試用期過後，就很難吸引用戶。研究公司 Sensor Tower 估計，只有八%用戶選擇繼續訂閱，不過 Quibi 指出轉換率沒那麼差，它提出另一家獨立測量公司 Antenna 的數據，大約有二七%。以這個轉換率，還是不到內部預測第一年付費訂閱者達到七百萬的目標。根據某位內部知情人士表示，整個商業計畫的前提是，Quibi 第一年每週訂戶成長數字要跟 Spotify、Netflix、Disney+ 相當。這位知情人士說：「我們都知道……達成那些數字是非常困難的。」

當時 Quibi 在利基市場做得不錯。花藝家莫里斯．哈利斯主持《Centerpiece》訪問黑人創作者，並將這些人的個性特質演繹成花卉裝置藝術，像這樣的節目吸引到文化人士的注意，例如演員莉娜．韋斯。但是在卡森伯格眼裡，這沒有績效。

有個 Quibi 前任創意高層說：「我們拿廣告商的錢，也募來這麼多錢，必須盡可能把數字衝到最大。而相對的……利基市場可以是很豐富的。做十部那種節目，我們有什麼？我們就會有個很酷的平台。」

這個服務提供「快速咬一口」的內容，這句話變成一個哏。二〇二〇年六月某場遠距舉行的迪士尼 ABC 電視台對廣告商的年度報告大會上，深夜脫口秀主持人吉米．金莫像冷面笑匠一樣：「我像個傻瓜站在這裡，沒有觀眾。我感覺就跟 Quibi 每個節目一樣。」

Quibi 推出三個月內，好萊塢內部人士已經判定 Quibi 完蛋了，就跟眾星雲集的電影《貓》一樣慘不忍睹，只是它是串流版的。

回顧反省，踏錯哪幾步是很清楚易見的。首先是 Quibi 推出行動裝置上的服務，希望以輕薄短小的娛樂來填補人們的「等待空檔」，但是當時新冠病毒已經消除了這些短暫時刻。也或許 Quibi 就是不像社群媒體、遊戲、其他手機上讓人分心的應用程式那麼吸引人使用。

位在明尼波里斯的 Loup Ventures 投資公司的柯林頓（Doug Clinton）寫道：「我會說，問題並不是出在這些時刻消失，而是這些時刻已經有別的東西填補了。」

最致命的缺點是，Quibi 建立在一個特定的使用設定——消費者想在智慧型手機上看影片，而不是建立在一個商業模式上。根據皮尤研究機構在二〇一五年調查，已經有三分之一消費者在手機上使用現有的 Netflix、葫蘆，或是亞馬遜 Prime 看影片。

有個資深好萊塢高層說，「我們電影產業有個說法是『長羽毛的魚』，Quibi 就是這樣。」這位人士要求匿名以維持跟卡森伯格長期以來的商務關係。「它不像 Netflix 可以一直看一直看一直看。它也不是抖音。很遺憾的是，設計它的人不是 Quibi 想要吸引的那個世代的人。」

這個新創事業拿到的資金相當可觀，創辦人誇下海口，它將重新定義行動時代的娛樂，但是最後做出來的應用程式卻跟「新可樂」一樣：砸下巨資行銷的產品，但是沒有人想買。新冠疫情爆發初期、人心惶惶那幾個月，克服萬難推出 Quibi，彷彿是個不祥預兆，崩塌僅僅發生在七個月之後。推出第一天登上蘋果應用程式商店的下載程式第三名，但是很快就跌出十大排行榜，到了六月中更是掉到第二八四名。

起初卡森伯格歸咎於推出時受到外力影響。某次《紐約時報》訪談尤其災難，他說「所有問題都怪新冠病毒」。幾週之後他說，一開始成長緩慢，等於是測試期，讓公司可以在撞到新冠病毒的「磚牆」之後，做一番盤點並重新集結陣勢。

但是在全國封鎖期間，時光似乎永無止盡，觀眾想要的是窩在客廳電視前盡情追劇，而不是「點心」形式的電影及電視劇。

不過，Quibi 的問題根源更深，那就是它的成立前提。卡森伯格經常抬出丹·布朗的暢銷書《達文西密碼》，這本書由一〇五個短章組成，他以此書爲例來證明他的想法，把頂級娛樂內容切分成好幾個小段落，塡滿一天之中的空檔。卡森伯格在二〇一九年四月表示：「我問到這一點時他說：『我希望讀者有非常棒的閱讀體驗，所以我的設計是，在整個閱讀過程的每一步都提供滿足感，而且要方便，現在大家的時間被切得更爲破碎。』如果你有十分鐘時間，可以讀一章或兩章。有一小時空檔嗎？那就繼續讀下去。」

Quibi 卡司陣容星光閃閃，卻沒有產製出能抓住注意力的節目，像抖音影片那樣，即興、無厘頭，但是又意外地有親切感，成功抓住觀眾注意力。例如社群媒體業餘網紅 Nathan「Doggface」Apodaca 在愛達荷瀑布二十號公路上滑滑板，一邊聽著佛利伍麥克樂團的〈Dreams〉、一邊啜飲蔓越莓果汁，就吸引很多人觀看。

卡森伯格事前並不是沒有收到警告。他找來的人都是年輕的開發主管，這些人提醒過，Quibi 虛擲金錢在觀眾並不在乎的影劇人身上（其中一個是瑞絲·薇斯朋，根據報導，請她擔任某部自然題材節目《Fierce Queens》旁白，酬勞是六百萬美元）。有個內部人士表示：「一直都有爭執。卡森伯格並不是非常能夠放低身段去了解我們鎖定的受眾。」

「卡森伯格的自我意識太強了。」有個資深電視高層說，卡森伯格沒有對目標受眾做概念測試，結果就是選出來的節目有缺陷。年輕族群在玩電玩、聊天、看 YouTube 影片、在手機使用社群平台，而不是尋找切成好幾章的長篇內容。這位高層表示：「初始概念是有問題的，他們沒有能力聆聽或是聽到這些受眾是誰，而且就算有機會做起來，也被疫情打死了。」

卡森伯格創辦的夢工廠剛開始雖然需要暖身一下，但是很快就製作出拿到奧斯卡的大作《美國心玫瑰情》《神鬼戰士》《史瑞克》，而 Quibi 推出時的五十五部影片裡沒有一部熱門。這位好萊塢大人物在 Quibi 的失手相當令人震驚。

製作人布倫早有預知，他在二〇二〇年十月初某次專訪表示「六個月內它就會倒了」，過幾天 Quibi 正式宣布停止營運。「那真是最驚人的倒閉事件之一。就像娛樂產業的 WeWork。」（譯注：WeWork 是共享辦公室的知名新創，在全球迅速擴張，後來爆發經營管理及鉅額虧損問題。）

二〇二〇年夏天那幾個月，惠特曼忙著調整路線。她檢視數據並提出不同戰術，例如在澳洲及紐西蘭推出免費方案，並且改弦更張不再堅持只能在手機上看，讓使用者可以在客廳電視收看——這是使用者要求的功能，但是這樣就讓 Quibi 跟其他串流服務直接競爭。惠特曼想方設法降低 Quibi 燒錢的速度，以爭取更多時間來進行改造。

一個前任行銷高層說：「卡森伯格希望的是，要不就做大、要不就打包回家，他要加碼花更多錢行銷。而我們與惠特曼試著把這家公司的跑道再伸長一點。卡森伯格決定在夏天力推一把，丟幾億美元做行銷。」

二〇二〇年九月，卡森伯格和惠特曼開始找買家。《華爾街日報》報導 Quibi 考慮過幾個選項，包括增資，以及跟一家專做收購的公司合併後上市。但是沒有任何買家。卡森伯格及惠特曼在二〇二〇年十月二十二日宣布，在十二月一日中止這個服務，把剩下的現金盡可能退還給投資者。

卡森伯格和惠特曼在一封發給員工及投資者的公開信中說：「Quibi 是個宏大的想法，沒有人比我們更希望它成功。我們失敗並不是因爲沒有嘗試；我們已經用盡各種辦法。」

卡森伯格和惠特曼極力要解釋這次失敗，兩人過去並不是經常嘗到這種滋味。他們當然經歷過短暫挫折——票房失利、產品延遲推出，但是從來沒有一次從這麼高直接撲倒。

Quibi失敗，「可能原因有一兩個：其一是這個想法本身不夠強大到足以撐起一個單獨的串流服務，其二是時機問題。」兩位高層說：「可惜的是，我們永遠不會知道原因是什麼，但是我們認爲，可能兩者都有。」

最後一次對全部員工的視訊會議，氣氛很感傷，卡森伯格最後一次加油打氣，鼓勵Quibi員工聽聽夢工廠動畫電影《魔髮精靈》歌曲〈Get Back Up Again〉以提振士氣。

Quibi超級失敗，讓人想起夢工廠和朗．霍華的想像娛樂公司在二〇〇〇年合夥成立Pop.com，也是功敗垂成。Pop.com和Quibi一樣找來許多頂尖好萊塢人才，爲YouTube風行之前的網站製作原創短片。雖然獲得許多大人物同意合作，包括威爾．史密斯、茱莉亞．羅勃茲、艾迪．墨菲、史提夫．馬丁，但是Pop無法以估値二億美元找到買主，宣告破產。

卡森伯格在Quibi推出之前某次訪談中說到Pop：「我們當時是眞的沒有營運計畫。那時候就是『你做，他們就會來，然後我們就會想到賺錢的辦法』。」

第十五章 「如果想得到別人注意，你就得嘲諷」

二〇一九年秋天，ＮＢＣ環球將串流服務取名爲「孔雀」。含蓄說來，外界反應是好壞參半。薩瑞（Miles Surrey）在 The Ringer 網站上寫道：「這名字是因爲ＮＢＣ商標有很多顏色，但是聽起來就像棄置在《超級製作人》剪接室的構想。想像一下，你跟朋友正在聊天，你朋友並不是那麼了解串流戰爭，你突然說：『上個月我試了孔雀，到目前爲止都很棒！』你朋友投來古怪眼神：『老兄，那是什麼植物奶的名字嗎？』」

就連支持這個名字的人也表示，有些潛在顧客可能會以爲這是凱蒂．佩芮的俏皮流行歌曲，而不是ＮＢＣ簡稱。不過擁護者確實注意到，這個名字有個好處是，ＮＢＣ環球並沒有跟迪士尼及蘋果一樣在公司名稱後面添個＋號，採用這種做法的還有ＢＥＴ、ＥＳＰＮ、Samsung 等等。ＮＢＣ考慮過幾百個可能性，包括另一個跟禽鳥有關的名字 Roost（窩巢），沒有選它是考量到ＮＢＣ商標形狀，最後選定孔雀。有個知情人士擔心會被抵制：「我可以想見一定有媒體不喜歡這個字。」爲了拿到以 Peacock（孔雀）爲名的網域名稱，最後一刻還在跟一個名爲 Everett Peacock 的夏威夷作家協商。ＮＢＣ負責這項專案直到推出前幾個月的高層主管漢默說：「我們非常幸運，推出前十一小時搞定這件事。」

NBC內部多數主管對這個名稱放心，是因爲研究支持他們的直覺，名稱稍微反映出NBC的過去，會比明顯使用電視台名來得好，這樣外界就不會把這個串流服務當成TV Everywhere的分身，而且因爲加進一個全新品牌，對廣告商的說服力會增加。在節目方面也會有較大自由，因爲很多孔雀影視節目刻意區隔，不同於NBC招牌節目如《這就是我們》《良善之地》適合闔家觀賞。要獲取串流新顧客、博取注意力，Netflix及亞馬遜Prime和葫蘆網都是推出非主流風格的原創影集。孔雀規畫的戲劇節目中，《安吉林》取材自只有洛杉磯熟悉的名人，一九八〇年代這位豐滿狂放的文化代表，裝扮像芭比娃娃，開著粉紅色雪佛蘭招搖過市，多次登上廣告看板引起轟動。在實境節目變成眞正的專業之前，她就在扮演自己。這部影集就以她爲名，由艾美·羅森主演，裝上假乳溝、穿上粉紅色比基尼上衣、梳著淡金色蓬鬆髮型，釋出預告片中說：「如果想得到別人注意，你就得嘲諷。」

《安吉林》影集是由漢默主導推出，她在二〇一九年初被任命爲孔雀影視的總監。這位有線電視老將，接任後上半年建立了孔雀的原創內容策略，企圖複製過去她爲NBC環球各大電視台成功建立品牌及節目內容的經驗。除了非主流風格的影集，還有許多豐富內容，包括《龐姬布魯斯特》及《救命下課鈴》，這些是拿以前的題材重新創作，立刻就讓觀眾一眼認出，銜接懷舊情緒並對NBC環球的片庫重燃興趣。漢默對這個品牌的定位是「時機正好，永不過時」，這頂帳幕夠大，可以收納NBC電視台的新聞及運動賽事直播、環球影業的電影，以及旗下各大電視頻道。除了安吉林這個案子，另一個極富企圖心的計畫是大量運用特效改編赫胥黎《美麗新世界》，主演是艾登．艾倫瑞克及黛咪．摩爾。漢默說：「不管是重拍或原創，都是創造很棒的內容來吸引觀眾。觀眾可以轉台進來看現有的NBC環球電視影集，也可以看到一些新鮮但又熟悉的重拍。另一方面，我們也做原創影集和熱門的大型現場節目……吸引新訂戶。」

二〇二〇年孔雀影視的首映是哪一天，事前並沒有完全定下來，但目標是趁著夏季東京奧運時做一波大型宣傳。迪士尼和蘋果即將推出串流服務時，NBC環球內部的壓力愈來愈大，到了十月，漢默把主管孔雀的位置交給麥特．史特勞斯。她跟同事說，回到比較熟悉的角色擔任NBC環球內容工作室的主管，令她鬆了一口氣。漢默說：「把架構建立起來，有了構想、品牌、名稱，然後交給麥特，他是最佳人選。他了解技術，而且天生懂得如何推出數位服務。」集團執行長伯克雖然尊敬漢默，不過孔雀的主管必須同時兼備數位及電視專業。而漢默的主要專長是節目，這方面還是很重要，但是，使用者介面、如何處理廣告、發行通路計畫、結合傳統與高科技，孔雀必須在這些面向達成目標。史特勞斯受邀參加高層度假會議，地點在康卡斯特執行長羅伯茲於麻州瑪莎葡萄園的夏季別墅，這棟別墅俯瞰葡萄園海峽的小島鏈，這位有線電視大亨曾在此接待歐巴馬總統，他們定期在這一帶度假。史特勞斯在度假會議中報告他的策略，要運用康卡斯特 Xfinity 有線及網路服務來支持孔雀。

史特勞斯說：「幾週之後，我跟家人正在吃晚餐，那天是星期四，我接到史迪夫．伯克打來電話，他問我是否願意去 NBC 營運孔雀串流。對我來說，那是我所能想到的最棒挑戰。」

史特勞斯毫不遲疑，三天後就打包離開紐澤西州櫻桃丘的家，太太開車載他穿過紐澤西高速公路交流道系統，他住在紐約旅館三個月，督導孔雀推出。史特勞斯長期以來的願望是提升看電視的經驗，同樣的企圖心也適用於串流服務，他認爲串流可以做得更好。康卡斯特和 NBC 環球祕密發展孔雀那十八個月，史特勞斯一直都在會議桌上有個位子，建議應該透過康卡斯特的 Xfinity X1 系統來營運孔雀。在擁擠的串流市場，他早就爲 NBC 環球指出這個機會。後來他的省思是：「我覺得自己在康卡斯特有獨特的觀點去理解收視行爲，我接觸到很多數據，我能接觸到並理解人們是怎麼跟不同的產品及服務互動。」

因此，以伯克的用詞來說，孔雀「和別人走相反的路」。史特勞斯的觀察是：「電視是非常動態的，是當前的、社會性的。而許多串流服務你會感覺比較像在賭場裡，沒有時間感或地方感。」

孔雀影音則是相反，這支應用程式一打開就會播放影片，模仿打開電視的經驗。「它眞的是要重現那種感覺，」史特勞斯說它是「每天你都可以來的地方，你知道它不只是會更新、會改變，而且非常切合當下，跟目前世界上正在發生的事有關」。他補充說，社群媒體把那種客製化的情緒轉換做得很好，但是「串流就沒有這麼多」。

在史特勞斯指導之下，有一組大型團隊開始準備二〇二〇年一月舉行的投資說明會。孔雀影音正式在新聞界及華爾街亮相，地點在著名的洛克斐勒中心三十號八樓攝影棚，也就是《週末夜現場》攝影棚。聽眾可不是容易對付的，他們已經在其他場合聽過許多關於串流的訊息，蘋果、迪士尼、華納媒體都舉辦過類似活動，更別提業界對廣告商的串流提案有如雨後春筍，而且Netflix向來是話題不斷。有個明顯風險是疲勞轟炸，因此孔雀刻意安排報告節奏迅速，強調它的娛樂面，講者陣容星光熠熠，包括蒂娜·菲、吉米·法倫、賽斯·梅爾，還有大眾熟悉的NBC環球節目主持人，莎薇納·賈斯禮、萊斯特·霍爾特、邁克·蒂里科等。台上很少人講超過五分鐘，不過當然在財務及預期訂戶數這幾項有相當多討論。

伯克並不是蟄居在過去，但是他從廣播開始說起，讓人想起這個攝影棚的起源，一九三〇、四〇年代是NBC交響樂團及指揮家托斯卡尼尼的根據地。伯克說：「媒體史上幾場最重要的活動就發生在此地，就在這棟建築物裡，就在這個場所中。從廣播電視的黃金年代，到第一支電視廣告、第一齣彩色節目，都發生在這棟建築、這個場地，而且都是因爲NBC。」

NBC環球擁有一系列數位品牌，也涉獵手機應用程式Snapchat，但是整場說明會的排場及調性並不是真的強調「高科技」。出席者在進入說明會場地前，先是走出裝設實木面板的電梯，進入走廊，兩側掛滿了《週末夜現場》及《卡夫電視劇場》裱框黑白照片，大家入座在影劇產業的孕育之地。孔雀影音是二十一世紀的串流事業，但這場報告似乎在說，它跟ＮＢＣ過去數十年推出的各項舒適穩當的事業並無二致。

《吉米Ａ咖秀》節目樂團擔任暖場表演，群眾熱切期待接下來誰會登上這個像伸展台一樣閃亮的舞台。伯克如同往常風格率真，他所說的是在座許多聽眾喜歡聽的。他播放幾張亮黃色及藍色的長條圖，完全贊同對Netflix懷疑，也認同大家所感受到的，高端訂閱串流服務在市場上已經過度飽和。Netflix當然正在加碼，但是許多投資者及記者認爲Netflix太過揮霍、無法持久，一旦訂戶數字停滯不前就會崩解。Netflix畢竟只有一個產品，無論這是好處還是壞處。而且目前爲止，至少在二〇二〇年代之初，Netflix並沒有任何可以衍生消費者產品、電玩和其他營收金流的主要專賣品。

ＮＢＣ環球則相反，它在媒體界是重量級的存在，母公司是美國最大有線電視業者康卡斯特，擁有大量寬頻業務。孔雀雖然取的名稱打破常規，但它並不是要做什麼花俏東西。伯克說：「有廣告的事業已經存在了數十年，是經過驗證的商業模式。」他表示，賣廣告的二五〇個線性電視台囊括九二％收視觀眾，而沒有廣告的電視台如ＨＢＯ及Showtime則占了剩餘的八％。幾十年來，美國三大電視網ＮＢＣ、ＣＢＳ、ＡＢＣ就像印鈔機，完全是基於有廣告的商業模式，爲什麼要突然把它放掉呢？伯克繼續說：「電視台播放節目，希望能吸引觀眾，就說是二千萬觀眾吧，真的吸引到這麼多觀眾時，就能從廣告營收裡賺到錢。這就是孔雀的目標。某些方面來說，我們創造的是以網路傳遞的二十一世紀廣電事業。」畢竟，這個策略對葫蘆網及其他平台似乎是成功的。並不是不做 Netflix 就會破產。

漢默對節目的天生直覺，在業界很出名且相當成功，不過，在二十一世紀初進入電視黃金年代時，她的路線跟HBO、FX、AMC不一樣。當時USA電視台節目主要是重播、網球，還有俗氣的偵探劇《結案高手》等，在漢默主導之下大躍進，開始製作原創影集。其中最大突破是後來所謂的「藍天」策略，產製了更多好看的節目如《火線警告》《雅痞神探》《神經妙探》《無照律師》，只有一部熱門影集《駭客軍團》是比較黑暗的題材，USA電視台大部分影集都是按照慣例的類型劇，每一集都有令人滿意的結局，而非像HBO、FX及早期串流平台節目那種整齣戲的說故事方法。USA影集也強調看電視是「慰藉食物」，拍攝場景都是漂亮又陽光普照。漢默曾經跟《紐約時報》解釋說，她的節目「讓你感覺很棒，而不是關起來在一個暗暗的地方心情低落」。漢默的節目單上也有實境秀，E!電視台製作出非常賺錢、改變文化現象的《與卡戴珊一家同行》和衍生節目。

其他講者則大力吹捧NBC電視網著名的喜劇及影集，還有 Telemundo 電視台的西班牙語節目（根據美國拉丁裔觀眾的串流收視分析，這是相當有潛力的武器），以及最多人關注的運動賽事節目。總之，孔雀的基本訂閱方案含有七千五百小時電影及影集，都是免費提供。孔雀高級方案則是再加上一萬五千小時，而且還有NBC及其他電視台的當紅影集、吉米・法倫及賽斯・梅爾的深夜節目，這些在電視台晚上八點播出之後，隔天就可以在串流平台收看。NBC環球的廣告業務主管亞卡麗諾（Linda Yaccarino）強調，孔雀的廣告經過專門設計，減少廣告帶來的干擾，這是挫折的觀眾好幾年來一直都想排除的。整體廣告時間不會超過每小時五分鐘，大約只占線性播放電視台廣告時間的三分之一，而且「廣告出現頻率上限」確保不會看到重複廣告，這也是觀眾討厭的。

史特勞斯詳述孔雀要傳遞的體驗，這是他小時候在長島蠔灣就發展出來的想法，其中包括線性頻道精選，觀眾除了可以隨選即看這些精選頻道，還可以瀏覽十幾個播映現場節目的線性頻道，收看環境就像在有線電視，螢幕上會有節目表。有些頻道是建立在NBC環球的核心節目，例如：新聞節目《今日》、奧運、《週末夜現場》，但是有些頻道來自外部供應商，例如：鮑伯・魯斯頻道（沒錯，就是那個教觀眾畫樹的開心節目，它真的存在）。孔雀平台上有個標籤「現正流行」，提供二至四分鐘NBC新聞，或是來自E!或NBC運動台的焦點。（這次投資者說明會過後，史特勞斯說，公司認爲，放上免費串流電視台這個做法，Roku、亞馬遜Fire、Pluto TV都已經在做而且成功，因此導出這項關鍵策略。他說：「我們不是叫做NBC plus，這樣一來，我相信我們可以當個內容整合者。」換句話說，就是一家有線電視公司。）

由於孔雀是有廣告的，它的定價可能是投資說明會最關心的部分。基本訂閱方案是免費的，無論你在哪裡使用。高一等級的訂閱方案Peacock Premium對康卡斯特用戶免費，非用戶則是每月五美元。若要完全沒有廣告，就要再多付五美元。孔雀將在四月十五日提供給康卡斯特用戶，全國推出則是在七月十五日，選這一天是為了充分利用二〇二〇年東京奧運，伯克喜歡稱它為「後燃器」。NBC環球相信，以這個價格，在二〇二四年之前將能達到三千萬到三千五百萬活躍訂戶，這項事業就能獲利。這裡面有個微妙之處，它是預測的用戶數量、而非訂戶數量。因為康卡斯特用戶自動享有孔雀，這些用戶只要點開這個應用程式一次就算是孔雀用戶，相較於其他訂閱制串流服務得要通過複雜的免費試用期和轉換，孔雀比較容易達成用戶數字的目標。

整場投資說明會是九十分鐘，最後結束在分析師問答時間。說明會忠於任務，並沒有過度沉溺於營造歡迎氣氛，而是提出了許多扎實的統計數字、精采豐富的新節目、企業策略的洞見。有個分析師問孔雀要如何處理發行通路，因為許多付費電視業者已經付錢給NBC和旗下其他電視台。對此，伯克表示有信心，他說除了康卡斯特（還有Cox Cable，這是一家比較小型的業者，是孔雀推出的合作夥伴），其他有線電視業者也會被免費價格吸引，伯克說：「如果你站在有線電視或衛星電視高層主管的立場來看，你得到的是價值五、六美元的免費產品，適用於你的所有顧客。所以我預期大部分業者會搭載孔雀。」有兩家公司在孔雀推出前並沒有宣布與之合作，那就是大守門員Roku及亞馬遜Fire TV，兩者合起來占據超過一億美國家戶。

投資說明會過後，史特勞斯說，孔雀服務推出期間，首要目標是擴大搭載。不過他也認爲這個服務本身就是個通路，而二〇一九或二〇二〇年其他串流新業者是沒辦法這樣說的。

史特勞斯表示：「在很多方面來說，我希望孔雀可以做的是重新創造有線電視套餐，」包括現場及線性播放的頻道、當前正流行的內容，還有許多豐富的隨選即看電影及電視節目，「那會更像電視——而這就是整件事的要點。」

史特勞斯說，他沒有「任何企圖要跟Netflix或Disney+競爭」。他補充說，許多人心裡有這種二分法，而這是錯的，「不是一就是二，事情不是這樣的。它不是線性播放的，也不是隨選即看——而是兩者皆有。重要的是把正確的內容、在正確的時間、跟正確的用戶接軌，而且要給觀眾有選擇。我要再次說，我眞的相信這是我們的祕密醬料，如果我可以把它做對、能打造出一個整合平台，你過幾年回頭看，我這是創造出有線電視套裝的下一場革命。」

八樓攝影棚裡的燈光再度亮起，樂團在眾人離場時演奏，大家魚貫走向洛克斐勒中心三十號的另一顆珠寶，位在六十五樓的彩虹室。這個奢華的空間充滿歷史，以前是有歌舞表演的餐廳，曾舉辦過東尼獎，而且是世界級調酒大師戴爾・狄格洛夫的基地。NBC環球的高層主管與編導演藝人員，在這裡都鬆了一口氣。《法網遊龍》製作人給演出《駭客軍團》的克里斯欽·史賴特一個擁抱；以《格雷的五十道陰影》一炮而紅的傑米·道南當時正在演出孔雀的影集《死亡醫生》，他跟杜雷·希爾打招呼，希爾在電影中回歸飾演他在《靈異妙探》的角色。衣著整齊的隨扈笑著互動。賓客陸續進來之後，已經感覺不到一絲剛剛在樓下發生有關串流或科技的事，感覺就像頂級首映派對，這是好萊塢向來最擅長的。酒水飲料自由取用，從四面八方往外看，遠方都是城市點點燈火。

不屬於紅毯的出席者則占據了一部分取餐台，評估著剛剛看到的事物。兩個分析師拿了免費壽司，對孔雀的計畫表示激賞。有一個說：「這很聰明。何不利用現有優勢？他們現在就坐在這個難以置信的廣告銷售機器上。這是個利用它的新方法。」華爾街普遍抱持這種觀點。這場說明會後，股價並沒有像迪士尼那樣應聲上揚，但是有一波保守的正面反應，普遍感受是「啊哈——原來它打算那樣做」。考恩投資機構的分析師威廉斯（Gregory Williams）偏向保留，他寫給客戶的報告提到：「發表會剛開始播放的剪輯影片，似乎不是很說服人，至少對我們來說，不像在迪士尼或華納／HBO投資說明會時看到的。」他說，比較實際的是利潤展望：「說孔雀將大幅使廣告市場改頭換面，這一點我們並沒有完全被說服。」維德布什證券分析師伊福斯（Dan Ives）則是比較追崇明星，他給客戶的訊息中說，這場發表會「是一場令人驚豔的活動，請到許多名人如賽斯・梅爾、萊斯特・霍爾特、吉米・法倫、蒂娜・菲等。它成功拿捏，綜合了 Netflix、蘋果、迪士尼」，並且將會「在接下來數年的串流戰爭中，清楚破壞 Netflix 霸主地位和它的訂戶成長曲線」。

在派對上，史特勞斯露出滿意的表情，開心擺姿勢拍照並補充極欠缺的水分。他的工作離結束還很遠，不過這是一大步，讓外界了解孔雀運作的思維，它是串流競賽中一個獨特的新品種。他說，外界認爲他要來破壞 Netflix，這說法完全不準確。他認爲 Netflix 這個串流巨頭的貢獻是刺激了觀眾要求更好的收費節目，不過，那不是他要達成的目標。他並不認爲串流領域充斥過多業者，或是有個大領導者要跟隨。他看到的是很大的空缺，以他的混合模式來塡補這個空缺，一個有廣告支撐的產品，但是仍然給觀眾在電視上無法得到的東西。孔雀不會豎起任何羽毛。它不會威脅、破壞康卡斯特油水豐厚的付費電視業務，而是去擴大它。史特勞斯說，「大家錯以爲 Netflix 是電視的替代品。Netflix 不是電視的替代品，而是加進電視裡的一樣食材。大家喜歡 Netflix，許多人最愛 Netflix，但是也喜歡其他所有能夠得到的選擇，因爲大家喜歡看影劇，一直都喜歡。觀眾就像內容的肉食者，就是想要更多。」

第十六章　智力測驗

訪客來到加州柏班克的華納兄弟製片廠，坐上高爾夫球車，九十秒鐘的車程載他們來到二十一號攝影棚。走進大門，推銷大會立刻開始，他們將親眼看到、聽到華納即將推出的最新串流服務。華納媒體這次宣傳活動，並不是透過舉辦媒體發表會或製播電視廣告，而是透過體驗式的市場行銷方式，目標是讓華爾街分析師和媒體記者完全沉浸在華納充滿故事的過去，以及它對數位化未來的願景。

高爾夫球車內的廣播系統流洩令人陶醉的電影音樂組曲，兼任導遊的司機以頭戴式麥克風流暢說出事先寫好的腳本，對來賓介紹經過身邊的每一棟攝影棚。這次旅程顯示出，這群位在維杜格山腳下的米白色建築物非比尋常——此地是娛樂產業的傳奇。導遊說在這裡製作的電影包括：「精采的經典電影如華倫．比提及費．唐娜薇主演的《我倆沒有明天》。華納出品的強檔電視劇。間諜喜劇《宅男特務》就是在您左手邊的十號攝影棚拍攝的；還有深受千禧世代喜愛的電視影集《美少女的謊言》。」

導遊幾乎一口氣都沒喘，以一種經過訓練且活潑愉快的知識推銷口吻，不斷說出影劇和明星的名字：「現在我們接近第十四號攝影棚，這裡就是亨佛萊．鮑嘉和英格麗．褒曼在《北非諜影》那句著名台詞『永誌不忘』的出產地，該片在一九四二年獲得奧斯卡最佳影片獎。」接著，「前面您將會看到我們最棒的幾齣電視劇的攝影棚，包括《宅男行不行》《白宮風雲》，當然還有令人難忘的《六人行》，今年是這部影集的二十五週年。」

就在高爾夫球車行駛到最後一站之前（導遊說這是《瘋狂聖誕假期》拍攝地），關鍵來了：「這些電視劇和電影全都會包含在一萬小時的節目內容，」就是華納媒體的新串流平台。「下車時請小心別撞到頭。祝各位來賓欣賞愉快！」

秋陽隱沒在山脈後方，高爾夫球車漸漸清空，大約一百多個出席者開始塡滿現場座位。攝影棚空間有一半設立了半圓形舞台，記者抵達時，華納外聘的公關人員在附近待命，並且在活動正式開始之前塡滿空下來的位置，讓人感覺好像全場爆滿，同時這些公關也可以就近注意聽眾的反應。牆壁、地板及椅子都是整齊劃一的黑，讓焦點集中在超大螢幕，上面有繽紛的宣傳短片、預告片與其他視覺內容。活動規畫者效法迪士尼投資說明會，那場說明會不僅讓產業及線上收看的消費者驚豔，也讓迪士尼股價在一天內上漲超過一〇%。華納媒體和同樣的供應商租用當天所需設備，製作的影片也是類似長度。這個十月的最後一個星期二被稱爲華納媒體日，揭幕儀式有點像在度假，同時也帶著家族相聚的緊張。

燈光暗下，螢幕亮起，播放影片。摩根・費里曼熟悉的男中音迴盪著，聽眾聽得出他的聲音，但是幾乎快要被厚重的配樂蓋過。費里曼曾爲企鵝、Visa卡及CBS晚間新聞獻聲，他的渾厚嗓音能將累贅的腳本演繹得極具分量感，甚至可說是莊重。但是莊重的代價並不便宜，請他來做影片旁白的酬勞高達數百萬美元。

螢幕顯示了一連串影像和聲音，關聯到AT&T發源於十九世紀經營電話及電報事業的起源，後來進展到無線、寬頻及網路。費里曼的旁白說到這家公司幾十年來的創新，「這股火花永遠改變了我們的生活，從星星那樣又高又遠的地方，讓我們瞬間連結彼此。今天這個火花繼續散播，不只改變我們的通訊，還有我們的知識、娛樂及情緒。」這段影片觸及每一個關鍵——華納兄弟一世紀以來的電影及電視遺產；泰德・透納的CNN，以及透納電視台在一九七〇年代掀起的轟動；還有HBO使電視這個媒介大幅改頭換面。聽眾可能會覺得好像還在高爾夫球車的旅程上，只是這次有繽紛多彩的視覺，加上能震動座位的劇院等級音效。

費里曼繼續說：「下一場革命的開始，就在我們自己的客廳。最成功的創新者了解，規則是怎麼改變的，產生了多少機會。」這段話指的是一九五〇年代電視大為風行，但也明確提示，串流風潮就是下一個產業的交叉路口。華納媒體自認具有制度上的能耐，可以按照自己的期望來扭轉變革，創造出與過去比肩的文化產品。

五分鐘影片播放完畢，接下來就是主要報告，不少人（包括幾千個公司員工）透過網路直播收看。華納媒體執行長史坦基大踏步上台，準備報告來自商學院的新比喻，也就是他和公司正在建立的「飛輪」良性循環。史坦基說：「我們創造出一個垂直整合的公司，能夠在發展及成長的良性循環中，有效率地獲取利益。」他的穿著是娛樂產業的正字標記，藍色西裝及淡藍色襯衫，最上面那顆釦子不扣，顯示他是從達拉斯總部出來的人。他進一步說明這個良性循環：「以我們高品質且廣受喜愛的頂級內容，加上創新特色以提供優越的使用者經驗，就能鞏固與訂戶之間的連結。從這種連結中得到消費者洞察，作為內容及產品決策的參考依據，加強鎖定目標，導出更好的訂戶經驗及連結。HBO Max 這個串流服務具有品牌承諾，以及給每一個人的隨選即看內容。我們跟大部分美國家戶建立最初顧客關係，主要產品就是 HBO Max。」

透過 AT&T 的山大小組（Xandr，二〇一八年重新打造的品牌，名稱自然是為了紀念創辦人亞歷山大．葛拉罕．貝爾），廣告將會是黏著劑。山大的技術能讓 HBO Max 的演算法更細緻，最後的廣告訊息更精確鎖定。向來以直率著名的史坦基，希望能打中在場投資者及媒體的心坎：「在亞馬遜、蘋果、Google、Netflix 的時代，取得四分之一的美國消費者已經不能算是什麼規模。這是全球的賽局。」他指的是 HBO 客層高端，也可以說是範圍比較受限。有些 HBO 員工收看這場發表會轉播時，立刻想起史坦基曾在那場企業內部大會發表類似訊息，毫不留情地與佩普勒針鋒相對。

史坦基強調出一個不同的關鍵之處：華納媒體並不是從頭開始。AT&T 涉足衛星、有線、無線，HBO 在這些領域總共有一千萬訂戶，再加上 HBO Now 串流服務，對這些顧客來說，試用新服務並不需要額外加錢，誰會不喜歡免費的升級版？史坦基說：「我們推出第一天就爲現有HBO訂戶提供無縫接軌的機會，可以立即加入HBO Max。預期光是這部分就能產生口碑行銷及動能，一開張就熱鬧滾滾。」以這個邏輯，公司設定的目標是在二〇二五年之前取得五千萬美國訂戶，似乎很容易就能達成。加上拉丁美洲及歐洲，目標是七千五百萬到九千萬。這個數字比迪士尼的預期更有野心，迪士尼的目標是五年內達到六千至九千萬訂戶。不過，有一個主要障礙，在華納媒體日過後一段時間才看得出來。由於HBO在幾個主要地區的長期通路合約規範，比如在英國、歐洲及德國等國家，HBO Max至少要等到二〇二五年才能推出。

史坦基說完後，有十幾個高層主管上台報告HBO Max其他面向，包括外觀、節目內容、財務面及特色，這場經過仔細排演的活動一路順利，電子提詞板沒有技術失誤或缺漏。不過有句老話最近因爲資深演員米高·肯恩而流行起來，他記得母親說：「要像隻鴨子，水面上保持優雅冷靜，水面下拚命用力划。」

華納媒體有很多隻鴨蹼正在水面下拚命地划。許多參與者回想起，華納媒體日前幾天那種焦慮的氣氛。腳本重寫過無數次，通常是講者自己修改的，一直改到最後一分鐘。影片一再重剪。雖然修改是正常的，但許多參與過的人說，這次緊張憂慮的程度比以前更嚴重。爲了正當化 AT&T以八五〇億美元買下時代華納，而且不只要清晰表述串流，還得完整說明整個媒體和數位生態系，這種壓力非同小可。迪士尼已設下一個高標。華納媒體和 AT&T合併一案經過長期延宕，被迫扮演急起直追的角色。不像迪士尼投資者說明會有一組穩定的管理團隊以及清楚表述的品牌辨識度，華納媒體日則是企業身分識別對決之下的產物。才剛經過組織重整的公司，掌舵的是一群新面孔，而且在直接面對消費者的科技領域並沒有太多經驗。

有兩個主要人物發現自己處在同一個散兵坑，就是長期同在業界的凱文·萊禮和葛林布雷特。萊禮是個時髦瀟灑又充滿機鋒的紐約長島人，在電視產業穩定爬升，康乃爾大學畢業後來到洛杉磯，有一陣子當自由製作人及環球影業公關，後來被影劇產業傳奇人物布蘭登·塔帝科夫雇用爲創意執行。塔帝科夫在三十二歲時成爲電視界最年輕的娛樂主管，萊禮在歷史性的十年間身在最前線。塔帝科夫在一九八〇年代把NBC黃金時段大戲變成黃金標準，在他掌舵下推出的電視劇包括《天才老爹》《歡樂酒店》《天才家庭》《邁阿密風雲》《歡樂單身派對》。萊禮在塔帝科夫身邊學到如何對待創意人才、對媒體施展魅力，並且在企業高層辦公室裡智取對手。萊禮後來在Brillstein-Grey、FX、NBC及福斯等各大電視台擔任高層，推出《黑道家族》《我們的辦公室》《超級製作人》《歡樂合唱團》，二〇一四年來到透納娛樂公司，旗下的TBS和TNT兩家電視台成立已久，作品發行的地區也很廣，但是創意上死氣沉沉（TBS多年來收視率最高的是《宅男行不行》重播），是萊禮把這兩家電視台改頭換面。他的眼光很好，懂得和創意人才保持關係，很快就爲這兩家電視台注入新活力，他雇用莎曼莎．畢依製作夜間談話節目，並且推出熱門影集《野獸家族》及《搜索隊》等。二〇一八年末，萊禮升任HBO Max內容長，同時仍負責監管這些有線電視台。

關於接任HBO Max內容長，萊禮和史坦基曾經初步談過幾次。二〇一九年三月，有個公關人員來到萊禮的辦公室，那是柏班克一棟褐磚辦公大樓，位在片廠園區之外，不只是實體上如此，象徵意義上也是（開車經過的人通常只知道一樓有家連鎖餐廳Claim Jumper）。這名公關對萊禮透露，葛林布雷特已被聘爲華納媒體娛樂公司董事長，直接隸屬於史坦基。聽到這個消息，萊禮覺得自己在這棟大樓就好像身在局外。現在葛林布雷特竟然是他的上司，之前萊禮根本一點都不知道。像這樣令人驚訝的消息，正是史坦基領導華納媒體的正字標記。這位執行長滿口讓人聽不懂的商學院術語，有個主管說：「光是點個早餐，他可以像在講數學公式。」史坦基底下的主管向他請示時，通常不會得到什麼回應。這位主管說：「我曾主動發郵件給他：『有一陣子沒收到你的消息，所以我想藉此說一下這件事我可能會怎麼做。』我以爲這樣可能會跟他有連結。但是連一個回覆都沒有，連一句『謝謝你告訴我，我再找時間跟你談』都沒有，就好像消失在眞空裡。我也聽過別人說過類似狀況。『我什麼都不知道，你知道什麼嗎？好像完全得不到這個人的回應。』」

不到七個月，葛林布雷特和萊禮連袂登台爲串流平台做宣傳。這兩位媒體高層相識數十年，在無線電視台發展時期，兩人職涯幾乎平行。葛林布雷特在伊利諾州的羅克福德長大，擔任ＮＢＣ電視台董事長任內扭轉了這家電視台的命運，後來進入華納媒體。他也曾是Showtime和福斯的主管，製作過《六呎風雲》和榮獲東尼獎的百老匯舞台劇《親愛的艾文．漢森》《朝九晚五》。葛林布雷特一頭紅棕色短髮，熱情洋溢。他在ＮＢＣ早期幾齣拿手戲之一，內容是以內行人眼光來看百老匯音樂劇產製，製作陣容系出名門，包括史蒂芬．史匹柏，但是劇名《Smash》（有「粉碎」之意）很快就變成一個笑哏，只存活了兩季，被BuzzFeed形容爲「電視界最大的火車事故殘骸」。有些電視台主管在營運面下苦功，有些主管盯緊財務，而葛林布雷特大部分焦點都放在節目，他喜歡華麗大戲。ＮＢＣ最具代表性的新節目是引進年度現場音樂劇，讓大眾以全新感受觀賞《彼得潘》和《眞善美》。由克里斯多夫．華肯飾演虎克船長、凱莉．安德伍演出《眞善美》，目的是吸引隨意轉台的觀眾停下來看。至少有幾年，觀眾確實是這樣沒錯。

比起永無止境的迎合廣告商和廣大群眾，在收視率長期下滑、時代轉變爲一面倒向有線及串流時，把自己包在織得密密的ＨＢＯ布匹中，感覺比較良好。葛林布雷特離開ＮＢＣ到進入華納媒體之間幾個月，他已經想到日後可能會接掌ＨＢＯ，但是最後卻被賦予一個更大的任務。他覺得可以把《週日夜足球》及《美國好聲音》換掉，改成比較能在東西岸有力人士之間引起迴響的節目。在NBC，他苦惱於無法說服公司下定決心做串流；在華納媒體，做串流這個任務是再清楚不過了。

萊禮說，跟葛林布雷特共事從來不曾出現明顯的摩擦，彼此相識數十年，在各種產業大會及前台都混在一起，也會相約每年一起吃頓晚餐。但是萊禮承認：「我認識葛林布雷特二十年了，我尊敬他，但是老實說我並不希望他當我的老闆。」那個位子本來是要給萊禮的。某個知情人士透露，忙著準備華納媒體日那幾天，葛林布雷特親自修改他的發言稿很多次，萊禮跟他說可以之後再修，他卻發飆：「你現在就給我修好。如果你不想待在這，可以離開。」萊禮認爲，爲了推出華納媒體日，刺激這個大型團隊動起來，對外界展示華納串流服務的任務「積極挖掘出葛林布雷特身爲製作人的那一面」。當然，那時HBO Max還在成形階段，萊禮回憶：「他本來可以花更多時間去了解策略，了解我們的目標是什麼，我們應該做什麼決策。」但是，葛林布雷特卻非常關注細節，甚至是每個顏色的選擇、音樂要在什麼時候插入。

串流名稱HBO Max也費了好一番功夫才決定。從AT&T提出併購時代華納那一刻，就把HBO當成皇冠上那顆寶石。HBO有三千四百萬美國訂戶、數百萬國際訂戶，品牌發展得非常好，這三個字母就代表威望。華納兄弟本身當然是有故事的品牌，透納電視台的根基也頗爲可觀，並以媒體界先鋒泰德·透納爲名。但是，若考量到面向消費者的品牌名稱，焦點團體研究的結果不斷重複顯示以ＨＢＯ爲名的好處。而ＨＢＯ員工及集團內許多人卻一致不贊同，他們擔心這樣可能會稀釋品牌。ＡＴ＆Ｔ領導階層則是在研究結果一傳到收件匣裡就緊抓不放。

使用ＨＢＯ品牌爲華納串流服務命名還有一個問題：市場上已經有兩個以ＨＢＯ爲名的串流名稱。HBO Go是有線訂戶付費讓這個電視台將它的內容放上網路串流，HBO Now則是單獨的版本，讓非有線電視訂戶也可以在網路上看內容。如果把新服務取名爲HBO Max，可能導致消費者混淆。爲了討論這個問題，開會很多次。許多華納媒體員工認爲，這個過程可能會導致ＨＢＯ品牌被摧毀殆盡。

除了名稱之外，塑造品牌也是一大挑戰。華納電影公司的商標是白色水塔上面有個華納的寶藍色ＷＢ標誌，這已經延續幾十年了，但在華納媒體日當天有了全新風貌，裝飾了HBO Max紫色標誌，都是不久前才在製片廠各處塗上的。二〇一九年七月，也就是這次活動前三個月，這個商標第一版本公開亮相時遭到眾人嫌棄，離服務上線只剩幾個月了，商標設計是一大難關。那個版本融合了ＨＢＯ商標的經典哥德前衛藝術（由貝爾坎〔Bemis Balkind〕設計於一九七五年，ＥＳＰＮ和ＣＮＮ商標也是由同一家設計公司操刀），max字體是小寫圓角，第一眼看去令人困惑，而且最後一個字母拉長，做作又讓人分心，更讓問題雪上加霜。這種效果很像有些新創公司會用活潑的驚嘆號或滑稽的斷句，例如Yahoo!或Del.icio.us。《好萊塢報導》的古德曼

（Tim Goodman）評論HBO在那年七月發表的品牌外觀和細節，他說字型設計「很醜」，還說「那個字母X到底是哪裡惹到華納媒體（或設計師）？」。爲了讓串流平台順利推出而聘請的外包商之一Trollbäck+設計公司馬上被找來修改，這在消費者市場是相當罕見的舉動，因爲公司擔心第一個商標設計給外界不言自明的「印象」會深植人心。後來把三個字母調整爲同一大小，把「HBO」跟其餘字母分開，設計成藍紫漸層色系。公司說目標是讓新的串流服務顯示出「親切特質」，顏色強調出「豐富多彩的內容」。

商標設計失誤的例子，讓我們窺見這些鴨腳在水面下是怎麼拚命地划。壓力開始累積。華納媒體說明會過後三天，蘋果推出Apple TV+，凡是擁有蘋果裝置的用戶都享有第一年免費；不到兩週，Disney+也推出了，威訊顧客享有六個月免費。這種情況愈來愈讓人覺得HBO Max是最後一個跳進池中的。

另一個擔心是技術。要設計出完全直接面對消費者的串流服務，必須整合原本各自爲政的部門所掌握的內容，還要兼顧廣告和現場直播，這些都很難在短時間內做好。而且，就如同華納媒體技術長傑若米．雷格非常了解的，觀眾可不會容忍技術錯誤。二〇一四年HBO Go串流《冰與火之歌》第四季首映時，社群媒體上一片罵聲。二〇二〇年犯錯的代價會更高，以前HBO Go和HBO Now運用的工程技術來自BAMTech，它已經被迪士尼買去做串流服務了，所以不會在HBO Max發揮作用。

HBO Max 這個新服務不是附加性質的，它代表的是未來，AT&T 執行長史蒂芬森已經宣稱 HBO Max 將會是 AT&T「馱重物的馬」。

華納媒體技術長雷格說：「傳統的電視服務在消費者體驗上多半相當糟糕，但是技術則運作得很好。你打開電視，影片就開始播放。看電視很少出現問題，這是因爲企業已經擁有基礎設施。」而串流則非如此，任何一家公司都無法擁有它。串流是在一個受到管理的網絡上營運，必須跟各方參與者一起合作。必須購買寬頻網路及串流雲端基礎設施，價格會隨著需求而提高。雷格說：「串流服務每一個技術環節都掌握在其他人手裡，而且通常技術各自不同。」單一服務必須以大規模營運得天衣無縫，橫跨幾十個不同電視台及傳輸點。而且不像 Netflix 有好幾千個工程師只做同一款應用程式，華納媒體的技術團隊小得多，還要兼顧電視直播和公司裡其他線性播出電視台的各項專案。

要在短時間之內同時兼顧各種工作截止日的辦法，就是延後服務推出。本來 HBO Max 打算在二〇一九年第四季推出初版，二〇二〇年初正式登場，但是後來延後到二〇二〇年春季。

二〇一九年華納媒體面臨的挑戰，無論是建立串流技術、爲串流服務創造名稱及品牌識別、制定內容策略，都比不上幾個月前大幅組織重整。站在二十一號攝影棚裡的團隊，看起來跟年初大不相同。組織大幅整頓重塑了華納媒體，破除 HBO、華納兄弟、透納等部門之間的藩籬，之前布克斯擔任時代華納執行長時刻意把它們保持分開，以便最後交易時有比較多選項。組織重整後數百個員工離職，包括數十位資深高層主管，這些人加起來專業資歷超過一百年。在HBO任職長達二十七年的佩普勒，從公關人員做到執行長，而且外界公認是他建立了HBO電視台的創意文化復興，佩普勒也是紐約媒體界、娛樂界及政治圈的重要人物，他在AT&T完成併購時代華納後八個月離職。透納運動台執行長列維任職三十二年，從新進業務人員做到總裁，累積了大量有價值的運動賽事授權，他也在同一天離職。此外還有幾十個人，每一位對於建立卓越品牌都累積出豐厚的知識，但是都被裁員了。

AT&T對華爾街承諾，併購之後要達成省下二十億美元的目標。但是，精簡應該集中在後勤辦公室或行政，而不是創意部門的高層主管，這些人都是多年來代表這家公司的公眾人物。時代華納的資深高層覺得，串流是可行的，但只有在某些特定條件之下。其中一位離開的高層說：「讓我們去推行那些自己願意做的事；提升我們拿到的收視數據；加入重要的程式設計。」然而卻不是這樣，「他們是整個毀掉。」

財務長史提芬斯在華納媒體日上台時，公司還在發出解雇通知書（而且年資十年以上的員工被迫選擇自願離職方案），他堅持說，公司並不是故意扮黑臉。他們調查了旗下五千億資產的每一個項目，包括不動產、土地、占少數股權的投資、數位資產等等，就爲了找出可以付掉債務的項目。史提芬斯正色說：「我們希望能保護文化。

一個電話公司的財務人，不會想要去破壞這麼優秀的文化資產。」

但是，華納媒體的文化卻遠遠沒有得到保護，而是被灌入大集團的食物處理機中，磨細打碎成某種無法辨識的東西。並不是說資深員工希望維持現狀。時代華納旗下CNN有個高層主管形容，被AT&T併購之前的時代華納「就像政府官僚組織」，很多員工都處於安逸的停滯狀態，「我們是一家制度很爛的公司，所以非常依賴關係和人脈。」不過AT&T入主之後施行一連串令人暈頭轉向的改革，威脅要燒掉這些人脈關係。激進的艾略特投資公司買進AT&T價值三十億的股票，對這家公司發動攻勢，主張AT&T必須賣掉衛星電視DirecTV並裁掉高層主管，包括史坦基。華納媒體說明會前一天，雙方宣布和解，艾略特同意應該讓領導團隊有機會把HBO Max做起來，並實施其他行動來扭轉局面。

新老闆AT&T入主時代華納，代表人物是DirecTV資深主管賓特利（Brad Bentley），十五年來主要職掌這家衛星電視的業務及行銷，二〇一六年曾與史坦基一起推出網路傳輸的電視訂閱方案DirecTV Now（後來被稱爲AT&T TV Now），時間點就在AT&T公開提出打算買下時代華納後數週，所以賓特利一定要把DirecTV Now做到讓人刮目相看。有個價格方案是顧客只需每月付五美元就能收看HBO，這是前所未有的折扣，通常價格是十五美元。這表示每個訂戶都會造成AT&T損失，但這是爲了顯示AT&T入主時代華納之後能帶給消費者的價值。（二〇一七年聯邦反壟斷管制者在訴訟中引述AT&T提供給DirecTV顧客的HBO優惠方案，試圖阻撓這項併購案。）

AT&T在二〇一五年花四九〇億美元買下DirecTV，成爲美國排名第一的付費電視業者，擁有衛星及現存U-verse有線系統的二千六百萬訂戶。不過，這筆交易才剛簽完，DirecTV立刻遭到斷線打擊，二〇一五到一九年間損失了大約二成顧客。史坦基和AT&T執行長史蒂芬森不否認傳統營利方式正在消退，但他們說，電視漸漸轉移到網路上，DirecTV的顧客關係會非常有價值。DirecTV是市場上好幾個「輕套裝」網路影音服務之一。以前這些輕套裝被視爲傳統付費電視業者的衍生服務，沒有年度綁約，提供的頻道比較少、費用也比較便宜，但是後來這些輕裝服務加進頻道並提高費用，很快就變得愈來愈龐雜。DirecTV Now推出後連續好幾季訂戶有成長，但是才兩年，隨著HBO Max蓄勢待發，這個由賓特利及史坦基催生的產品已消失在市場上。AT&T買下DirecTV這宗交易，如今被大部分投資者及華爾街分析師視爲笑柄。研究機構MoffettNathanson的資深分析師莫菲特（Craig Moffett）把這個單位稱爲AT&T的「毒瘤」。

幾十年來，華納兄弟、透納廣播、HBO，一直都是各自獨立營運。現在裁減各級員工，而且突然必須破解串流，各公司人力混和共事，交織著同志情誼和焦慮緊張。參與者形容這些工作會議「很怪」。有人說「肢體語言很怪」，尤其是HBO員工，他們在合併時失去最多。跟HBO員工談話無不透露出滿腹狐疑，覺得貢獻長時間工作做出來的是個拼裝車。紐約大學行銷學教授史考特．蓋洛威指出這項事業的品牌認知危機相當嚴重，反映了許多人的心聲：「AT&T買下時代華納，是希望把電信產業跟內容產業結合起來，產生花生醬加巧克力醬的效果。但是AT&T把時代華納的高級產品HBO搞壞了變成HBO Max。這就好比愛馬仕把柏金包跟JanSport背包放在一起賣。」

二〇一八年，時代華納併購案塵埃落定後，賓特利身爲華納媒體直接面對消費者事業的執行副總裁及總經理，在娛樂部門握有相當大的監督權。許多現任及前任員工表示，賓特利和具有多年資歷的娛樂團隊互動時顯得很不切實際，這種作風卻促成本來不太可能的事：萊禮和葛林布雷特難得一致認爲，賓特利是HBO Max邁向成功最大的障礙。

賓特利就跟AT&T那群人一樣動不動就說串流，尤其是朝向直接面對消費者的營運概念。有個前任資深高層回憶，賓特利曾說「接下來四年，你必須脫離大宗批發模式，就可以吸引到直接面對消費者（簡稱DTC）訂戶」。而高層主管的回應是：「但是我們根本沒有一對一的關係。我們現在做的是訂閱套裝方案。」他們開了很多會，想辦法促銷《冰與火之歌》最後一季，打算在超級盃百威淡啤酒廣告之外，利用TBS轉播全國大學運動聯盟籃球錦標賽最後四強之戰再做一波宣傳。賓特利在

DirecTV 曾經首創直銷營運模式，現在他強力銷售另一個點子：在ＨＢＯ放廣告。賓特利覺得沒有好好利用這個電視台的卓越聲望，它就像北極的國立野生動植物保留區那樣等著被開採。別人提醒他，ＨＢＯ開台定位就是收費的電視台，不管播什麼都是沒有廣告的。ＨＢＯ已跟無數影劇製作人簽下合約，確保它是沒有廣告的環境，所以就算要插廣告進去，在法律上也是不行的。賓特利堅持己見，以過去賣廣告的背景來主導商業計畫，他認爲創造一個有廣告的 HBO Max，就能彌補虧損。

最後，賓特利無法通過華納媒體的留任者測試，他在華納媒體日之前幾個月離職，現在擔任南加州再生能源公司 Inspire 總裁。賓特利離開，減緩了組織內的衝突矛盾，但是 HBO Max 的雙頭架構還是相當笨重。

對萊禮和葛林布雷特來說，爲了準備華納媒體日，把節目內容片段剪輯下來的工作，動用了他們鍛鍊有成的肌肉。要當一個成功的電視高層主管，表示你要一直促銷，在年度廣告商大會，還有一年兩次的電視評論人協會。這些促銷說明會的藝術及科學是，要用足夠的元素來抓住聽眾——明星、創作者、概念，還要恰到好處地放一些影片，誘使觀眾想要看到更多。在社群媒體年代，目標則是創造網路聲量。華納媒體日所產生的網路聲量還不少，因爲當天宣布了十幾齣原創影劇作品。史坦基的良性循環要轉得起來，內容產品必須比ＨＢＯ更有深度。

領銜的是《六人行》卡司重新聚首的特別節目，原定要當作服務推出的招牌節目。這齣由華納兄弟製作的情境喜劇，多年來在Netflix都是最受歡迎的串流節目，直到華納媒體用一筆五年期四．二五億美元的合約把它搶回來。此外，他們還大手筆買下長期以來一直附屬在迪士尼的吉卜力動畫工作室的片庫，包括《龍貓》《神隱少女》。另外還有《南方四賤客》，來自另一個公司維亞康姆ＣＢＳ電視台喜劇中心的長青動畫節目，以五億美元買下。許多影片來自華納媒體旗下十幾個品牌——華納兄弟的電影及透納經典電影；ＴＮＴ、ＴＢＳ、Adult Swim、卡通頻道的影集；Crunchyroll的日本動畫。

萊禮和葛林布雷特上台指出串流的潛力，不過他們的言論是基於電視霸主的年代。舉例來說，萊禮理直氣壯地論述一次播出一集，而不是像Netflix一口氣上架全部，他說：「我們喜歡創造文化衝擊，從我們掌握的智慧財產培養出最大的智財價值。我們的創作者也看到一集一集播出有什麼不同，這讓他們有喘息空間。ＨＢＯ熱門劇《繼承之戰》《核爆家園》每週播一集，變成某種時代精神的一部分，而不是狂追劇之後就退燒了。我們知道觀眾喜歡追劇，你在HBO Max可以追看過季影集和片庫內容，愛怎麼追都可以。」

HBO Max 原創影集主管奧貝麗（Sarah Aubrey），是萊禮在 TNT 及 TBS 的手下大將，現在她可以不必理會線性播出電視的侷限，集中心力在串流。奧貝麗在二〇一五年到華納媒體之前是製作人，起先做過《充氣娃娃之戀》《聖誕壞公公》等獨立電影，後來她成爲彼得·柏格的夥伴，製作了《勝利之光》及 HBO 系列影集《末世餘生》。

奧貝麗從製作人轉變成經理人，她說已能接受演算法扮演自己的角色。在華納媒體日之前一場專訪中她說：「我們說這是『直覺－數據－直覺』。你可以眞的很想做什麼節目，但是必須看數據是否支持，協助你了解要去吸引哪些觀眾。」她說以前當製作人時：「我很討厭數據。以前的數據根本沒發揮功能，只是吃掉我們的行銷預算而已。去參加一場測試播映，他們會說『恭喜，你得到一百分！』，或是『呃，結果不太好』，或是『這樣做會比較好』。」

華納媒體日前夕取得最大的成功，是與製作人及導演 J·J·亞伯拉罕簽訂專屬限定合約，對這家歷史悠久的媒體公司是極大的定心丸；還有跟電視名家葛瑞格·貝蘭提更新主合約（在華納媒體日他透過一段影片短暫亮相）。亞伯拉罕最知名的製作是《星際大戰》《星際爭霸戰》重開機版系列，也做過熱門影集《雙面女間諜》《LOST 檔案》。一年來各家競標者紛紛來追求，跟他一樣的 A 咖有些人被 Netflix 簽下，科技公司也一直想從傳統圈子裡挖角影視人才。亞伯拉罕和妻子成立製作公司

「壞機器人」，希望能發展成消費者品牌，對這家製作公司來說，蘋果非常有吸引力。據說蘋果開價是別家的兩倍，但亞伯拉罕拒絕了蘋果，因爲蘋果缺乏電影發行通路，而亞伯拉罕認爲通路是入場的籌碼。華納媒體則會把亞伯拉罕的電影通路，從派拉蒙轉移到華納兄弟影業，並跟華納電視統整起來，亞伯拉罕從二〇〇六年就已經跟華納電視台合作。

華納媒體爲了在投資說明會上亮出壞機器人製作公司，採取的方式跟六個月前迪士尼不一樣。迪士尼秀出它能充分運用好萊塢主力人才進軍串流的潛力，請來導演及製作人強．法洛穿著牛仔褲、運動鞋和沒紮的襯衫上台亮相，不過他傳達的訊息和隨興打扮完全相反，非常爽脆俐落。他透露一小段《曼達洛人》與改編《獅子王》的影片片段，這些將會在Disney+上架。

亞伯拉罕跟強．法洛一樣都是王牌製作人，穿著也差不多。他很會抓重點，知道在這種企業場合要怎麼說——之前他在庫柏蒂諾上台時，跟莎拉．芭瑞黎絲聊著即將在Apple TV+上映的浪漫喜劇《逐夢之聲》。不過，跟強．法洛不同的是，亞伯拉罕沒有任何計畫可以談論，他提到的劇名只有一部爲HBO製作的科幻影集《Demimonde》，而當時跟本來的統籌製作分道揚鑣，所以狀態非常不確定。亞伯拉罕在台上施展魅力，但實際內容只是一些俏皮話和老調重彈，他開玩笑說「我顯然穿得不夠正式」，接著大力讚揚高層主管，說史坦基「讓壞機器人製作公司讚嘆不已的是他的願景，以及AT&T身爲母公司可以爲這家卓越的電影公司做些什麼的企圖心」。但是亞伯拉罕也補充：「他要我稱呼他史坦基先生。」（咻！子彈飛過去。）最後他表示，爲華納媒體「做什麼都是有可能的」，承認「現在談細節還太早」，還說壞機器人「正在跟HBO Max談一些計畫，我迫不及待要讓全世界看到」。

這段內容沒能滿足期待，沒能證明HBO Max會爲串流戰爭帶來十足火力，只是讓在場聽眾覺得無關緊要——如果聽眾真的有聽進去的話。

有個籌備這次活動的高層人士表示：「每個人的感覺都是『J・J・想做什麼就會去做』。」他畢竟是業界最強的創作人之一，但看起來就好像要去健身房的路上剛好經過二十一號攝影棚。

最後一段影片播完，關鍵時刻落在鞏卡維斯（Tony Goncalves）身上，他負責HBO Max許多產品及發行細節。鞏卡維斯揭露重要情報，那就是HBO Max的價格及發行日期。價格是一個月十四・九九美元，跟外界預期的差不多，不過公司內部考慮過的比這更高。而發行日期則訂在二〇二〇年五月。這樣一來就正式確認了，HBO Max是最後一個進入市場、也是最貴的新串流服務之一，比Netflix最受歡迎的訂閱方案還貴二美元。接下來，AT&T財務長史提芬斯提出五年成長預期，他說投資四十億美元之後，開始賺錢的時間點將會在二〇二四年。AT&T執行長史蒂芬森最後總結：「各位今天在這裡看到的，跟別的地方絕不相同。這不是Netflix。這不是迪士尼。這是獨一無二的 HBO Max。」

會場燈光亮起，接下來是分析師問答時間。大多數人表示觀感不錯，雖然隔天 AT&T 股價並沒有隨之波動，但是多數分析師看好，寫給客戶的報告也反映樂觀。雖然不像迪士尼宣布串流平台訂閱價每月七美元那樣引起驚呼，但是華納媒體似乎是個有力的串流競爭者。萊禮的評估是：「活動辦得算是成功，但是不像迪士尼。」

品牌混淆這個糾纏不休的問題還是無法迴避——已經有兩個以 HBO 為名的串流服務，現在還要推出第三個。在舉行投資者說明會之前，有個資深高層主管狐疑：「你要怎麼跟消費者解釋？我不認為我們在如火如荼進入準備階段之前，真的有仔細思考過這個挑戰。」考恩投資分析師施奈紹（Colby Synesael）聽完兩小時說明會也有同樣疑問。他提出的問題分成兩部分：第一是關於付費電視業者對 HBO Max 的反應，第二則是針對現有的兩難困境：「傳統 HBO 和 HBO Now 要怎麼辦？你們給會員使用 HBO Max，看來過一段時間之後，前面兩項就會降低價值。」

這個問題的第一部分，史坦基要求鞏卡維斯評估商談狀況，至於可能會出現品牌混淆問題，他足足想了一分鐘，接著他的回答非常直率、幾乎可說是咄咄逼人，這種風格已經是他的招牌了。他說：「這個問題，我看是有點像智力測驗。」表情沒有一絲猶豫，「同樣價格得到雙倍內容，你會不要嗎？」他繼續說下去，聽起來愈來愈燒腦了，「HBO 那個產品是獨立的，而且那個產品也會包含在 Max 方案裡面，不管消費者選哪種方式都會有。最後把 Go 和 Now 平台整合到同樣技術的平台上，我們內部會做出最正確的決定。把它們的皮剝掉，以同樣的技術平台專門用來提供 H B O 內容，所以不是去維持兩套或三套不同技術來做這件事，但那就是我們的做法。」

出席者設法理解史坦基的回應時，出現一陣小小的騷動，紛紛喃喃自語。雖然史坦基通常被形容爲愛挖苦、私下比公開場合更風趣，但是剛剛這段顧客宣傳，聽起來比較像是奚落。照這番解釋，不是由華納媒體來負責把品牌混淆降到最低；就算是對已經付費收看一般 H B O 頻道的現有顧客，也不是由華納媒體來好好解釋爲什麼要訂閱 HBO Max。顧客得要夠聰明才能通過這個智力測驗。這就引出一個問題：如果顧客無法通過測驗呢？

跟史坦基一起上台的高階主管們，表面上勉強保持鎮定，但是許多人暗自心驚肉跳。後來其中有個人說，演出 HBO Max 大戲的史坦基，如果拍成電影版本，可以由喬治・史考特來主演。「他非常有信心自己是對的，他具有那種軍事特質。語言和溝通方式是那麼的高深莫測。」以網路直播收看的華納媒體員工很難相信，這就是他們的領導者對顧客關係的看法。布克斯曾說 Netflix 是阿爾巴尼亞軍團，這句失言讓大家一直記得；而史坦基的評論，日後會成爲最常被引用的串流事業名言。

有個華納媒體前任資深主管說：「我曾聽過一句話用來形容外科醫生、軍事將領和企業界：『常常出錯，但絕不猶疑』。我想，這句話拿來形容史坦基，非常貼切。」

PART

4

現任者的回應

第十七章　Netflix 的自信

海斯汀一個人出現在 Zoom 視訊訪談畫面中，他在兒子童年時期的房間裡，早晨的光線朦朧照亮樸素的閣樓，這個背景是疫情期間 Netflix 內部很熟悉的會議場景了。它完全不像 Netflix 在洛杉磯日落大道的辦公室，那裡有播放影片的牆、放著獎座的櫃子，以及忙碌的活動。矽谷科技新聞網站《Recode》資深數據記者莫拉（Rani Molla）在社群媒體上開玩笑說，視訊場景裡的寶藍色床單、原木色調和牆上的風景照，看起來就像低解析度的 MTV 電視台《豪奢美宅》節目。

不過這個場景卻相當適合 Netflix 的共同創辦人，他的串流服務掀起家庭娛樂的革命。這位曾經被藐視爲好萊塢陪榜的矽谷創業家，打敗了影片出租龍頭百視達，推出隨時隨地看你想看的收視模式，蔚爲風行。（而且在這個過程中，傳統電視台黃金時段的節目排程顯得失去意義。）正是他引燃了「串流戰爭」。在這個七月早晨，對於好萊塢聯手起來對付 Netflix、要把它拉下串流寶座，海斯汀似乎一派安然。

從容的海斯汀說：「人們忘記了，競爭一直都是很激烈的。我的意思是，亞馬遜跟我們一樣在二〇〇七年開始做串流，所以我們已經跟亞馬遜競爭了十三年。」

不過，許多與 Netflix 有業務往來的人說，Netflix 很清楚，競爭威脅升高了。爲一齣知名 Netflix 影片擔任主創及製作統籌的人士說，尤其是迪士尼，它進軍串流引發了躁動不安的氣氛，而且瘋狂撒錢只求能簽下最頂級的創意人才。

雖然氣氛改變，但有很多原因讓海斯汀仍然保持自信。全球疫情之下，電影院關門，音樂會和各式表演節都停辦，職業運動賽事也喊停，Netflix 取得動能，一躍成爲在家娛樂、擺脫無聊的首選。它的節目也進入這種時代精神，無論是聳人聽聞的紀錄片如《虎王》、從桌遊發想出來的搞怪實境秀《勇闖岩漿陣》，或是令人腎上腺素飆高的動作影集《驚天營救》。Netflix 甚至在二〇二〇年獲得一六〇項艾美獎提名，超越地位非凡的 HBO 電視台，也在奧斯卡嶄露頭角，背後撒下大筆宣傳支出。

看不見的病毒肆虐全球時，訂閱者蜂擁群聚到這個平台上尋求娛樂避風港，Netflix 的護城河到底有多深就顯現出來了。光是二〇二〇年前六個月，增加的訂戶數跟二〇一九年全年一樣多，不過火熱的成長率在二〇二〇年夏天就趨緩了。當年度前九個月的業務量提升二五％，營收增加七三％。除了迪士尼以外，其他串流對手都在這個新環境奮力試圖站穩腳跟，但是 Netflix 穩坐龍頭，它在電視界生了根。對數百萬消費者來說，Netflix 變成電視的同義詞。海斯汀跟過去二十幾年來一樣繼續宣揚創新文化，讓 Netflix 勝過百視達那樣更大更強的競爭者。「我也有信心，現在我們能帶給會員更好的服務，我們能提供的會比 HBO 或迪士尼更好。」海斯汀說：「因爲不管 HBO 或迪士尼要做什麼，都會被內部過多的流程給拖慢腳步。」

回顧二〇一七年夏天，未來還沒有那麼明朗。當時 Netflix 發現自己背後有一個紅包顏色的靶心，重塑現代娛樂地景的迪士尼，宣布將推出一個與之競爭的串流服務。

當時迪士尼董事長及執行長羅伯特·艾格對投資人說，他打算把旗下熱門影片從 Netflix 手上拿回來，留給自家將在二〇一九年推出的隨選即看服務，著名媒體分析師傑納汀（John Janedis）預測到海象即將改變，其他媒體公司也隨後跟上來了。之前起起伏伏的 Netflix 股價應聲下跌。不過，震驚華爾街的消息，在 Netflix 內部卻幾乎沒引起什麼漣漪。它的回應是：迪士尼，你怎麼會拖了這麼久？

有個前任高層主管說：「Netflix 的感覺是，這些進入者是一定會出現的，而且愈多愈好，因爲網路電視比線性電視來得好。新的串流服務推出，一直都被視爲更有可能是擊潰 Netflix 的最後一根稻草，比傷害它還嚴重……而且狀況似乎真的是這樣。」

但這並不表示 Netflix 沒有做出回應。迪士尼宣布推出串流平台之後不到一星期，串流巨頭 Netflix 宣布跟 ABC 王牌製作人珊達·萊梅斯簽下爲期數年的合約，她曾製作強檔影集《實習醫生》《醜聞》，並擔任《謀殺入門課》執行製作。這筆合約酬勞高達九位數，有兩個知情人士說，超過一·五億美元。

Netflix 從二〇一六年秋天就開始追求萊梅斯，即使當時她跟 ABC 還有一年合約。當時萊梅斯整個創作生涯都投入於每季製作二十四集《實習醫生》的緊湊進度，還要設法因應廣告時段來架構劇情敘事。她已迫不及待要嘗試新的做法。

萊梅斯的經紀人希伯曼說：「她有自己想要講的事情，想要訴說的故事，她想告訴全世界。這會更適合比較靈活且沒有那麼多限制的平台。」

萊梅斯和希伯曼與薩蘭多斯共進早餐，地點在現代風格法式餐廳「共和國」，位在一棟兩層樓的西班牙式建築，有高聳圓拱、噴泉中庭，與過往的好萊塢有一種懷舊的連結感。這棟房子建於一九二〇年代末期，是卓別林的事業投資。希伯曼描述那次會面是非正式的，看看雙方是否合得來。他說先前迪士尼沒有答應雙方合作條件。這次與 Netflix 先經過非正式會面，然後雙方才開始談條件。

萊梅斯宣布跟 Netflix 簽約時，提到薩蘭多斯：「他了解我尋求的是什麼——Netflix 具有相當突出的創新意識，提供了獨特的創意自由和瞬間的全球觸及力，讓創作者有機會進入一個充滿活力的說故事新場域。」

薩蘭多斯對內容部門的長期同事霍蘭德說，他希望能和萊梅斯談成一筆整體協議。他知道這一天是無法避免的，因爲電視台以長期合約網羅了頂級創作者，愈來愈不願意讓他們把計畫賣給像 Netflix 這樣的競爭者。

霍蘭德說：「將來會有四到五個眞正的大型全球業者，但能夠在全球成功的創意人才就只有這麼多，所以一定會爭奪資源。這樣做是有道理的。《實習醫生》在 Netflix 重播非常成功。」她記得曾和薩蘭多斯說：「『我們可以做那齣戲。這表示你得推倒第一張骨牌，而且要展開人才爭奪戰。』」

爲爭奪人才而簽約，屢屢成爲頭條新聞，顯示出 Netflix 策略轉變，預期到媒體公司會漸漸取回影視授權來加強自己的服務，所以積極提高原創內容的花費，高達數十億。

二〇一八年，薩蘭多斯在紐約 UBS 投資者大會上說 Netflix 已準備「斷奶」，不再依賴第三方供應商，要培養自己的內容與創意社群的關係。自從二〇一二年進入原創內容領域，Netflix 的野心年年擴大，跨足更多影視類型並延伸到世界各地。累計至二〇一八年，Netflix 已花了數十億美元來充實片庫，但是許多最受歡迎的影片必須下架，因爲對手拒絕再授權。Netflix 開始製作各種不同品味的節目，增加了二十個實境秀，包括重新改版最受歡迎的時尚大改造節目《酷男的異想世界》。Netflix 審核通過製作好幾齣不拘一格的原創系列，從科幻未來的《碳變》、爭議性的青少年自殺劇情片《漢娜的遺言》，到再度受到矚目的失能家庭情境喜劇《發展受阻》第四季。Netflix 內容串流到全世界數百萬個螢幕上，大量投資在當地語言的節目製作，以吸引全世界訂戶，從非洲蘇丹的達佛，到馬來西亞吉隆坡。

Netflix 發現，節目配上當地語言及搜尋引擎推薦之後，就能順暢穿行於無國界的網路。德國穿越劇《闇》、丹麥世界末日影集《慘雨》、印度犯罪驚悚影集《神聖遊戲》，以及法國動作懸疑《亞森羅蘋》，在原生國之外都有不少觀眾。同時，資深電影公司高層斯圖博在 Netflix 推出競逐奧斯卡之作《羅馬》，導演艾方索·柯朗以詩意的黑白風格刻畫一九七〇年代墨西哥市一個家務工的故事。薩蘭多斯解釋 Netflix 的內容策略：「我們在節目上繼續投資更多，但是我們也取得更多使用者，現有訂戶收看的時數也增加，這代表更多成長。」Netflix 開始嚴格檢視個別節目的成本與全球收視戶獲取之間的關聯。幾十年來，好萊塢製作人在重重考驗中將節目透過無線或有線寬頻播送，過著令人欽羨的生活，現在突然得要思考他們的內容材料，對印度或世界其他人口大國的吸引度如何。

跟萊梅斯簽下合約之後，Netflix 更致力追求頂級創意人才。如果好萊塢拒絕再授權熱門影視內容給 Netflix，Netflix 就必須以驚人天價去爭奪最搶手的主創人，來專門爲它開發電影及電視影集。同樣的手法，Netflix 也用在聘用程式設計師及影視產業高層主管：找出「搖滾巨星」，給他們的價碼比競爭對手更高。結果造成競標戰，讓各家電影公司被迫付更多錢來留住頂級創作者，因此對 Netflix 更是恨得牙癢癢的。

Netflix 不浪費任何時間，迅速訂下產業界重量級人物。二〇一八年二月，Netflix 與萊恩·墨菲簽下五年三億美元合約，他是熱門影集《美國恐怖故事》《豔放八十》《整形春秋》《歡樂合唱團》製作人；五個月之後，再簽下肯亞·貝瑞斯三年期大約一億美元。ABC 電視台熱門劇《喜新不厭舊》是多年來第一個以黑人家庭爲主角的喜劇影集，該劇主創與 ABC 產生衝突，因爲電視台拒絕播放運動員在國歌播放時以半跪姿抗議警察執法不當的爭議。

二〇一八年《浮華世界》在比佛利山舉行新企業高峰會，薩蘭多斯被問到Netflix這種像水手喝醉酒一樣的花錢方式，他搖身一變從新時代電影公司主管變成量化分析研究員。他說，跟墨菲及萊梅斯簽合約，與其他內容合約一樣是根據多年來檢視數據所做的決定。墨菲的《整形春秋》自從在FX電視台播映就一直在Netflix上架，觀眾持續被這齣戲的性感和黑色幽默所吸引。

薩蘭多斯說：「所以我們跟萊恩的合作歷史已經很久了，我認爲我們簽的合約價格是對應到他的價值。」他還說，可以透過訂戶獲取數量來驗證花費是否恰當。「萊恩是否對增加Netflix訂閱有所助益？觀眾收看這些節目是訂閱Netflix的理由嗎？如果是，那就非常有價值。」

萊梅斯也是如此，她所製作的長青醫療劇《實習醫生》是Netflix觀眾收看最多的影集。這位製作人後來也驗證了薩蘭多斯對《柏捷頓家族》的賭注，這齣時代愛情劇成爲Netflix有史以來最大的系列影集之一。二〇二〇年聖誕節首映後一個月內，該劇的全球觀眾達到八千二百萬戶，當時榮登Netflix最成功的原創影集。

Netflix還展開另一項不那麼引人注目的行動，因應迪士尼要將兒童節目收回而留下的空缺，與葛連·基恩簽訂合約，他是資深迪士尼動畫師，曾創作出許多當代動畫角色，例如《小美人魚》愛麗兒、《美女與野獸》的野獸。基恩同意執導動畫音樂電影《飛奔去月球》，劇情是一個女孩打造火箭奔向月球，希望能跟月亮女神見面。兒童節目是留住觀眾非常重要的一環，許多父母應該可以作證。

Netflix 前任兒童與家庭內容總監易特曼（Andy Yeatman）解釋：「愈多家戶使用 Netflix 這種服務，就愈不可能會取消。身爲做父母的，我可能會開始追一齣戲，這齣戲在兩季之間的空檔，我可能不會使用這個服務；但是如果我的小孩在使用這個服務，我不太可能會把它取消。這就是爲什麼要聚焦在兒童與家庭。」

受觀眾歡迎的電視台重播劇，Netflix 設法盡量維持愈久愈好，同時拚命累積自己的原創片庫。二〇一八年十二月，花費一億美元鉅額讓《六人行》再留一年——據報導這個數字是之前付的三倍，就爲了把大家熟悉的角色帶到訂戶的客廳裡。這些歷久不衰的角色什麼時候會消失，只是早晚的問題。

華納媒體執行長史坦基對投資者說：「某些現有業者應該預料到，它們的片庫會變得愈來愈少。」他沒有明講所謂的現有企業，其實就是指 Netflix。

NBCU 環球電視台取回《我們的辦公室》總共九季授權，二〇二一年一月，該劇全體職員都要打包準備搬家，搬到 NBCU 的串流平台孔雀。華納媒體跟 Netflix 競標贏了，取得《六人行》授權，據報以五年時間總共花四．二五億美元，確保 HBO Max 在二〇二〇年五月二十七日推出時能擁有此劇串流授權。Netflix 贏得另一項勝利，拿下索尼電視另一個知名情境喜劇《歡樂單身派對》，隨後二〇二一年跟索尼影業簽下五年合約，只要索尼的電影從院線及隨選服務下檔，Netflix 就能取得美國獨家授權。

Netflix將會損失那些受歡迎的重播劇，海斯汀卻不太在意。他對投資者說：「我們已經準備好了，也很期盼，事實上我們熱切希望能有更多經費做出令人嘆爲觀止的新影集。」

資深科技創業者藍佐恩說，他的朋友海斯汀應該會遵循所有矽谷企業家的信條，最能說明此信條的可能是已故英特爾執行長安迪．葛洛夫的名言：「唯偏執狂得以倖存」，這句話描述他的管理哲學，成爲他的暢銷書書名。

藍佐恩說：「海斯汀絕不會看輕競爭。他會一直敦促員工，好像明天是最後一天那樣，直到離開他創辦的公司爲止。」

Netflix訂戶打破二億大關時，海斯汀慶祝這個里程碑的方式，跟之前達到一百萬及一億訂戶時一樣，就是去丹尼快餐店叫一客牛排。不過，Netflix沒有人會滿足於既有成就。定義了某種文化的《后翼棄兵》是Netflix觀眾收看次數最多的迷你影集，在首播前一個月，Netflix開除了霍蘭德。此舉震驚好萊塢，甚至是某些Netflix供應商。有一齣最成功的影集的主創人描述霍蘭德離開「令人震驚」，但是又補充說，在娛樂產業，即使最有成果的夥伴關係也會走到盡頭。也許根本不該驚訝。海斯汀在他的書《零規則》指出，有些員工反省該公司的進化，通常詳列在著名的三六〇度考核中。薩蘭多斯透露，內容副總裁坦茲（Larry Tanz）曾寫給薩蘭多斯：「你跟霍蘭德之間像『老夫老妻』那樣意見分歧，並不是高層主管交流的榜樣。你們彼此應該要有更多聆聽和理解。」這則批評透露出，建立 Netflix 節目策略的幾位元老之間多少有些摩擦。

霍蘭德離開，Netflix 任命巴賈麗雅爲全球電視負責人，她在這家公司像流星般竄起，起初負責眞人實境授權節目，後來轉爲負責本地語言原創劇。她著手重組電視部隊。許多資深員工嗅到風向不對，也跟霍蘭德一起離職。巴賈麗雅召募或拔擢跟她一起工作數年的人，但是這通常表示，紀錄輝煌的影劇製作人，必須考量新的管理體制並調整策略。

巴賈麗雅過去推出的戲劇較偏向主流品味，例如跟蹤狂驚悚影集《安眠書店》（她很敏銳地從有線及無線電視台挖來這部影集，然後在 Netflix 紅起來），還有重製《酷男的異想世界》。巴賈麗雅過去的從業背景是眞人實境類型節目，Netflix 把非戲劇類節目加進節目清單才三年就爆紅，巴賈麗雅因而立下戰功。（海斯汀一開始是拒絕進入實境秀戰場的，但他很爽快地承認自己錯了。）這些非戲劇類節目所花的錢比《王冠》這種戲來得少太多了，在許多方面看來，大約在二〇二〇年這些非戲劇節目就已定義了 Netflix，這個串流巨頭引進新類型節目，每隔幾週就挖到金礦（根據能取得的有限資料顯示），比如相親節目《盲婚試愛》、競賽節目《勇闖岩漿陣》、烹飪節目《妙廚大烤驗》、房地產節目《日落豪宅》，以及居家布置節目《怦然心動的人生整理魔法》。許多非戲劇類型節目和 Netflix 以前引入的追劇類型不同，每一集都是獨立一次上架一集，就像傳統線性播出的電視。

這次組織重整，Netflix再度公開展現毫不留情的「留任者測試」，令人難堪。但這也反映出這個串流巨頭投注更多心力，創造能吸引更多觀眾的節目。霍蘭德在Netflix任職十八年，讓Netflix登上高品質原創連續劇製作者之列，但是Netflix的文化沒有任何感性念舊的空間。「我一直都說我們是個團隊，而不是家人。」海斯汀說：「我試著做出自己認爲對公司最好的事，員工入職承諾就是績效導向。所以，如果有人的主要動機是工作穩定度，那就不會來Netflix。」霍蘭德離職後第一次接受訪談時，被問到她離開是什麼情況，她婉拒談論這個話題。

有個好萊塢從業人士說：「它們基本上是分析所有節目，看到國際影劇類和非影劇類節目創造巨量成長，非常符合成本效益。」這表示巴賈麗雅目前是留任者，然而將來還是會有起伏。二〇二一年春天Netflix訂戶成長趨緩，公司歸咎於疫情導致製作延宕，大型節目比較少。該季財報沒能讓華爾街驚豔，投資人以股票當懲罰，不過就跟之前幾次挫折一樣，這次股價下跌也被證明是短暫的。到了秋季，股價來到六百美元，創下另一個新高點。

PART
5
公開面世

第十八章　起飛

迪士尼串流服務推出那天，梅爾就寢時已經凌晨兩點了，他還覺得活力滿滿。Disney+ 花了他整整一年，二〇一九年十一月十二日午夜上線時，吸引數十萬人搶著註冊。這項服務如期推出，大幅超過梅爾所能料想的。梅爾發了一通簡訊給迪士尼執行長艾格，他說這個服務可能會在第一天就達到二百萬訂戶。老闆的回覆是：「那太好了。」迪士尼對未來最大的賭注有所回報。

梅爾睡了幾小時之後醒來，看了手機一眼。螢幕上滿滿都是未接來電訊息，來電者的名字以大寫顯示：羅伯特．艾格。羅伯特．艾格。羅伯特．艾格。

梅爾心想：「怎麼回事？」他完全清醒了。看著 Disney+ 應用程式才明白，它故障了。「我心想，『天哪，怎麼會這樣？』」

梅爾打電話給紐約 BAMTech 團隊，得知迪士尼串流總裁普爾與技術長印札瑞羅（Joe Inzerillo）早已計畫好要整晚加班來接生 Disney+。兩人證實了梅爾最擔心的事：系統故障，顧客沒辦法註冊。他們起初懷疑是電子商務系統的問題，BAMTech 已經反覆測試過這個系統，也建立一套備用系統作爲故障的保險機制。

梅爾說：「我們針對備援系統和故障轉移有過很多討論，所以若發生故障就會轉到下一個系統。我們真的把登入程序簡化很多……確保不會壅塞，所以我們以爲準備很充分了。」

關於系統超載及當機，普爾當時有信心BAMTech已從二〇一六年在HBO Now上架萬眾矚目的《冰與火之歌：權力遊戲》關鍵集數〈私生子之戰〉痲煩的癱瘓中學到教訓，該系統正是由BAMTech營運。

普爾對科技網路媒體《The Verge》表示：「幸運的是，我們已有《冰與火之歌》和ESPN+的經驗，在我們的平台獨家轉播UFC大型賽事，每次付費觀看的流量都很大。我們建立了足夠量能來支撐，可以在極短時間內處理大量湧進的交易與串流。」

不到幾小時，BAMTech團隊給梅爾提出初步診斷：是亞馬遜網站的即時顧客分析軟體出了問題。梅爾催促印札瑞羅修好它，還說「這下慘了」。消息走漏至新聞媒體，報導說問題出在某個「第三方供應商」。

某個西岸的科技公司高層說：「直到午夜，系統都運作得很順。我們盡可能檢查再檢查。顯然每個人都在串流收看《曼達洛人》第一集，就是這麼剛好。但我們不知道的是，那會是《冰與火之歌》等級的事件，大家爭相上線……所以，東岸一開始上線，立刻湧入海嘯般流量，網路流量眞的很大很大。前台負荷不了。」

梅爾聯絡亞馬遜執行長安迪·賈西，當時他是亞馬遜雲端運算事業的主管，該公司負責幾家串流服務的系統營運，包括Netflix。梅爾問賈西到底哪裡出問題。賈西願意承擔故障問題，但他說眞正的問題出在迪士尼的應用程式。BAMTech 把亞馬遜網路服務的搜尋功能（AWS）用來做電影及電視劇推薦，但這不是 AWS 本來預設的功能。印札瑞羅在短短幾小時之內發展出手動解決方案，讓 Disney+ 應用程式能夠運作，撐到數週之後 BAMTech 提出該應用程式的升級版。無法登入前台的顧客大約有三分之一忘記密碼，這個問題是因爲迪士尼要顧客使用的登入資訊，是購買主題樂園票券、預定迪士尼假期，或在迪士尼網路商店購物時同樣的登入資訊，這些活動都是偶爾才做，忘記密碼是無法避免的。

一週後，在好萊塢舉行的程式媒體大會上，梅爾公開表示問題不是出在 AMS，而是應用程式的架構。「如果某件事是你的錯，那你就該負責。這一點我非常堅持。」

迪士尼爲這個服務營造期待已經好幾週了，充分利用媒體對迪士尼似乎永無止盡的興趣，關於即將啓用的串流服務得到了詳盡報導。行銷活動從迪士尼兩年一次的影迷大會 D23 開始，二〇一九年八月，地點就在加州安納海姆的迪士尼樂園附近，走路就能到的距離。二個多小時的展演活動，強調 Disney+ 會有哪些原創影片及影集，現場亮相的明星有影迷最愛的伊旺・麥奎格，他將在星戰系列電影回歸飾演絕地武士歐比王；還有主演假期喜劇《諾艾爾的聖誕任務》的安娜・坎卓克及比利・埃西納；克莉絲汀・貝爾上台宣傳她的眞人秀高中歌舞劇《安可》影集；傑夫・高布倫透露以他爲名的國家地理系列怪異新節目《傑夫・高布倫妙看世界》。

促銷鼓聲不斷在整個迪士尼帝國響起。ABC長青競賽節目《與明星共舞》主持人湯姆．鮑格朗，有一集節目以迪士尼爲主題來哄抬這個串流服務。佛羅里達奧蘭多的華特迪士尼世界，接駁巴士車體貼滿Disney+廣告。迪士尼主題商店員工佩戴的識別證掛帶，印上四維條碼讓購物者可以用手機掃描，立刻下載Disney+應用程式。

外界期待這麼高，也伴隨著反彈的高風險。匆忙下載應用程式的使用者，有些人不設防給出信用卡號，這時離服務上線還有三個月，而上線第一天就出現錯誤訊息，螢幕顯示出迪士尼動畫《無敵破壞王》裡的兩個角色，旁邊有一行字「無法連接到Disney+」。

北卡羅納州小城卡利某個圖書館員、科幻奇幻迷布魯克斯（Dan Brooks）發出一則推特：「我和太太都請了一天假要串流收看Disney+，但是卡在錯誤畫面已經一小時了。有誰也看到這則錯誤訊息嗎？」

在科技圈，服務推出時一大堆故障並不罕見，二〇一三年熱門電玩遊戲《俠盜獵車手》推出線上版本也出了很多問題，包括錯誤訊息、遊戲畫面凍結等等，但是迪士尼這個服務受到高度矚目，突顯出外界的批評——迪士尼這家公司缺乏技術經驗。

自稱是棒球鐵粉且熱愛啤酒、住在南加州的考金斯（Mke Calkins）發推特文：「六個小時！卡住整整六個小時。」他還貼上螢幕截圖，顯示即時聊天功能的等待畫面。「這時間我都可以開車到舊金山了。糟糕透頂。你們就繼續努力浪費我的時間吧。

#Disney+ 大失敗。」

隔天一早，媒體報導 Disney+ 應用程式上線，報導焦點放在技術失誤。迪士尼決定搶救輿論，隔天宣布，上線第一天就有一千萬顧客註冊，消費者回應相當巨量，數字超過最樂觀的分析師預測。

梅爾說：「那眞的遠超過我們所能設想的。」

Disney+ 上線第一年維持快速成長，總計註冊訂戶超過七三七〇萬，這數字是該公司本來預期在五年內達到的上限。初次登場就給其他正要冒出頭的串流服務設下一個幾乎不可能超越的標準，尤其在二〇二〇年三月，新冠肺炎緊緊掐住整個國家並癱瘓產業時。一年之後，二〇二一年三月，Disney+ 全球訂戶超過一億。

蘋果早於迪士尼兩週推出自家服務，但是跑第一未必就能成功入場。蘋果最初上架的節目，外界褒貶不一。《紐約時報》的伯尼沃茲克（James Poniewozik）把蘋果招牌節目《晨間直播秀》稱爲「拼裝」：「用外表好看的零件，來自不相容的供應商，在無塵室裡組裝出來的東西」。他的文章標題建議觀眾「等升級版出來再安裝」。

蘋果電視的《末日光明》也遭到類似的無情批評。《紐約時報》的赫爾（Mike Hale）寫道：「投注心力在聘請表演者和顧問，讓展示會具有完美無瑕的說服力。但是似乎沒有人去做更困難且無聊的工作，那就是認眞思考如何讓上述事項在螢幕上看起來更有說服力。」

最突出的則是《狄金森》，《紐約客》說它「荒謬但眞誠，通俗但深刻」，內容融合了文學史與青少年奇幻，評論人派特森（Troy Patterson）覺得很吸引人。這齣戲在翠貝卡電視影展全球首映，白金唱片暢銷流行天后海莉·史坦菲德強調了該劇的音樂核心，間接暗示了蘋果的串流優勢。怪奇比莉、饒舌歌手莉佐和速可達硬漢及原聲帶中其他表演者，顯然是爲了吸引Z世代及千禧世代觀眾。史坦菲德本人錄了一首新歌，在劇中演出也放上iTunes，以利於在蘋果串流平台上交叉宣傳，這代表整體的訂閱策略焦點不只針對Apple TV+，而是要針對各種不同的串流服務。史坦菲德說：「對我來說，最特別的是與蘋果和蘋果音樂一起努力這件事。」由於蘋果能觸及的受眾很廣，這齣戲非常具有全球潛力，史坦菲德在菲律賓馬尼拉某購物商場被一個女孩攔下，史坦菲德問她的名字，那女孩答以《狄金森》著名台詞：「我誰也不是，那你是誰？」

不過，一開始外界評論不好不壞，而且缺乏吸引人的片庫，這些都導致起步緩慢。究竟有多少顧客嘗試這項服務，蘋果還是三緘其口。受人敬重的科技分析師薩科納吉（Toni Sacconaghi）估計，歲末折扣季趁免費促銷一年時購買蘋果裝置的顧客，不到一〇%使用蘋果串流服務，換算人數大約是一千萬人。

這位伯恩斯坦的分析師還沒判定Apple TV+失敗——畢竟，蘋果擁有世界上最強大的傳輸管道，就是十五億個蘋果裝置。薩科納吉認爲，這個服務無法取得大眾共鳴，也許只是因爲它提供的東西太少。

蘋果的行銷巫師開始在幕後規畫，要把這個服務的形象價值提升到匹配純粹完美的蘋果品牌。他們透過費盡心血的促銷活動，或是舉辦晚宴加上播放電影，鎖定一群有影響力的人，那就是好萊塢外國記者協會，這個頒發金球獎的團體擁有九十名會員。無論蘋果做了什麼，總之是達到效果了。二〇二〇年《晨間直播秀》獲得三項提名，其中一項是最佳電視戲劇，另外兩項是最佳女演員安妮斯頓及薇斯朋。

任何邀宴或頒獎活動，都不像全球疫情那樣改變了蘋果的未來。美國的戲院全都熄燈，緊張的電影公司開始尋找其他通路形式，在電影院票房乾旱時帶進收入。電影公司變成苦惱的賣家，希望能取得最大的價值。現金滿滿的蘋果願意買單，樂觀認為這樣會有效，而且也很小心別買貴了。

有個好萊塢交易者說：「他們試圖比同業花更少錢買到電影。坦白說，它們因爲身爲蘋果就有某種優越感。」

舉例來說，索尼影業推出二戰海軍史詩《怒海戰艦》，湯姆·漢克斯飾演美國海軍艦長，帶領他的第一支船隊通過某段布滿納粹U型潛艦的大西洋。索尼設定這部片製作費是三千萬美元，打算在六月十九日院線發行，日期大約對上德國投降七十五週年。但是不確定到底戲院何時會開放，而且排在二〇二一年推出的電影密密麻麻，電影公司不知道是否能找出新的發行日期，對蘋果開價七千萬美元，打了很多折扣，而且還承諾會強力行銷宣傳。

這項安排缺乏大銀幕通路，是個無法否認的損失，但是該片投資者之一的製片人克羅斯（Jason Cloth）認爲還是很値得。蘋果訂戶增加了一〇%到一五%；而克羅斯拿回的可不只是投資成本而已。根據事前發布的預測，《怒海戰艦》可能的票房收入爲一．五億美元，但是這部二戰史詩是否能在大銀幕上映，並不清楚。就算院線業者完全開放，可能會更聚焦在鉅額製作的系列電影與能撐起續集的大片，所以像《怒海戰艦》這種中成本電影，前途未卜。

克羅斯說：「我不確定索尼賣《怒海戰艦》給蘋果是否滿意，」這位多倫多的出資者也投資了蘋果的另一個案子《晨間直播秀》。「但是時機很獨特。作爲暫時性的策略，我認爲牽涉其中的各方都有利。」

蘋果看到湯姆．漢克斯的電影帶來改變，於是在片單列出其他大型作品，並在二〇二一年一月以二千五百萬美元買下在影展大放異采的《樂動心旋律》，打破日舞影展的紀錄。蘋果以各種類型的電影內容將串流服務推上線，其中有些開始達到目標，例如：紀錄片《新世代公民》、音樂動畫電影系列《中央公園》。Apple TV+和執行高層似乎找到立足點了。二〇二〇年九月艾美獎頒獎典禮，蘋果高層主管獲得夢寐以求的肯定。演員比利．庫達普在蘋果招牌大戲《晨間直播秀》飾演老謀深算的電視台新聞總裁，得到最佳男配角獎。同樣在二〇二〇年夏天上映的喜劇影集《泰德拉索》，描述美國大學足球教練受聘帶領一支虛構的英超聯盟足球隊，格格不入而苦中帶樂的劇情設定，可清楚看出 Apple TV+ 的精髓，溫暖、不屈不撓的樂觀精神博得影評讚賞，得到七座艾美獎，包括年度最佳喜劇影集。

NBC環球的孔雀串流平台，是在發射台上排隊的下一個服務，它的前提跟別人相當不同，但是它所具備的資源也比 Quibi 這樣的新創來得多。市場上其他業者都在追逐 Netflix 時，孔雀希望能從葫蘆網在二〇一六年拋棄的市場中獲利，這個市場跟無線電視本身一樣古老——免費的、有廣告支撐的串流。爲了讓孔雀加速起飛，母公司康卡斯特在二〇二〇年四月十五日提供先睹爲快的版本給現有服務 Xfinity X1 及 Flex 的顧客，全國推出日期則在七月十五日。夏天首映日期訂在 NBC 獨家播映二〇二〇年夏季東京奧運的日子，不過國際奧委會在三月宣布因疫情而延後一年舉辦奧運，這個作爲奠基的計畫就破功了。

史特勞斯及 NBC 環球執行長傑夫．謝爾在一封寫給員工的聯名信中表示：「我們把推出日期定在四月十五日，當時就知道有很多工作要做。但是我們從未想到會面臨全球疫情帶來的挑戰。」

不過，政府下令全國就地避疫，卻給 NBC 環球帶來百年一遇的機會，根據尼爾森報告，全國串流收視增加六成。史特勞斯及謝爾打算打開影劇片庫來迎合這股需求。

孔雀串流平台提供了七千五百小時的影劇節目，包括劇情類《唐頓莊園》《法網遊龍：犯罪動機》、喜劇《公園與遊憩》《超級製作人》、人氣電影《侏羅紀公園》《神鬼認證》《駭客任務》，還有當季的實境節目《臥底老闆》。訂戶若一個月多付四．九九美元就能得到兩倍收看內容，包括當季黃金時段大戲《法網遊龍：特案組》、以芝加哥為故事舞台的三部曲《芝加哥警署》《芝加哥烈焰》《芝加哥醫院》；也有喜劇如《週六夜現場》及深夜談話節目《吉米A咖秀》；有NBC旗下的Telemundo電視台的西班牙語節目；還有更多電影選擇，包括《史瑞克》《熊麻吉》《忘掉負心女》。

NBC環球把自家原創劇留給孔雀平台在全美推出，不過電視評論大多不太欣賞改編自赫胥黎小說的招牌大戲《美麗新世界》。這齣戲本來是為NBC環球的Syfy頻道、接著是USA電視台而開發的，有觀眾認為品質「掉漆」。《紐約時報》寫道，雖然背景設定是享樂主義的未來社會，人們是快樂的奴隸，但是內容竟然單調枯燥。

史特勞斯和謝爾盡全力滿足期望。孔雀在二〇二〇年分階段推出，他們稱之為「通向二〇二一年的跑道」，到時候孔雀就可以重播在Netflix人氣長紅的NBC喜劇《我們的辦公室》，然後再繼續製作原創劇，並播出延後舉辦的奧運。

這種謹慎的定位反映在最後的結果上。有廣告的孔雀串流服務，推出三個月內就吸引了千萬用戶註冊。不過，註冊用戶不同於活躍用戶，這兩者之間的數字落差很大，長達好幾個月都是如此。

二〇二〇年五月，輪到 HBO Max 接受新冠病毒的挑戰了。華納媒體的做法和 Quibi 非常類似，打算舉辦盛大宣傳活動來介紹這個新服務。影劇人才預定在德州舉辦的西南影展亮相，還有紐約大都會博物館慈善晚宴，並且預定在「三月瘋」大學籃球錦標賽時，在姊妹有線電視台 TBS 大量投放首波電視廣告。疫情使華納媒體內部問題更加嚴重，公司管理階層重組、精簡支出，而且要在各封邑各自爲政幾十年之後，整合企業文化。

華納媒體的娛樂及直接面對消費者事業部董事長葛林布雷特，在推出前夕某次專訪說：「我們失去非常大的推出平台，就是大學聯盟籃球錦標賽。這些活動關門或取消時，我們損失了四百或五百小時的節目來大量投放廣告。」類似情況是 NBA，這個廣告機會也消失了，到二〇二〇年七月才以「社交泡泡」的形式恢復比賽。正常狀況下，NBA 球季四到六月期間堪稱是電視廣告中的頂級不動產，很大一部分是在華納媒體旗下電視台 TNT。

有段時間，致命病毒打亂的似乎不只是 HBO Max 的行銷操作。二〇二〇年三月，節目製作紛紛停止，每個人都在自家廚房工作，葛林布雷特和團隊討論是否可以照原訂計畫在五月底完成 HBO Max 的技術建構。華納媒體科技長雷格在服務推出前幾週說：「全體人力百分之百在家工作，很難知道究竟工作有沒有做到。並不是說我認爲工作都沒在動，但是連兩個工程師站在白板前討論怎麼解決問題都做不到。」他還說，在不同裝置上做產品測試，也碰到類似挑戰。

葛林布雷特承認：「三月封城時，我們確實討論過『要不要延期』，但是我們沒有人想延期，因爲我們進入串流已經是比較慢了。」

隔離期間想找節目來打發時間的觀眾，要有效吸引他們變成俘虜，這種機會是不容錯過的，尤其 AT&T 已投資超過八五〇億美元收購時代華納，打算趁著串流興起大賺一筆。在五家進入串流的媒體企業中，華納媒體旗下的 HBO Max 是唯一一個延遲推出的。

技術團隊遠距完成專案，據葛林布雷特說：「每週七天、每天二十四小時無休工作。」至於原創影集製作，就沒那麼容易利用 Zoom 視訊完成。HBO Max 推出時上架的原創劇只有六齣，包括浪漫喜劇《愛情，很有關係》；探討音樂產業裡的性暴力、由指控者口述的紀錄片《青春紀錄》；還有《艾蒙晚點名》請來名人來賓和布偶艾蒙互動說笑或唱歌。HBO Max 內容總監萊禮知道，外界高度矚目的《六人行》大團圓，就跟Disney+《曼達洛人》一樣是吸引訂戶的火炬，但是也暫時喊停。即使萊禮對演出人員保證可以在安全狀況下拍攝，但這些明星覺得，疫情期間許多人和年長親人生離死別，這時候歡樂回歸會傳遞出錯誤訊息。

萊禮說：「這就好像我們才剛起步就被潑冷水。當然全世界都被潑了冷水，但是對我們的產品推出而言，時機實在是太糟糕了。」

《愛情，很有關係》推出時成爲HBO Max旗艦之作，比起《六人行》回歸，算是退而求其次的選擇。女主角安娜・坎卓克可謂是二〇一九／二〇這段串流及疫情期間的代表人物，她在Quibi、HBO Max、臉書影片頻道上都有節目，也爲夢工廠的《魔髮精靈》配音，這部電影跳過本來規畫的院線上映，推出時直接就是網路隨選即看模式。《愛情，很有關係》緊接著《慾望城市》推出，坎卓克在首映活動短暫亮相，這次因應疫情而改爲遠距舉辦，「出席者」可以加入不同的「房間」，有俱樂部DJ，還有人際關係專家提供免費諮詢。這齣戲製作人之一保羅・費格也是電影《伴娘我最大》導演，他也主持一個視訊房間，穿著煙燻紅西裝外套，從自家吧台送上雞尾酒。「我想我的螢幕又當掉了，」費格試著保持高昂興致，不過他也自嘲：「這是全新科技呀，我的朋友。要怪就怪新冠病毒吧。難道還會更糟嗎？」這場活動完全不同於以前HBO極富代表性的高調奢華首映。費格的快嘴沒一刻停歇：「我要不要再喝一杯曼哈頓呢？好喔。畢竟現在是大瘟疫！」

這個新串流服務以HBO爲名、也以HBO爲錨，但是連HBO本身都進入一段休耕期。《冰與火之歌：權力遊戲》大結局吸引了一九三萬電視觀眾，爲這家將近五十五歲的收費有線電視創下紀錄，但是播出大結局已經是一年前的事了。刻畫未來的影集《西方極樂園》第三季在五月初播畢，剛好就在串流平台推出之前；下一齣大手筆製作的影集《梅森探案》，幾乎要到一個月之後才上映。

因此HBO Max別無選擇，只能靠大量使用華納兄弟的影劇片庫，還有從第三方購買版權劇，例如吉卜力工作室。透過跟BBC影視公司簽訂協議，獲得長青科幻時空穿越劇《神祕博士》（又譯《超時空奇俠》）當季的專屬串流權利，同一個協議也讓HBO Max得到總計七百集的高人氣BBC影集《辦公室瘋雲》，美劇《我們的辦公室》就是根據它改編的；還有心理犯罪劇《路德探長》。

葛林布雷特在服務推出之前說：「片庫裡還有很多我們覺得很棒的東西，我們也希望能盡快恢復正常影劇製作。」不過，另一個資深高層說，對這個片庫的強度太過樂觀了。他們需要的是可以強力吸引觀眾來訂閱的原創影集，或是讓目前HBO訂戶啓用專屬的HBO Max優惠。這位高層還記得，「人們不斷在說『你的《曼達洛人》在哪裡？你的《曼達洛人》在哪裡？』而我心想，我們太過自信，以爲目前的片庫就是我們的《曼達洛人》。結果證明那是不正確的，因爲，大家可能會有興趣、會來看，可能有助於提高用戶黏著度或留存率，但是這個片庫不會讓人在疫情中興奮到放下手邊的事，來註冊使用你的服務。」

華納媒體可能學到的教訓，是Netflix已經摸得一清二楚的：亮麗的物件，以新鮮的內容形式，吸引訂戶。

HBO Max的社群媒體宣傳，重點在於強調這個服務提供的內容廣泛，手法是透過短短幾分鐘的宣傳短片，有一支短片標題是「HBO Max／我們開懷大笑（Lolz）」，使用流行多年的網路俚語，希望看起來很潮，但是不太成功；還有擷取自高人氣電視情境喜劇的畫面，例如：《新鮮王子妙事多》《六人行》《南方公園》《宅男行不行》，以及電影《瘋狂亞洲富豪》《瞞天過海》《樂高玩電影》等等。

廣告看板及社群媒體張貼著標語「融合HBO及其他更多優質內容」，表示訂戶除了能收看一般HBO節目，還有幾千小時的電影及影集。這句標語讓許多媒體專家大翻白眼的是，它還附帶一句想玩雙關卻很尷尬的副標：「從Bada……到Bing……到Bang」，表示《黑道家族》《六人行》《宅男行不行》都在同一個串流平台（譯注：Bada Bing!是《黑道家族》中的脫衣舞俱樂部；Bing是《六人行》的角色；《宅男行不行》的劇名為*The Big Bang Theory*）。葫蘆網前任廣告銷售主管奈勒（Peter Naylor）現在任職於社交軟體Snapchat母公司Snap Inc.，他轉貼科技雜誌《快公司》一則推特文，對華納媒體廣告的反應毫不假飾：「HBO Max是個品牌災難，這則廣告就是證明。」

二〇二〇年五月二十七日服務推出當天，即使HBO Max因為卡在消費者資料無法解決而沒有出現在 Roku 或亞馬遜平台，HBO Max 高層主管還是盡量堆起笑臉。

AT&T 旗下的歐特媒體（Otter Media）執行長鞏卡維斯負責 HBO Max 串流服務，他對科技媒體網站《The Verge》說：「我認爲我們順利推出產品，把非常多的好故事帶到消費者面前。我們在內容提供方面的熱情和黏著度是非常棒的。整體來說，昨天的表現相當不錯。」AT&T 執行長史坦基更誇張，他在營收報告會上對華爾街分析師大力哄抬這項服務推出「毫無瑕疵」。

但是，這些華而不實的官方評估並沒有數字支持。二〇二〇年七月，AT&T 報告指出，HBO Max 推出當月加入的顧客數量大約是四一〇萬，有個消息來源說，華納媒體高層強力拒絕透露這項數字。這個利害關係很大的開局，遠遠比不上 Disney+。總訂戶數其中大約一百萬是眞正的直接面對消費者訂戶，這些人是主動上門每月付十五美元。比較令人不安的統計是其餘三一〇萬訂戶，這些是透過 AT&T 無線或付費電視方案來驗證其 HBO 訂閱，這個數字還不到現有 HBO 訂戶總量的三分之一。

資深電訊傳播分析師莫菲特觀察：「HBO Max 本來應該是挽救出血不止的華納媒體，但是起步卻不太吉利。」

在我們的訪談中，密切參與這次服務上線的現任及前任員工，超過十人確定表示這個服務「完全失敗」，這是其中一個內部人士非常嚴厲的用詞。另一人則認爲，一萬五千小時的內容包山包海，這種娛樂路線導致服務定位失焦。這個知情人士說：「如果說我們哪件事做錯了，應該就是節目，我們往牆壁丟了太多東西，想看看哪個會黏住。」有些「經典作品」並不是特別經得起時間考驗，例如《亂世佳人》。由於明尼安那波里斯市警察對喬治．佛洛伊德執法不當而引起種族平等運動，《亂世佳人》被牽扯其中，導演約翰．萊德利在《洛杉磯時報》撰文呼籲 HBO Max 停播該片，說它浪漫化美國南北戰爭時期的南部邦聯：「這部電影美化了南北戰爭之前的南方，完全無視奴隸制度的恐怖，就算有所著墨，也是延續有色人種受傷最深的刻板印象。」但 HBO Max 沒有把電影下架，而是加入另一部相關影片，意圖是提供脈絡，那是二○一九年TCM經典老片電影節中某個電影史學者組成的評論委員會，討論《亂世佳人》的歷史遺產及教育價值，活動錄影由華納媒體旗下的透納經典電影台播出。如果華納媒體不是任由旗下的透納電視、HBO、華納兄弟各自爲政，各公司分布在不同城市、追求不同的目標，或許在二○二○年就能更審慎地應對《亂世佳人》留下的複雜處境。

HBO Max 遭受到許多打擊，有些是自己造成的。市場上有四個以HBO爲名的不同產品，已經釀成品牌混淆問題。華納媒體執行長凱勒後來承認：「我想，當初我們應該快點讓 HBO Now 和 HBO Go 這兩個品牌退位。」

這次服務推出，裁決結果很快就出爐了。三個月後，華納媒體進行重大組織調整，與 HBO Max 最相關的兩位高層主管被掃地出門——葛林布雷特及萊禮。執行長凱勒發給員工一份備忘錄，把這次人事大地震解釋爲公司要瘦身，要專注在直接面對消費者的事業。他堅持說：「這不是績效管理的問題。這並不是因爲 HBO Max。如果我們眞的想迎接未來，爲了我們的顧客投入未來十年在偉大的工作上，我認爲必須有一個內容小組，而不是兩個，這樣會比較合理。」

凱勒指派華納兄弟電影公司高層主管安・桑諾夫（Ann Sarnoff）負責將電影及電視內容配置到這個集團旗下各個不同平台。凱勒形容她無私而專注，是「很厲害的系統思考者」。凱勒還提拔一個值得信任的左右手安迪・佛賽，負責領導新成立的 HBO Max 營運小組；佛賽是葫蘆網二〇〇七年成立之初與凱勒一起加入的主管。

這番組織重整，完全改換史坦基不到一年前才建立的人事架構，凱勒必須得到 AT&T 高層首肯。人事變動之後過了幾天，AT&T 財務長史提芬斯出席一場投資者說明會，他堅持說：「重新聚焦不是因爲我們必須進行任何調整，而是因爲我們現在做得比服務推出時更好。」

AT&T 選擇凱勒可能就是因爲他過去的紀錄，他是個不動感情的顛覆破壞者。AT&T 執行長史蒂芬森和史坦基在二〇一九年找凱勒到華納媒體任職之前，凱勒本來是華納媒體的技術顧問委員會成員，史蒂芬森和史坦基漸漸仰仗他。這個委員會裡面滿滿名人，有億萬富翁企業家、共同創辦先驅串流服務 Broadcast.com 的庫班；有建立微軟的主要功臣奧茲（Ray Ozzie）；有曾經創辦 Netscape 的風險投資人安德森（Marc Andreessen）。凱勒說：「這是千載難逢的機會，如果不進來這個沙盒我絕對會後悔，在這裡我可以做眞正能影響到顧客的事。」

凱勒二〇一三年從葫蘆網離職之後，此時重返好萊塢，協助搭建這個舞台的是娛樂產業前輩錢寧。這位福斯集團前任高層曾在二〇一三年找好友AT&T執行長史蒂芬森合作併購葫蘆網，史蒂芬森看到AT&T的未來在於行動裝置上的影片，於是熱情加入這項事業。史蒂芬森的副手史坦基是主要洽談人，經過好幾個月密集協商合約條件，史坦基這個娛樂產業生手和錢寧這位傳媒老手，兩人交誼愈見深厚。錢寧的回報則是擔任與這位葫蘆網平台策略專家的聯繫管道。凱勒回憶：「史坦基希望能知道我對葫蘆的想法，所以他主動聯絡我，自我介紹。錢寧把我們連繫起來。」

凱勒認爲，華納媒體所掌握的智財內容及財力，能夠把HBO Max帶進數位未來，它能和已經劃下地盤的競爭者如Netflix一較高下並勝出。凱勒說：「像華納媒體及迪士尼這種公司，天生優勢是擁有非常深的片庫，包括受歡迎的影視系列以及有意義的智財內容，這些會在串流的冒險史詩中扮演重要角色。只有世界級的說故事者（掌握新的與現存的智財內容）、世界級的技術及產品製造者，才能保持成功、達到長期繁榮。換句話說，能夠夜復一夜不斷愉悅顧客的企業，將會定義娛樂產業的未來。」

第十九章　太空中沒人聽得到你~~尖叫~~串流

七月某個早晨，湯姆．漢克斯爲了宣傳電影，起早加入《今日》晨間新聞。關於這件事的報導並沒有什麼異樣，太陽依舊從東邊升起。

湯姆．漢克斯主演過將近六十部電影、製作過好幾十部，他深切了解如何宣傳電影。與其他一線電影明星不同的是，湯姆．漢克斯是公認的毫無架子，在跨世代流行文化中永遠是個和藹可親的人物。二〇二〇年四月疫情初期，《週末夜現場》以遠距方式恢復播出，湯姆．漢克斯是個想當然耳的主持人選。在那之前一週，他透露他和妻子雙雙確診，當時首波疫情席捲全球，這是最令人震驚的消息。（後來兩人都完全康復了。）

在好萊塢一路往上爬的過程中，湯姆．漢克斯一直都是個傳統派。他是個堅定的歷史愛好者，珍視電影遺產。摩根．費里曼或許拿到比較多配音工作，他爲華納媒體日的宣傳短片擔任旁白；但是從意識形態的觀點來看，湯姆．漢克斯也很適合爲這場電影狂想曲發聲。他獲得美國電影協會年度終生成就獎，領獎時向電影觀眾的美好交流致敬：「讓我們一起去看電影！」他大讚坐在電影院裡的樂趣，鼓動群眾進電影院，藉由「光影、聲音、文學交織的混合物，也就是電影」，進入出神忘我的境界。

而在《今日》晨間新聞訪談中，湯姆．漢克斯對蘋果讚美有加，不禁使人生疑。蘋果向索尼影業買下他的最新影片《怒海戰艦》，當時正要在這家科技公司的平台上映。在二〇二〇到二一年的串流競賽中，最後電影扮演了關鍵角色。在大眾的想像裡，串流是由影集來定義的——《紙牌屋》《漫才梅索太太》《使女的故事》等。以前的電視連續劇，在現代串流平台上可以一口氣狂追劇；拍攝採用電影手法，而且廣告很少，甚至完全沒有。但是，在串流平台軍火庫中，電影仍是非常重要的武器。對Netflix、蘋果及亞馬遜Prime Video來說，電影代表著破壞娛樂產業現狀的新手段。對傳媒公司如迪士尼、華納媒體來說，電影是崩毀的傳統市場中的一線希望。愈貴的影集，就愈能在架上待久一點；但是愈貴的影集，利潤也愈少。這就是爲什麼串流平台很少有影集超過第三季。電影則是一個獨特機會，可以藉此獲取新的訂戶、探索新的類型，跟有影響力的影劇人才合作，而且成本是固定的。

主持人荷達．柯特柏問湯姆．漢克斯，電影沒有在戲院上映是否「有點難過」，他回答：「其實我很高興蘋果電視讓每個人都能看到這部電影。」《怒海戰艦》在七月十日上映，正好是他六十四歲生日隔天，他說：「多虧蘋果，這是給我們最好的禮物。」由於新冠肺炎大流行，美國和全球許多國家的電影院都關閉了，他說：「蘋果電視救了我們，」還表示：「在各方面來說它都是有益的串流服務。」他說，要不是蘋果買下這部根據史實的二戰潛艇懸疑片，「它很可能放在地窖裡沒沒無聞。」

湯姆．漢克斯強調這部片能在全球各地看到，還特別宣傳 Apple TV+ 每月訂閱費並不算貴，但是他記不清價格，撇著頭看向鏡頭外高聲問：「訂蘋果電視是多少錢？工作人員誰知道嗎？是不是五美元？」他轉頭回來不斷對主持人說：「其實滿便宜的，滿便宜的——」接著又重新說：「這筆交易棒極了，不久我們就可以填滿螢幕和全世界的客廳和沙發。」

出現在電視台遠距訪談的湯姆．漢克斯，背景是自家某個放滿書的房間，看起來、聽起來都跟前一天《衛報》捕捉到的他大不相同。湯姆．漢克斯接受《衛報》視訊採訪時，表示電影不能在戲院上映令他「心碎」。《怒海戰艦》改編自 C．S．佛雷斯特一九五五年的小說《善牧人》（*The Good Shepherd*）。他說：「我並不是要惹怒我的蘋果大王們，但是在不同場所播映的聲光效果是不一樣的。」湯姆．漢克斯說「蘋果大王很嚴格」，就連訪談環境也受限，要求訪問背景必須是一片空牆，這樣對談人才不會從他的書架上看出蛛絲馬跡而推斷出什麼結論。他站在一片空白背景前，說他覺得自己好像「在證人保護計畫裡。總之，我是順著蘋果的需求。」

蘋果立刻執行損害控管，對《衛報》其他記者說湯姆．漢克斯的語意被曲解了。蘋果堅持，機智嘲諷是這個明星的正字標記，卻被記者佛里曼（Hadley Freeman）誤解成他真的在抱怨。《衛報》堅持報導內容無誤，網站上也不更改。隔日在《今日》晨間新聞訪談，湯姆．漢克斯卻好像跟蘋果執行長庫克遠距通靈一樣。庫克在 Apple TV+ 推出那晚對華爾街分析師大力宣揚說每個月五美元的價格「太棒了」，而且購買蘋果裝置就可以享有十二個月免費收看串流，庫克說：「這是給我們的使用者的禮物。而且從經營的角度看來，我們眞的對內容感到自豪，希望盡可能讓更多人收看。」

得過兩座奧斯卡獎、可自由去任何地方拍電影的一線明星，爲什麼會立刻調整他的語氣呢？有個簡潔有力但是令人不舒服的解釋：錢。傳統影視公司從電影、電視廣告和主題樂園獲得的營收很拮据，但蘋果則是油門踩到底。蘋果買到一齣歷史背景的動作劇情片《解放》，由威爾．史密斯主演，安東尼．法奎導演；還有《花月殺手》，由馬丁．史柯西斯與李奧納多．狄卡皮歐再度攜手。這兩部電影的價格立刻就把《怒海戰艦》七千萬美元比下去。據報導，《解放》大約一．二億美元，《花月殺手》約二億美元。湯姆．漢克斯後來在二〇二一年以《芬奇的旅程》回去找他的「蘋果大王」，這齣科幻劇情片本來是要在環球影業上映。

除了蘋果之外，其他進場玩串流競賽的公司，都把原創電影當成引誘訂戶的餌。迪士尼最積極運用電影串流，二〇二〇年把《漢密爾頓》《花木蘭》及皮克斯的《靈魂急轉彎》都轉移到Disney+串流。（《花木蘭》很值得成爲商學院個案研究，因爲此片率先運用「付費收看」的新策略，Disney+訂戶得另外付二九．九九美元才能看到。沒有別家公司膽敢這樣收兩次錢。）HBO Max緊接在一個月之後推出，加進賽斯．羅根的喜劇、異想天開的《美國泡菜》，以及關於滑水道的紀錄片《分級遊樂園》（*Class*

Action Park）。孔雀串流平台的定位則是，集團旗下環球影業出品的新電影，未來的家就是孔雀，但是上架期程要排在院線上映及家用影片之後。

被電影界大人物史蒂芬・史匹柏蔑視爲「電視電影」的片子，在串流平台上架，接觸大眾的方式不同於傳統院線片。這種片子在戲院上映大多只是妝點門面，眞正目標是獲取訂戶或留住訂戶，而非票房營收。即使並沒有在戲院裡上映多久——也許正是因爲沒有在戲院上映——以串流播出的電影，尤其是由大明星主演的電影，確實能帶動訂戶數量。Netflix 共同執行長薩蘭多斯在二〇一九年投資者大會上說：「跟電視影集比較起來，消費者了解觀賞新電影的價值。如果是在紐約，出門看個電影一晚要花掉一百美元。」

由於 Netflix 這家公司的基因使然，透過串流上映原創電影是由 Netflix 設下標準，把史上第一部串流電影《在蜂群中發現電視》以令人興奮的小小步伐，逐漸變成商業現實。早期 Netflix 是由影碟片名以及這家公司身爲新創的身分定位，來建立它的演算法。Netflix 成立二十年之後，在這個新的電視黃金年代，即使 Netflix 有一口氣全部上架的影集，電影仍占了總觀賞流量大約三分之一。

二〇〇六年，Netflix 建立分部「紅包」，由薩蘭多斯擔任負責人，專門從事獨立影片的洽購及上映。Netflix 漸漸變成電影節常客，成立最初兩年就買下一二六部電影，大部分是與業界大發行商合作，例如：ＩＦＣ、山繆高德溫影業及木蘭影業公司。有幾次押中熱門影片，例如：《春心蕩漾俏媽咪》《後反恐惡夢》《巴黎二日情》，不過現在這些影片大多已被人遺忘。Netflix 發現「紅包」比較是個邊緣參與者，而不是這家公司所偏好的主要破壞者。二〇〇七年，Netflix 開始做串流時，路線是成爲積極的電影集結平台，而且是獨立電影工作者的火箭推進燃料。當你可以擁有整座遊樂園，爲何還要忙於旋轉木馬和套圈圈攤位呢？二〇〇八年，Netflix 關掉紅包這個部門，薩蘭多斯說：「我們今年學到的一件事就是，業界不缺電影製作，可行的電影計畫也不缺資金。」

Netflix 轉而致力於充實虛擬片架，把力量集中在串流。但是就算沒有「紅包」部門，它對電影仍保持來者不拒的胃口。獨立通路業者魏吉爾電影（Virgil Films）經營者艾摩代，從薩蘭多斯還在錄影帶店工作時就相識，他回憶當時帶了一大捆總共一百片電影去找他，薩蘭多斯對他說：「我全部都要。」薩蘭多斯在 Netflix 第一個雇用的人是霍蘭德，她開玩笑說，以那種規模採買電影光碟，就像「在屋子側門挖煤礦」。二〇二〇年十月的營收報告會上，薩蘭多斯回憶當時一口氣買下八百部電影，不過他很快就明白，這種填充貨架的辦法並不管用。薩蘭多斯說：「沒有人在看那些片子。不要去追逐影片的數量，而是去找哪些片子是你不看會死的？」

切換到二〇一四年。Netflix 在 Qwikster 大敗之後活了下來，串流事業相當興旺，而且不只是影片量多而已，原創劇使 Netflix 品牌改頭換面，也改變了它的市場定位。

這家公司心意已決：對訂戶來說，原創電影就像大型活動。就像製作原創影集一樣，Netflix 會在自己的片庫中挖掘出觀眾趨勢及收視戶模式。這個過程對薩蘭多斯來說是第二天性，他從一九八二年就開始在這一行工作，十八歲就在錄影帶店當店員、跟客人推薦租片。

早在進入 Netflix 任職之前，薩蘭多斯就注意到亞當．山德勒的演藝軌跡。進入 Netflix 之後，薩蘭多斯掌握了數據，能證明這個喜劇演員對觀眾的號召力。山德勒從《週末夜現場》畢業之後主演了《婚禮歌手》《呆呆向前衝》《冒牌老爸》等多部熱門喜劇片，他竄起於一九九〇和二〇〇〇年代，但是後來事業不算順遂，演出經歷和喜劇之王傑瑞．路易斯很像，海外票房佳，但美國影評譏嘲他某些通俗表演既彆扭又不好笑。《品味選擇題》一書的作者范德比爾特探討媒體公司如何評估及操縱消費者偏好，他寫道：「有時候我會被 Netflix 推薦惹怒。亞當．山德勒的電影？你在開我玩笑嗎？」不過范德比爾特也有客觀一些的觀點：「Netflix 向來能察覺到人們的宏願與行爲之間的落差。」確實，這句話也可以繡在抱枕，放在 Netflix 著名的入口大廳沙發上。Netflix 知道，人們找影片時，並不總是有心情享用最頂級軟嫩的菲力牛排，有時候多汁的起司漢堡才能命中紅心。

這種動態也能解釋，爲什麼電影公司認爲山德勒的《龍鳳大雙胞》《我老爸卡好》不怎麼賣座，但是 Netflix 的看法卻相反。二〇一四年，薩蘭多斯給山德勒和他的製作公司「快樂麥迪遜」一份合約，這是 Netflix 史上第一個電影製作合約。Netflix 給山德勒拍攝資金並上映四部電影，預算是山德勒當時的一般價碼，每部約四千到八千萬美元。這些電影都不會在院線上映，而且 Netflix 擁有永久版權。雖然山德勒那時並不算炙手可熱（當時離他主演《原鑽》還有好幾年，這部片終於讓許多不喜歡他的人閉嘴了），但是 Netflix 提出的合約算是相當驚人。通常明星和導演拿到的酬勞是「報價」加上後端參與分潤——在大部分個案中，預付款還算不錯；如果電影很出色，在戲院、線上、其他「輔助」檔期都表現不錯，他們就會拿到這些收入的分潤。在某些個案中，例如瓦昆·菲尼克斯《小丑》、基努·李維《駭客任務》等明星能拿到好幾千萬美元，比預付款高出數倍。多年來，影星酬勞一直被往下壓，即使不像山德勒這樣冷門的影星也是一樣。資方和片商把演藝人員酬勞愈壓愈低，挪出更多錢來花在製作特效或購買家喻戶曉的智財權（IP）。Netflix 則是跟演藝人才談單筆買斷。環球影業前任執行長斯圖博二〇一七年來到 Netflix 管理電影部門，他描述這家公司根據的是分析過去的電影表現，以及製作新片所需的預算：「如果我們要製作一部電影，我們付錢就是要得到成功。」換句話說，沒有票房紀錄也不必後端分潤的情況下，Netflix 擠進這場競賽的過程一直維持高額買斷金。

山德勒爲 Netflix 拍四部電影，拿到的保證酬金是二億美元，他發出愉快的聲明，幽默感一往如昔：「這些好人找我爲他們拍四部電影，我立刻就說『好』，原因只有一個……Netflix跟『Wet Chicks』諧音。」山德勒說：「讓我們開始串流吧！」

Netflix從非正統的起步開始，已逐漸長成精細的電影引擎，財務長紐曼（Spencer Neumann）說Netflix製作的影片達到「大規模的創意優質表現」。當然，「優質」是主觀的。Netflix推出幾部廣受好評的原創電影，也拿出一流國際作品，例如以塞內加爾爲主題的《大西洋》，並網羅美國的傑出演藝人才爲其效力，例如史派克．李、大衛．芬奇、珍．康萍、柯恩兄弟等，但是它也一直都有山德勒式的通俗電影及青少年愛情喜劇，例如《親親小站》。Netflix製作的電影，預算等級可以跟大型電影公司比肩，而且很快就會超越。這表示它能迅速累積強檔大片，像斯圖博以前在環球影業監製的那種。這些片單包括《鬼影特攻：以暴制暴》，萊恩．雷諾斯主演、麥可．貝執導；改編自圖像小說的動作片《不死殺手》，莎莉．賽隆主演，已經衍生爲系列電影。二〇二一年，Netflix宣布計畫要一週上架一部大片，明星陣容包括蓋兒．加朵、巨石強森等十多位。

同時，亞馬遜在電影方面的策略，跟宿敵Netflix大相逕庭。亞馬遜並不是要演藝社群及傳統娛樂產業對它的模式低頭，而是走出一個刻意融合的路線。

亞馬遜本來的計畫是買下已拍攝完成的電影，並協同其他發行業者上映這些電影。《海邊的曼徹斯特》《愛情昏迷中》《沒有煙硝的愛情》《新居風暴》這些片子都大放異采，獲得奧斯卡獎提名，《新居風暴》還贏得最佳外語電影。傳統發行商抵制這此電影且不讓它們在戲院上映，但是亞馬遜以其行銷資源與強力的內容貨倉爲支撐，這些電影在亞馬遜買得到、租得到，而且最後Prime會員還可以免費在亞馬遜串流平台上收看。這種做法等於是現代升級版的Netflix「紅包」實驗，只是現在這塊市場已經夠成熟了，做得起來的電影可以帶進不少營收。《海邊的曼徹斯特》全球總營收是七千九百萬美元。雖然對一家市價一・五兆的企業來說不算是什麼大事，不過它是一項永續事業的開始。

鮑伯・貝爾尼二〇一五年至一九年間在亞馬遜製片工作室主管行銷及發行，戲院是他的命脈。他的職涯初期在藝術展演事業取得成功，順理成章轉到發行及行銷，曾主導二十一世紀幾部現象級電影：《羊男的迷宮》《鯨騎士》《你他媽的也是》《記憶拼圖》。他行銷的《受難記：最後的激情》及《我的希臘婚禮》是有史以來獲利最高的獨立電影，總營業額超過八・五億美元。

貝爾尼和其他傳統背景的高層主管共事，包括資深獨立電影人泰德・霍普（Ted Hope），貝爾尼試著爲亞馬遜開闢一條路，能夠把亞馬遜的技術實力及資源，結合傳統老派的電影品味塑造。有一陣子效果不錯，但是後來就退燒了。亞馬遜花了不少錢購買參加影展的電影如《深夜秀》《布莉塔妮的馬拉松》，亞馬遜說，這些片子在院線票房不好，但是在串流表現很不錯。在新冠疫情給院線上映打了問號之前，亞馬遜即已開始調整路線，偏好更引人矚目、就算沒有戲院也能製造聲浪的大片。亞馬遜製片工作室買下音樂劇《星夢戀歌》的北美授權，這部二〇二一年坎城影展開幕片由個人風格強烈的李歐·卡霍執導，內容風格不完全前後連貫，主演的是亞當·崔佛及瑪莉詠·柯蒂亞。亞馬遜讓這部片在一些戲院上映兩週，然後抽出來在串流平台上架，兩個檔期之間的銜接，比貝爾尼任職的時候更緊湊。

當然，亞馬遜繼續開出鉅額支票，但是愈來愈走向廣大觀眾的電影取向，行銷活動並不需要非常小心經營或是獨一無二。二〇二〇年，亞馬遜買下薩夏·拜倫·柯恩的《芭樂特》系列，以及艾迪·墨菲在派拉蒙拍攝的高預算電影《來去美國 2》。亞馬遜以其特有的低調方式極力吹噓「好幾千萬」亞馬遜 Prime Video 會員收看《芭樂特電影續集》。《來去美國 2》播映首週在尼爾森美國串流榜登頂，總觀賞時間十四萬分鐘。（如果以每個亞馬遜 Prime 訂戶看過全片一次來計算，大約是一千三百萬美國家戶看過這部電影。）以前尼爾森票房排行榜類似的突破是克里斯·普瑞特的未來動作片《明日之戰》，以及麥可·B·喬丹主演的驚悚片《湯姆克蘭西之冷血悍將》。

有兩個電影工作者擁抱串流並不完全是爲了錢，那就是羅素兄弟。他們在二〇一九年執導有史以來營收最高的電影之一《復仇者聯盟：終局之戰》，還有其他迪士尼發行的漫威電影。由於羅素兄弟對大場面很在行，他們在二〇二〇年開拍的《灰影人》成爲當時 Netflix 最貴的電影，製作費用超過二億美元。羅素兄弟爬到娛樂產業最高位置的過程，是循序漸進的美國典型故事。他們生於義大利移民家庭，定居在俄亥俄州東北方的煉鋼城市，大學畢業後回到家鄉克里夫蘭的凱斯西儲大學讀研究所，父親在當地是著名律師、法官、民主黨公職。羅素兄弟四處湊錢籌拍第一部獨立電影《Pieces》，啓發來自羅德奎茲（Robert Rodriguez）僅以七千美元拍出石破天驚的《殺手悲歌》。羅素兄弟第二部電影《各顯神通》在坎城影展上映，讓他們得到許多電視工作邀約，製導《發展受阻》《廢柴聯盟》等電視劇。

他們跟迪士尼的關係一直都不錯，但是到了二〇一六年，趁著串流帶給電影工作者的賺錢機會，羅素兄弟成立一家獨立製作公司 AGBO。羅素兄弟跟 Netflix、蘋果、Quibi 簽約，比起全球視野與是否受年輕族群歡迎，預算多寡及場面大小顯得沒那麼重要了。在訪談中，羅素兄弟顯得見多識廣又熱情洋溢，既理想又務實。

喬·羅素說：「我有四個小孩。我對電影院的感情很深、很強烈，在暗暗的戲院裡跟形形色色的陌生人一起看著大銀幕上的故事，我有這種情感連結，可是我的小孩沒有。他們接收敘事的方式比較機動，他們從小就習慣更方便的方式。他們喜歡在手機上看內容、喜歡在電腦上看、喜歡在飛機上看、喜歡在電視上看。不一定非得在電影院看。」除了對電影院的感情，他也深深體認到，現代觀眾周遭的創意內容太豐富了，這也是一種挑戰。「我們能接收到的內容太多了，觀眾不需要經常去電影院。現在大概每三天就有一齣新影集或電影。沒有人會花那個金錢、時間和精力去電影院裡消費內容。所以，必須要有另一個傳遞系統。」

串流作爲一個可能的傳遞系統，羅素兄弟在拍攝第一部《復仇者聯盟》時就想過了。他們和漫威電影宇宙中飾演雷神的克里斯．漢斯沃提議合作拍攝一部電影，從一開始就鎖定是全球娛樂，結果拍出了動作片《驚天營救》，漢斯沃飾演黑市傭兵被召募去把義大利販毒老大的兒子從孟加拉監獄救出來。這部電影有全球感、有普世的動作劇情，在Netflix上架四週達到九千九百萬觀影次數，目前還是這個平台被觀賞最多次的紀錄保持者。

喬．羅素說：「好萊塢非常短視，所感所知都是以美國國內爲導向，那是不正確的。」蘋果在全世界有十六億五千萬部手機、筆電及平板，而且截至二〇二一年，Apple TV+在超過一百個國家推出，爲羅素兄弟的另一項電影計畫《迷途之心》提供了類似的全球環境。該片描述一個止痛藥物成癮的退伍軍人在走投無路之下搶銀行去買鴉片。「我們把這個計畫拿給許多串流業者看，其中蘋果是最熱情的。他們覺得他們眞的懂這部片要講什麼，是眞心欣賞它。」安東尼．羅素說：「如果新冠疫情沒有發生，我們還是會這樣做，但是可能會比較偏向戲院發行；我們會帶這部片去找許多電影發行通路，方式完全一樣，然後看看誰對這個計畫最有興趣。」

羅素兄弟必須爲迪士尼拍出眞人版《海克力士》，不過其他拍攝計畫都在串流平台。喬．羅素說：「迪士尼是一個縮影，它就像傳統電影公司的凱迪拉克，而Netflix是未來電影公司的凱迪拉克。你看看疫情時，所有Netflix的資產都是數位或在雲端，但迪士尼的資產都是實體，營收很大一部分必須要人移動到某些地方，這樣就卡住了。所以，未來電影公司要怎麼營運，我認爲Netflix是一個模式，你不需要很多實體資產才能制霸市場。」

PART 6

復甦之路

第二十章 天翻地覆

迪士尼樂園號稱「全世界最快樂的地方」，二〇二〇年卻感覺像殘酷的玩笑。大約二萬八千個迪士尼樂園員工失去工作，加州安納海姆的迪士尼樂園開園六十五年以來，這是唯一一次關門這麼久。加州迪士尼持續閉園，此情況與佛羅里達、巴黎、東京等世界各國的迪士尼樂園呈現明顯對比，它們都已經重新開放了，雖然仍有容納人數限制。財務吃緊的狀況非常嚴重。迪士尼樂園向來是這個觸角四伸的娛樂帝國收入最豐厚的一塊，二〇二〇財務年的營運收入掉了六十八億美元，是數十年以來最慘的紀錄。

終於在二〇二一年一月，安納海姆有了人氣。並不是迪士尼樂園米老鼠耳朵大門打開、歡迎遊客回到睡美人城堡及太空山，而是把遼闊的停車場變成接種疫苗的場地，目標是一天接種一萬劑。橘郡政府描述這項迪士尼計畫是所謂「獨立行動」的關鍵，希望能讓這個區域在七月四日美國獨立日正常運作。橘郡衛生局主任周將龍博士說：「新冠疫情已經可以看見尾聲了。」

華特迪士尼公司內部，高層主管卻沒有和政府官員同樣的使命感。其實，他們覺得遭背叛了。挫折感累積到二〇二〇年秋天到達臨界點，加州州長紐森說「不急著」

放鬆防疫管制，迪士尼樂園及其他主題樂園還是不能開門。迪士尼抗拒，由樂園部門的公共安全主管發出聲明表示，公司「完全拒絕」州長的立場。執行董事長艾格爲表示抗議，辭去加州政府經濟復甦工作小組的位置。

華特迪士尼建立的大宅，幾乎每一個角落都遭受這場百年瘟疫摧殘打擊。戲院還是關門，電影公司延後發行外界期待的漫威電影《黑寡婦》、史蒂芬·史匹柏的現代演繹《西城故事》，以及肯尼斯·布萊納的《尼羅河謀殺案》。由於NBA、美國職棒大聯盟及其他運動賽事節目縮減，ESPN以裁員及遇缺不補的方式減掉五百個職位，大約是十分之一的員工。

迪士尼公司的新任執行長鮑伯·崔帕克幾乎沒有時間熟悉新角色，火速進入危機處理。他對母校印第安納大學學生說：「我上任大約三天後，就得關掉電視台以外約八成業務。」崔帕克在迪士尼達到二十一年職業生涯中的頂點，過去他待在這個神奇王國裡比較不受人矚目的角落，在家庭娛樂及消費者產品部門擔任高層主管，磨練出經營事業的敏銳度，現在的他沉穩地展現出來。他對大學生承認：「我可以縮起來什麼都不做，希望這一切趕快結束就好。」但是當然，員工或華爾街都不會滿意的，「他們要的是領導力及果斷。」

在這片荒蕪失落的環境中，很容易就能認出有一塊地方在發亮。本來串流事業在五年內是不會賺錢的，但卻是它讓整個公司不致滅頂。崔帕克無奈裁掉二萬八千個員工之後，把電影、電視、動畫的龐大資源全部拿出來讓 Disney+ 當靠山。他解釋說：「部分原因是爲了救這艘船，不讓它沉沒。」

崔帕克就像前輩華特·迪士尼一樣在美國中西部長大，他認爲自己有點像圈外人。二〇〇六年他對《西北印第安納報》說：「我出身印第安納州的哈蒙德，考量職業時第一個想到的並不是好萊塢的迪士尼。但另一方面，總是有人得做那個工作，何不就我來做呢？」崔帕克在一九九三年來到加州柏班克的電影製片廠，他像個來自消費者包裝商品世界的密探。在此之前，他的工作經歷是在製造番茄醬的大公司漢斯與智威湯遜廣告公司。崔帕克的廣告代表作是休閒女鞋品牌 Easy Spirit 廣告「看起來像平底包鞋，穿起來像運動鞋」，圖像是女性穿著「舒適」跟鞋打籃球。這些經驗，並未讓他準備好面對日後在華特迪士尼電影公司，以及這個產業裡遭遇到的脆弱自我。

崔帕克在消費者產品的實事求是作風，帶進迪士尼電影公司的家用娛樂部門，他把迪士尼的高人氣動畫電影製作續集，以家用影片推出，回應消費者需求。此舉在內部引起激烈反對。他跟大牌的動畫製作人產生衝突，《獅子王》製作人唐·翰認爲這是公然侮辱創意作品（皮克斯動畫共同創辦人拉塞特，後來批評電影續集家用影片「基本上完全不能看」）。迪士尼電影公司某個前任高層說：「他剛進來那幾年必須學習，事業不只是爲了賺錢而已。他必須改變電影公司創作人的心態。」崔帕克最後還是占上風，推出了家用影片如《賈方復仇記》，這種影片絕對不會獲得奧斯卡青睞，但是卻獲利頗豐。這部《阿拉丁》續作影片賣出一千五百萬份，帶進三億美元營收。崔帕克另一個點子被稱爲迪士尼金庫策略，藉由限時購買迪士尼動畫電影，創造出對家用影片的假性需求。崔帕克的商業創新方式讓部門賺錢，於是艾格注意到這號人物。

崔帕克在這家大企業不斷往上爬，除了管理消費產品部門，後來也管理主題樂園，高層主管們對他的商業頭腦很驚豔，即使他並不具備艾格那種人格魅力。「他非常有紀律，非常井井有條。主題公園裡的火車都能照表準時開動，」有個迪士尼前任電視主管說，「從營運角度來看，他表現非常好。」崔帕克把家用娛樂部門的做法搬到主題樂園，讓利潤增加，即使消費者所花的錢一直在爬升。迪士尼樂園裡一向免費的跳繩遊戲器材 FastPass，二〇二一年竟然要收取十五美元，就連最死忠的迪士尼迷也怒了。有個商業夥伴開玩笑說：「我不相信他本人坐雲霄飛車會需要多付錢。」出身印第安納州的崔帕克擁有微生物學學位及密西根州立大學商管碩士，他是出了名的精打細算，唯一關注就是財報收支。他錙銖必較的作風贏得一位迪士尼大股東的支持，那就是前任漫威娛樂的榮譽執行長佩慕特（Isaac "Ike" Perlmutter），他是那種會從垃圾桶裡撿出迴紋針來重複使用的人。

疫情重創影視製作，崔帕克知道如何在非院線檔期發行電影，他運用這項知識讓新內容流向 Disney+。傳統上，院線上映過後九十天才輪到發行家用娛樂，迪士尼原本是要壓縮這段窗口期，把皮克斯的《二分之一的魔法》和迪士尼的《冰雪奇緣 2》提前幾個月放上串流。後來迪士尼將三部影片跳過戲院上映、直接放上串流，於是本來沒什麼新影片可看的 Disney+ 就多出幾部招牌大片。

百老匯音樂劇《漢密爾頓》是劇作家林－曼努．米蘭達名作，講述美國開國國父們的故事，電影版在二〇二〇年七月四日首度上架，立刻引起下載高峰，但迪士尼從不透露確切數字。一九九八年經典動畫《花木蘭》眞人演出版，製作費高達二億美元，在二〇二〇年五月一日勞工節走進家戶，接著是皮克斯的《靈魂急轉彎》，在聖誕節上架。

院線業者對這些消息的解讀是，迪士尼釋放出來的訊息很清楚了，它要調整優先次序。不過，《花木蘭》這種高預算強檔大片，顯示出網路發行的限制。迪士尼對串流訂戶另外收取三十美元才能在家裡觀賞《花木蘭》。崔帕克對投資者說：「我們視爲一個機會，把這齣非常好看的電影，帶給目前無法上電影院的廣大觀眾。」全美半數戲院關門，對迪士尼來說是實驗隨選即看收費電影的好時機，這是電影公司和院線業者已爭執多年的另類發行策略。技術可以做得到，不過眞人版《花木蘭》無法獲取強檔大戲的收益，根據研究機構 7Park Data，隨選串流上架十二天內，營收約六千到九千萬美元。跟另一部經典迪士尼動畫《獅子王》重製版第一週營收一億九一八〇萬美元比起來少多了。眞人版《花木蘭》戲院票房也很慘澹。這部電影把流傳一千五百年的〈木蘭詩〉做了西方化改編，將中心人物塑造爲女性主義英雄，卻遭到中國觀眾拒絕。《綜藝》雜誌報導眞人版《花木蘭》票房收入二千三百萬美元，令人失望。

崔帕克盡力表現得冷靜沉著，但是私底下急得像熱鍋上的螞蟻。有個Disney+系列影集的執行製作人說，很難不高估疫情造成的影響。「超出成本時，儘管他們說『我們會買單』，但是每個人都知道，現在情況眞的不同了。」還有一個焦慮的來源是防疫險，因爲風險等級的關係，非常難以買到保險，即使在疫情衝擊較小的國家也一樣。二○二○年中那幾個月，許多電影製作必須喊停，迪士尼被迫吞下製作天數的損失，金額可能高達數百萬美元。」這位製作人還說：「公司每一個人壓力都很大，每次互動都能感受到這種壓力，感覺上他們比其他人受創更嚴重。」

在崔帕克領導之下的迪士尼，削減開支是無法改變的事實，但是這位領導人處理財務收支的方式，以及他很明顯沒有興趣討好演藝工作者的態度，最後使迪士尼陷入二○二一年夏天爆發的醜聞。迪士尼很希望能繼續推展付費收看的策略，電影在戲院上映，但是同時在Disney+串流平台還要另外收取二九．九九美元才能收看，使得迪士尼跟《黑寡婦》女主角史嘉蕾．喬韓森產生爭執。這位女星控告迪士尼未按照合約內容採行全面戲院上映。迪士尼偏好串流，與戲院上映相較之下，片商能掌握較大比例的營收，因此她說，迪士尼等於是讓她損失了好幾百萬美元。

外界對迪士尼的觀感愈來愈差。首先，迪士尼釋出一份張牙舞爪的聲明說，這場訴訟「不顧新冠肺炎疫情恐怖而漫長的全球效應，尤其令人難過苦惱」。還指出，迪士尼已付給喬韓森二千萬美元片酬，而且後端參與分潤會更多。但問題是，這部電影的票房表現是所有漫威電影中排名最糟的，喬韓森這一方堅持，這是因爲它還同時在串流上架。《華爾街日報》某篇報導指出，提訴之前好幾週，經紀公司CAA共同董事長陸爾德（Bryan Lourd）聯絡崔帕克，希望避免公開扯破臉並能與他的客戶和解，他提出的和解金額相當高——要求付給喬韓森八千萬美元。崔帕克拒絕了陸爾德，並把談判任務交給兩個資深高層，這兩人都沒有給CAA回電或回覆郵件。

喬韓森堅持立場，爲她在演藝社群贏得超級英雄地位。主演漫威Disney+系列影集《汪達幻視》的伊莉莎白・歐森，在《浮華世界》專訪中說喬韓森「非常強硬」，還表示自己聽說這件訴訟案時，覺得她眞是「幹得好」。提訴過後幾週，另一部漫威電影《尙氣與十環傳奇》在勞工節週末檔期熱烈上映，四天票房即達到九千萬美元，這部片並沒有和《黑寡婦》一樣放上Disney+額外付費收看，而是限定戲院上映窗口期四十五天。崔帕克在營收報告會上對華爾街分析師描述，這部電影上映模式是個「有趣的實驗」。《尙氣》主角劉斯穆在Instagram回擊崔帕克，強調這部電影的卡司、導演及故事的亞洲DNA，「我們不是個實驗。」他特別指出：「我們是被欺壓的，我們是被低估的一群。」以前艾格擔任迪士尼執行長十五年，幾乎從沒遇過這樣的公開反彈。艾格在迪士尼集團任職期間多采多姿、充滿故事，但是他被供在閒職很久了，那時是他擔任象徵職務最後幾個月。

崔帕克為了支撐 Disney+，還是繼續做出非常不受歡迎的選擇，他進行組織重整來建立內部盟友，指派長期對他忠心耿耿的凱林．丹尼爾為媒體及娛樂部門董事長，負責迪士尼電影、電視劇及運動節目的發行通路決策。崔帕克說這項改變將會使迪士尼更靈活創造出消費者想要的內容，以消費者想要的方式來傳遞這些內容——不過，有個迪士尼前任高層解讀，這項人事是個防禦動作，削弱可能的內部反對力量挾著豐厚營運利潤來壓制這位老闆。對崔帕克來說，丹尼爾沒有威脅性，他在二〇〇七年把丹尼爾從史丹佛商學院研究所聘進來做實習生，兩人在迪士尼消費者產品部門共事，後來丹尼爾跟著崔帕克來到執行長辦公室擔任幕僚主管。丹尼爾在芝加哥南區長大，小時候會泡在漫畫店好幾小時，他說：「我的職業生涯亮點是二〇〇九年迪士尼併購漫威，當時我是團隊的一員，我跟我媽說這件事，終於比較能跟她解釋我到底是在上什麼班了。」

二〇二〇年十二月十日迪士尼線上舉行投資者說明會，丹尼爾加入崔帕克及迪士尼其他資深管理團隊，目標是強調該公司對 Disney+ 的承諾。由於疫情管制，這場三個多小時的活動事先在迪士尼片廠製作，透過綠幕技術及多次拍攝，將傳遞的訊息打造得無懈可擊，即使極微小的缺點都能修飾掉。只有活動最後的短短問答時間是現場播出，但是即使現場也是透過遠距影片連線。所以，雖然整個活動概念類似二〇一九年四月投資者說明日宣傳 Disney+，二〇二〇年十二月的活動效果則是單向的廣告宣傳。崔帕克在每季營收報告的表現有時會口齒不清、帶著鼻音，這些在遠距視訊都能調整掉。不過最重要的是，這場投資者報告顯示出迪士尼驚人的製作力。這個娛樂巨頭宣布在串流平台上將會有超過一百部影片，其中八成影片首度上映就是在串流平台Disney+。迪士尼電影公司的每個主管就像在地窖裡翻箱倒櫃，找出塵封的熱門影片和可以再重製的成熟角色，這種策略使人聯想到崔帕克早年在家用影片這塊業務的做法。

盧卡斯影業由於《曼達洛人》得到好評，在投資說明會上也拿出《星際大戰》衍生劇《歐比王》一小段，伊旺．麥奎格回歸飾演絕地武士導師，影集時空背景設定在《賽斯大帝的復仇》之後十年。在Netflix廣受好評的《親愛的白人》主創西米昂也將爲迪士尼創作一套影集，故事建立在能說善道的賭徒及騙子、後來變成反抗軍英雄的藍道．卡利森這個角色。至於《星際大戰》以外的銀河，迪士尼宣布將會重製盧卡斯另一部神祕世界作品《風雲際會》。

說明會上，迪士尼表示將發展一套影集，靈感取材自迪士尼家庭電影，如《野鴨變鳳凰》《福將與福星》《海角一樂園》等。同時，迪士尼電影公司將繼續推出經典動畫的眞人版，這次宣布的是《小美人魚》《木偶奇遇記》。還有《一〇一忠狗》前傳《時尚惡女：庫伊拉》，主題是這個惡女角色年輕叛逆的時光，故事背景類似《穿著Prada的惡魔》，設定在一九七〇年代盛行龐克搖滾的倫敦。

華特迪士尼動畫電影公司創意總監珍妮佛．李（Jennifer Lee）表示，接下來要製作的動畫長片是《尋龍使者：拉雅》，描述一群死對頭聯手拯救神龍國，這齣動畫影片將同時在戲院上映及迪士尼串流平台上付費收看。疫情延續到第二年，戲院上映仍受到影響，這次消息宣布使外界更清楚迪士尼的電影發行策略。迪士尼將繼續支持陷入掙扎的連鎖電影院，畢竟漫威電影大量運用特效製造出超級英雄奇觀，製作成本昂貴，因此戲院票房收入相當重要，不過它還是為了避險而推出付費三十美元串流收看，以產生穩定營收。

皮克斯承諾將重啓營收數十億的《汽車總動員》，製作周邊系列影集，閃電麥坤和他最好的朋友麥特將踏上跨州長途旅程，而且還宣布將推出《玩具總動員》前傳、絕對原創的動畫電影《巴斯光年》，二〇二二年在戲院上映。漫威表示，從它的電影宇宙汲取出來的第一齣影集《汪達幻視》，這齣向電視情境喜劇致敬的熱門影集廣受好評，將會證明是成功吸引訂閱的另一齣影集，不過它的屬性跟《漢密爾頓》電影版並不相同，跟即將推出的影集《獵鷹與酷寒戰士》也不一樣，這部影集主角是兩個家喻戶曉的超級英雄，他們上一次攜手是在《復仇者聯盟 4：終局之戰》結尾時。改編的漫威電影及影集總共約有二十多部，由漫威四千多個漫畫角色中提取出來，這些角色似乎都準備好躍上大銀幕了。

迪士尼自信它擁有的內容幅度夠寬廣，能獲取更廣大的全球觀眾，為自家串流平台添薪助燃，因此修訂了預報數字，預測將會在二〇二四年之前吸引全球二．三億到二・六億訂戶，而先前估計數字是六千萬到九千萬。強力需求讓迪士尼大膽調漲價格，美國地區從每月六・九九美元調高到七・九九美元，歐洲地區調高到八・九九歐元。

華爾街表達讚許，使迪士尼股價在二〇二〇年十二月十日投資者說明會後衝到紀錄高點。娛樂產業分析師納瑟森寫道：「湧向 Disney+ 串流平台的內容海嘯，其規模及品質令人興奮，任何規模次等的公司，要在劇本類的影劇娛樂領域競爭，該感到驚懼。」

具體案例就是聖誕節首映的皮克斯《靈魂急轉彎》。那年夏天《漢密爾頓》數位版首映之後，激進投資者雷伯（Daniel Loeb）對迪士尼施壓，要求在串流平台推出更多自家電影。根據尼爾森數據，皮克斯首度以黑人爲主角的《靈魂急轉彎》，觀眾從串流平台收看的總時數，比《我們的辦公室》及《曼達洛人》第二季最後一集更高。在戲院上映的強檔大片吸引到更多觀眾，那就是華納媒體的《神力女超人1984》，它同步在戲院及 HBO Max 上映上架。《靈魂急轉彎》創意團隊中有人認爲，這部片努力多年的成果令人滿意，但也有失望之處。這部動畫獲選預定五月在坎城影展上映，九月在紐約影展上映，但是兩者都因疫情而延期。《靈魂急轉彎》設計時就是大銀幕播放，混音跟顏色都是。這名知情人士說：「皮克斯是用強檔大片模式在打造的，所以它很難理解在串流要怎麼運作。」迪士尼決定將這部電影改至串流上架，以觸及家有小孩的成人。《靈魂急轉彎》在國際則是戲院上映，票房超過一億美元，大部分來自中國。

劇情長片結合戲院上映及串流上架的想法是由 Netflix 率先提出，它在二〇二一年初仍維持市場龍頭地位，全球訂戶共有二億三七〇萬，是三年前訂戶數量的兩倍，這家公司不斷度過各種新競爭帶來的衝擊，不過迪士尼顯然是個有能力打中要害的對手。若針對迪士尼來考量，其中一個滿意度指標就是萊梅斯製作的影集《柏捷頓家族》，它成爲 Netflix 最成功的原創劇。共同執行長海斯汀得意的是，迪士尼絕對不會做《柏捷頓家族》這種色情暴力的時代劇，不過他也對迪士尼致敬，說它以「超高執行能力」全力投入串流，「非常令人驚豔」。

命運多舛的二〇二〇年到了最後幾個月時，HBO Max 還在磨磨蹭蹭，完全不像史坦基想像的飛輪。到了九月底，HBO Max「啓用」數大約是八百六十萬，這些是知道自己可以下載這個串流應用程式、而且還眞的輸入資料來使用它的有線電視訂戶。與 Disney+ 和 Netflix 相比，HBO Max 是串流服務的陪榜，即使有限訂戶根本不用付錢就能啓用，但是大約只有四分之一的 HBO 訂戶下載。凱勒顯然知道這個現實狀況，他是外表冷靜、散發愉悅活力、穿著襯衫配運動鞋的老闆，但本性非常積極進取。有個員工形容凱勒是個不放過任何細節的事必躬親型管理者，不太懂得尊重界線。他會在任何時刻寄發電子郵件給所有員工，包括週六晚上及週日早上。負責 HBO Max 實際運作的中堅幹部，很快就落入他的顯微鏡下。有個資深主管回憶說：「我們一天會接到好幾次電話。他會想知道『怎麼了，爲什麼沒有人下載？顧客應該知道這是免費的。應用程式免費且內容比現有的多一倍，誰會不要這個機會?!』。」

二〇二〇年十一月，華納媒體的運勢終於有扭轉的跡象。凱勒運用以前在亞馬遜擔任高層時建立的關係，跟亞馬遜 Fire TV 談成發行協定，爲 HBO Max 闖出一條路。此協定立刻就讓 HBO Max 串流平台走進五千萬家戶中。透過一個關鍵的協議條件，這支應用程式不會透過 Prime Video 頻道平台而完全被亞馬遜所掌握；許多訂閱應用程式都在亞馬遜這個頻道平台上得到相當廣大的曝光，但是也被迫交出寶貴的資料給這個科技巨頭。在 HBO Max 推出之前，史坦基就對這個應用程式在亞馬遜的範圍畫出一條明確界線。以前 HBO Now 約有半數訂戶是從亞馬遜這個擁有大量頻道的平台上分流過來的，但是，若要成爲一個眞正自給自足、直接面對消費者的玩家，HBO Max 必須要有不同的安排。跟亞馬遜的協定宣布之後，在發行方面唯一沒有接上的拼圖就是 Roku。亞馬遜 Fire 和 Roku 電視棒合起來總共掌握了將近四分之三美國串流家戶。

由於疫情，HBO Max 的節目已經都過時了，這個缺點是凱勒無法否認的。他說：「五月二十七日那天我們沒有、但是我希望能有的是，具有代表性且能定義這個平台的影集。」即使如此，他仍堅持說這種招牌大戲並不是「非有不可」。一旦跟消費者連通的管道通暢之後，在HBO Max帳下一字排開的智慧財產，從DC漫畫到《樂一通》到《六人行》，終究會讓這個串流服務絕對不可或缺。除了傳統線性的HBO電視台會釋出最新熱門影集之外，妮可．基嫚及休．葛蘭主演的《還原人生》在十月底上架，HBO Max會有許多凱勒稱爲「行李箱上的把手」的內容，讓消費者可以抓住。凱勒的副手、華納媒體直接面對消費者部門總經理佛賽喜歡把手這個比喻，他注意到迪士尼的行李架滿滿，可以作爲一躍而起的燃料。

復活節隔日，加入節目行李箱的是一套特別符合Instagram的行頭：《謎飛空姐》，飾演空姐主角的是《宅男行不行》女主角凱莉．庫柯，這齣戲是充滿動感的跨國懸疑類型，有剛剛好的看點來挑起觀眾的追劇本能（其中之一是庫柯飾演的不斷換床伴的酗酒女郎）。這部影集的正面能量及贖罪敘事轉化了HBO大部分內容的R級界線，如此一來，這齣戲算是HBO Max終於擁有的第一齣眞正原創熱門影集。不過，串流業者向來的傳統是不對外界透露觀眾數字。公司宣稱這齣戲上架第一個月讓HBO Max用戶黏著度增加三成，但是從未透露確切數字。到了十二月初，與亞馬遜Fire的協定生效，HBO Max訂戶帳號啟用數字增加到一二六〇萬。

這些都是令人振奮的跡象，不過凱勒決心追擊。他跟競爭對手的媒體高層一樣審慎盯住新冠肺炎感染率，感染率使得豐厚的營業數字無法爬升，受影響最大的是院線電影。二〇一九年華納兄弟電影在全球票房四十四億美元，推出的強檔大戲《小丑》

《牠：第二章》在戲院上映窗口期之外還帶進數億美元營收。到了夏末，疫情稍微緩和，電影影展、大學、美式足球聯盟嘗試恢復某種程度的正常。華納兄弟決定，在遵守防疫規範之下，在戲院上映諾蘭執導的《天能》。這部片的上映計畫，在一年內已經被延了三次，浪費了從春天開始的電視廣告宣傳。通情達理的英國人諾蘭，最著名的事蹟是幫華納兄弟把《蝙蝠俠》系列電影再度復活，另外也拍出很有風格的燒腦電影《全面啓動》《記憶拼圖》。諾蘭堅持《天能》一定要在戲院上映，他在《華盛頓時報》專欄向大眾疾呼「人類共同參與的需要」，盼能為戲院爭取更廣大群眾的支持。湯姆．克魯斯在社群媒體以一段影片提出他自己的證言，他戴著口罩、跟其他觀影者保持距離，在倫敦觀賞《天能》，電影最後播出工作人員清單時，他鼓掌向這部奇片致敬。湯姆．克魯斯的貼文附註可以說明一切：「大電影，大銀幕，我愛它。」

但是，紐約、洛杉磯，以及世界上許多地方的影城仍然關閉，因此《天能》戲院上映的結果相當令人失望。知情人士透露，這部電影全球票房將近三．六四億美元，但是製作成本再加上延遲上映導致的開銷，赤字是一億美元。華納兄弟原本不願意將《天能》放在戲院上映，諾蘭直接向史坦基表達立場，這位執行長同意了。史坦基及其他 AT&T 高層主管公開表示這部電影的視覺表現令人驚嘆，希望能讓緊張的戲院老闆們安心，讓他們知道華納會繼續把電影放在大銀幕上映。但是，大部分影評沒有被打動。魏金森（Alissa Wilkinson）在數位媒體《Vox》評論：「它牽涉到的利害關係大概是高得不能再高了，大銀幕上和檯面下都是。但是看過這部電影之後，我不懂爲什麼我還要在乎。」導演諾蘭設定他的任務是在這場百年大疫中保存人性，他堅持戲院上映，但是以另一個角度來說，這個好萊塢作家導演所提出的要求，不僅短視還具有某種毀滅性。其他片商看到《天能》慘敗，沒有一家膽敢嘗試大幅度的戲院上映，紛紛將大片排到二〇二一下半年之後。二〇二〇年底節慶季，電影院的展望依然黯淡，以前這個季節通常是營收滿滿，好萊塢曾利用這段檔期推出《哈利波特》《阿凡達》《玩具總動員》等數十億美元製作的鉅片。

凱勒察覺疫情造成的改變，他希望能有更多節目，讓 HBO Max 擁有「具代表性且能定義串流」的影片，因此他主動找華納兄弟洽談接下來的上映檔期安排。究竟是誰先邀約對話，是電影公司還是凱勒及他的團隊，說法有些出入，但總之聚光燈很快就打在《神力女超人 1984》，它是華納兄弟在二〇一八年原片賣座之後的續集，找回導演派蒂·珍金斯及明星蓋兒·加朵再度攜手。二〇二〇年十一月底，華納媒體宣布這部耗資二億美元的影片會同時在戲院及 HBO Max 上映，訂戶不用再額外付錢。它會放在串流平台上一個月，然後移到其他發行窗口，例如數位下載及數位版租借。對於尚未被說服使用 HBO Max 的用戶，這部電影會是個主要號召。凱勒表示這個做法僅此一次，是爲了因應新冠疫情的現實，也是爲了服務影迷。凱勒在內部備忘錄表示，許多熱愛電影的觀眾不會在戲院或 HBO Max 之間二選一，「超級影迷會兩個都要」。他在Medium一篇部落格文中解釋這項決策，許多會去戲院看電影的人，當然會被平價訂閱吸引而使用串流，還能看到上架的付費電影。迪士尼的《靈魂急轉彎》也是同樣策略，先前《漢密爾頓》在夏天上映後，平台訂閱表現是正面的。當然 Netflix 已經花了數年時間將幾部大片放上串流，所以這個概念並不新，但院線業者仍舊很緊張。畢竟百年歷史的華納兄弟向來標舉好萊塢傳統，包括戲院可以先放映電影這條業內規則。

如果說戲院老闆在十一月時忐忑不安，那麼到了十二月底就是徹底失望了。就在《神力女超人1984》消息宣布後兩週，華納媒體走到極端，宣布二〇二一年華納兄弟所有電影在戲院上映時，也會同時放上HBO Max。這表示對科技敏銳的凱勒無法理解院線業者的心情（也或許是根本不在乎吧）。華納這個決策在內部被稱為「爆米花計畫」，引起一陣譁然，共有十七部電影牽涉其中，包括《駭客任務：復活》《自殺突擊隊》《怪物奇兵》；新版本的《沙丘》及《湯姆貓與傑利鼠》；音樂劇《紐約高地》；怪獸大集合的《哥吉拉大戰金剛》，都將依循《神力女超人1984》的上映模式。

消息宣布之後，如果說天崩地裂也不算誇張。部分反應是因爲事前沒有收到通知。華納媒體制定計畫之後擔心消息走漏，決定不要驚動演藝工作者或製作夥伴。電影公司工作人員被平均分配打電話給一連串高層級合作對象，所有接到電話的人都驚呆了，宛如天打雷劈。有個縱橫業界的電影經紀人無法置信：「一家賣電話的電信公司，找不出時間來打個電話給任何人嗎？他們處理這件事，完全沒有考慮到人的因素。」當時美國ＦＤＡ剛核准兩劑高效力疫苗，衛生官員預測，施打疫苗將能在春天或最晚夏天之前讓企業及社會完全恢復運轉，電影院準備盛大恢復營業。華納爲何不像迪士尼及其他電影公司那樣循序漸進，而是以一個將在二〇二一年全面推行的決策而掃眾人之興？還有，電影公司在考量上映計畫時，從海報設計到上映日期各方面，通常都會找創意社群及財務夥伴來商量，爲什麼沒有這樣做呢？

嚴詞抨擊華納媒體的聲浪中，有一個人是華納兄弟電影公司向來鍾愛的子弟兵，他正是被串流搞得天翻地覆的影視產業的代表人物：《天能》導演諾蘭。他對《好萊塢報導》說：「我們這個產業裡有些大導演和最重要的電影明星，前一晚睡前還以爲自己正在爲一間最偉大的電影公司工作，結果隔天醒來發現他們是一家最糟糕的串流服務。」諾蘭和華納兄弟的合作關係始於二〇〇二年。他還說，「華納兄弟有個非常棒的體系，能讓一個導演的作品去到任何地方，到戲院和進入家戶裡，而他們現在正在拆掉這個體系。他們甚至不知道自己正在失去什麼。他們的決定在經濟上沒有什麼道理，就連最漫不經心的華爾街投資者也能看出顚覆破壞和功能失常的差異。」

幾世代以來，華納兄弟和影劇工作者之間的關係向來值得自豪，它孕育了優異的藝術家如史丹利．庫柏力克及克林．伊斯威特，突然之間這份關係卻陷入險境。《逃出絕命鎮》電影製作人布倫姆並未直接受到影響，但是他對陷入這種情況的同行表示同情：「如果我接到那通電話，我會非常非常難過，我會問我的律師：『他們有權這樣做嗎？』」確實，律師被找來諮詢了。《哥吉拉大戰金剛》及《沙丘》共同出資者傳奇娛樂威脅要提告。華納兄弟高層舉出《天能》爲證，表示他們十分在乎院線業者——但諷刺的是，二〇二〇年就是這部片的慘敗才顯示出戲院的不穩定。電影公司還堅持說，這些電影商品很容易過期腐壞。華納兄弟營運長布雷克伍德（Carolyn Blackwood）說：「你不能坐視這些內容放在那裡這麼久，你不能不開始把內容放入生態系統中。眞的是沒辦法。」她表示能理解爲什麼影劇工作者和經紀人會被觸怒：「代表人可以提出這些質疑，也確實應該提出。但是沒有人試圖要隱瞞什麼。其實這對他們來說是好消息，因爲另一條路會是，這些電影完全沒辦法轉換成金錢。」她遲疑了一下才說，這場疫情不是華納兄弟引起的：「我們在逆境中想辦法積極面對。」

華納決定將電影放到 HBO Max 時，電影工作者的後端分潤就沒有了，最後在布雷克伍德主導之下，華納媒體和總計一百七十個參與分潤者達成和解。條款是假定每一部電影都大受歡迎（雖然這在好萊塢是不可能的），也就是說，除了少掉數十億票房收入，華納媒體還要付出好幾億美元補償費。總之，希望能驅動 HBO Max 訂戶顯著成長，讓它能在串流版圖中立足，是個花費相當大的賭注。

二〇二一年九月，凱勒在數位媒體《Vox》舉辦的大會中承認：「事後看來，我們應該選個好時機來進行那一百七十次對話。我們試著在極短的時間內做到，甚至還不到一週。因爲，當然一定會有消息走漏，到底是不是應該這樣做，每個人都會有意見。再說，改變是很困難的。」

雖然HBO Max在內容方面有這些摩擦，但是最後發行之路比較順利了。華納媒體和亞馬遜簽訂合約，讓它在跟Roku接洽時有了施力點。Roku顧客急著要求這個串流守門員加入HBO Max串流服務。兩家公司終於在十二月中達成協議，剛好來得及趕上聖誕節上映《神力女超人１９８４》。接著二〇二一年初，一連串強檔大片等著上HBO Max，幾乎任何發行通路的串流應用程式都有它。

經過了電影上映處理方式，以及HBO Max推出不順的風風雨雨，《神力女超人１９８４》上映後表現卻十分慘澹。大部分影評人都在嘲笑這部片，但這也不是什麼新鮮事，漫畫改編電影常常如此。觀眾的反應則是好壞參半，而且在疫情隔離期間也很難偵測到大眾的想法。過去這種高額預算電影在節慶季通常能掀起狂潮，有紅毯首映會，以及豐富的商品搭配加入喧鬧嘈雜的行銷活動，但是串流上架則跟過去這些做法大相逕庭。到底有多少人看過這部片，這項資訊封藏在金庫裡幾乎沒人知道。紐約、洛杉磯、芝加哥等大城市的影城還未開放，其他戲院上映帶來的營收是一六七〇萬美元，而《神力女超人》第一集美國首映票房是一億三一〇萬美元，算起來續集只有它的六分之一。《神力女超人１９８４》最後在全球票房累計是一億五百萬美元，而第一集的全球票房則是八．二三億美元，差距甚大。至於它在HBO Max的表現，華納媒體母公司ＡＴ＆Ｔ發表季度環比報告顯示，ＨＢＯ訂戶啓用Max串流帳號的數量增加了一倍。ＨＢＯ的美國訂戶基礎量，合併計算傳統付費電視訂閱戶，總共是四一五〇萬。尼爾森已開始透過電視裝置來計算串流收視量（這表示手機並沒有算在內），它發布《神力女超人１９８４》的串流時間是二十二億五千萬分鐘。這部電影片長一五一分鐘，表示平均收看次數是一千五百萬次。華納兄弟在聖誕節後一週宣布已開始發展第三部《神力女超人》電影。佛賽形容這部電影的發行，「在這個非常困難的時刻是給家庭觀眾的禮物。」

二〇二一年的片單開始在戲院及HBO Max展開，編導約翰．李．漢考克醞釀已久的熱血計畫——驚悚片《細物警探》，面臨命運最後一個轉折，他只能搖頭嘆氣。原爲作家的漢考克曾拍過《攻其不備》等電影，他在一九九三年就寫好《細物警探》劇本，看著它走過常見的發展地獄，這個拍攝計畫曾經連結過幾位大咖導演如克林．伊斯威特及史蒂芬．史匹柏，而明星是來來又去去。最後，漢考克自己坐上導演椅，組成一支夢幻卡司，領頭的是奧斯卡得主丹佐．華盛頓、雷米．馬利克、傑瑞德．雷托。

漢考克對串流並不陌生，他執導過Netflix發行的《緝狂公路》，是經典電影《我倆沒有明天》的新演繹。他知道《細物警探》發行時可能會受到疫情影響。他接受《截稿線上》訪問時說：「任何人都知道會這樣。但我沒料到的是，事前沒有任何通知。我沒料到竟然是在媒體發表會前二十分鐘接到電話，那時我才知道。」這個熱血電影計畫早在網路成爲主流之前就發想出來，漢考克早已體認到，在這個追劇時代，它會以新方式來定義。電影就像之前的電視和音樂，被科技搞得天翻地覆。漢考克預料到，績效表現的量尺會是：「道聽途說。我會透過某些特定人士得知電影的表現，我得要設法得知觀眾看了這部片嗎？但是老實說我真的不知道。我希望很多人加入 HBO Max 來欣賞這部片和其他電影，所以我只能祈禱了。」

AT&T 企業文化向來喜歡搞神祕，而被 AT&T 蒙在鼓裡的好萊塢導演不只漢考克一個。《華爾街日報》刊登一篇吹捧凱勒的文章，凱勒捍衛自己的做法，顛覆百年產業以建立成功的串流服務。但是三天之後，他發現自己其實是個局外人，眼睜睜看著一筆四三〇億美元的合約要把華納媒體切割出去。因爲 AT&T 受到某個激進投資者質疑及施壓，宣布將把媒體事業與探索頻道公司合併，探索頻道的資深執行長札斯拉夫將會領導這個新實體，而領導華納媒體串流事業的凱勒會得到一筆股票獎勵，價值近五千萬美元，但是似乎不會被派任到任何職務。好萊塢幸災樂禍，因爲大家都知道，這位高層主管會對著你微笑、同時又在你腿上放一枚定時炸彈。有個時代華納前任主管說得簡單明瞭：「他被業內人士痛批。」

史坦基也很不受歡迎，而且投資者當然有具體理由不欣賞他涉足娛樂產業這三年。AT&T 買下時代華納是個錯誤投資，再加上併購 Direct TV 的時機不對，這些總計讓股東損失了五百億美元，這個沉重負擔套在這位執行長的脖子上。史坦基一如往常作風，把一切怪在前任史蒂芬森頭上。六十一歲的史蒂芬森在二〇二〇年卸任，離開前他把串流的飛輪轉起來了，將權杖交給史坦基，然後回到他 AT&T 的老本行：電話。以犀利的時事通訊《The Ankler》聞名的作家羅許菲爾德（Richard Rushfield），以「早跟你說過了」的口吻描述這些「電信人」，他請大家爲史坦基與 AT&T 高層「默哀」：「我以前就預測過好幾次了，用 Power Point 簡報檔堆疊出來的 HBO Max，將成爲史上最慘企業研究案例，結果我想得太狹隘了，那只是其中一小部分而已，整個『電信人的好萊塢歷險記』從頭到尾都是史上最慘企業研究案例。」AT&T 滿懷熱誠進入娛樂產業，最後卻失敗告終，灰頭土臉的結束句點是歷時一年等待管制者通過與探索頻道公司的合併案。正在滅絕的時代華納老骨頭心想，太好了，新的企業制度，更多不確定及不安。結合後的實體被認爲具有三十億美元的綜效，這個數字比 AT&T 買下時代華納還多出許多，當時併購導致裁員二千人。

雖然華納媒體及 AT&T 又換檔了，但是卡森伯格的 Quibi 此時將會敗部復活。這個短小輕薄形式的串流服務在二〇二〇年十二月結束營運，卡森伯格及執行長惠特曼找到買家買下其原創內容。Roku 買下其電影及電視劇版權，這些內容都有分章節，章節之間的空間可放上廣告。這些內容會被重新包裝成「Roku 原創」，放在 Roku 頻道上免費提供，搭建舞台讓另一個矽谷玩家開始製造它自己的電影及電視劇。像《#搶救雷肖恩》是關於一個參與伊拉克戰爭的黑人退伍士兵與警察對峙，演員雖然得到艾美獎肯定，卻沒有得到外界更多關注。

該公司高層指出，這份合約 Roku 只花了不到一億美元，「相當不尋常」。不尋常是因爲，基本上這些節目會再次首映，這在娛樂產業是很少見的，但是有第二次機會是因爲卡森伯格極度努力炒出人氣、卻一敗塗地。這些節目將會在 Roku 頻道播出，接觸到七千萬美國家戶，這數字大約是 Quibi 訂戶最高時的十倍。Roku 黏著度成長行銷副總裁帕蒂爾（Sweta Patel）說，這些影劇放在 Quibi 上已經是一年前的事了，根據公司研究，Roku 再度首映並不會造成什麼問題：「大部分人都沒看過。只有很少部分的人看過這些節目。」

第二十一章　亞馬遜大軍來襲

位在加州卡爾弗的米高梅電影公司，大門前有長長兩排修剪整齊的黃楊木綠籬，就好像它在一九三九年榮獲奧斯卡獎的《亂世佳人》電影中，白瑞德及郝思嘉在亞特蘭大那棟大宅院的宏偉入口。八十年之後，這棟殖民時代風格的建築物，成爲亞馬遜製片工作室所在地——二〇二一年五月，亞馬遜 Prime Video 宣布以八四．五億美元買下具有百年歷史的米高梅，這棟建築再度與它的電影遺產結合起來。

這份合約還會把米高梅影業的內容片庫，包括四千部電影、一萬七千集電視劇，還有一個特許授權商品寶庫，拿來重新想像或系列化。在日漸擁擠的串流市場中，米高梅旗下眾多知名電影角色，例如：龐德、粉紅豹、洛基、機器戰警等，能協助亞馬遜 Prime Video 在亂局中崛起。龐德系列原著作者伊恩·佛萊明筆下那個踏遍全球、愛好馬丁尼及女人的英國特務角色，是男性幻想片的原料，爲好萊塢第一個眞正的電影系列提供了豐富題材，在將近六十年時光中製作出二十四部電影，全球票房收益六十九億美元。它顯然是個大獎，雖然一九五〇年代一紙權利金合約讓製作人布洛克里（Albert "Cubby" Broccoli）留給他的繼承人在創意上非常廣泛的權力，得以控制銀幕上如何刻畫這位〇〇七特務。亞馬遜與米高梅的合約也顯示出，亞馬遜 Prime Video 或許終於能滿足執行長貝佐斯經常掛在嘴上的願望：「我想要有一齣自己的《冰與火之歌》。」

多年來，好萊塢對於亞馬遜打入電影事業的企圖心，一直感到很糾結。亞馬遜的本業是賣書和消費性產品，電影事業似乎是奇怪的附屬物。亞馬遜從事電影事業的規則似乎和其他串流服務不一樣。亞馬遜 Prime 會員享有免運費兩天內送貨到府，現在亞馬遜把影劇內容片庫以隨選即看方式提供給 Prime 會員。爲了跟上 Netflix 腳步，亞馬遜開始花很多錢購買影劇內容串流授權，據報導二〇一一年就付了二・四億美元給二十世紀福斯，把《窈窕奶爸》《虎豹小霸王》等電影，和重播熱門電視劇《24 小時反恐任務》《X 檔案》《魔法奇兵》帶進亞馬遜串流平台。爲了和 Netflix 比拚串流內容，亞馬遜聚集了大約四萬部影劇作品，不過它得到的洞察跟對手一樣：亞馬遜 Prime Video 需要新鮮的原創內容來界定這個串流服務。

負責成立亞馬遜製片工作室的普萊斯早就鼓吹做原創作品，貝佐斯支持這個想法，他看到顛覆好萊塢影劇開發流程的機會。紐約或洛杉磯的電視台高層主管慣用流程是從上到下，選擇幾個拍攝計畫發展成前導片，然後找焦點團體來測試。亞馬遜不是這樣做，而是對每個人廣徵題材，邀請亞馬遜使用者當評審評估這些提案，目標是建立比較有效率的系統，不要做出太多昂貴卻失敗的作品。二〇一〇年亞馬遜公開徵求劇本，祭出獎金數十萬以求最好的稿件。

普萊斯說：「你試著避免花掉八千萬美元拍出一個大家不想看的東西。當你有好幾百萬個顧客的時候，這就是個道理。但是裡面有幾個問題——最大的問題是，大家不想讀劇本或看很長的前導片。他們不想詳細評述或是找出解決問題的辦法。他們是觀眾。他們是想要被娛樂的觀眾！」

當然，另一個問題是，並非每個人都是導演或統籌製作人。除了兒童影集《阿莫吉本的怪奇日常》和爲TruTV發展的一個前導片，這個做法是失敗的。普萊斯說：「你期待會有好作品從其他管道冒出來，但是你釣魚的地方是池塘不對的那一邊。你在的地方沒有魚，或者說至少沒有你想要的魚。」

普萊斯開始跋涉到比較熟悉的釣魚洞——洛杉磯，召募一支開發電影的高層主管團隊。這個營運單位設在洛杉磯一家連鎖漢堡店Fuddruckers樓上，跟亞馬遜另一個事業單位IMDb共用空間，IMDb的業務是維護影劇資料庫。二〇一三年Netflix推出第一齣熱門原創影集《紙牌屋》時，亞馬遜也宣布推出它自己的「試播季」。

亞馬遜顧客可以欣賞十四個發展成前導片並公布上網的拍攝計畫。普萊斯回憶說，亞馬遜鎖定兩種觀眾類型。一種是住在都市、受過良好教育、讀《紐約時報》、收看HBO的「紐約上西城」族群。亞馬遜針對這群人開發了政治諷刺劇《阿爾法之家》，由知名漫畫《杜斯柏里家族》作者擔任主創，約翰．古德曼飾演菜鳥參議員。鎖定的第二種市場是親科技、喜歡參加動漫大會的小團體，爲此開發的影劇作品是《Betas》，描述四個科技宅男要做出一個約會交友應用程式。

經過一段時間，亞馬遜製片工作室開始找到自己的美學定位，有幾齣叫好叫座的影集，相較於電視台影集是比較有層次的另類選擇，包括《莫札特在叢林》，虛構的紐約市交響樂團有個光鮮亮麗但是行爲差勁的指揮家，以及《透明家庭》，費佛曼家的父親要變性的故事——靈感來自統籌製作人喬伊·索羅威（本來名字是吉兒·索羅威）的父親。《透明家庭》空前成功，二〇一五年成爲第一齣得到金球獎的串流影集，主角和影集本身都得獎。

二〇一五年一月，亞馬遜一邊沐浴在產業好評光環中，一邊買下第一部原創電影，史派克·李的《芝拉克》，關於芝加哥南側的暴力故事。普萊斯打算買下十幾部價格適中的獨立電影，這是其中之一，希望能抓住電影工作者的注意，說服他們把拍攝計畫帶進這個仍被認爲是在網路賣書的公司。《海邊的曼徹斯特》是從日舞影展找到的，描述離鄉背井的男子被迫回鄉照顧哥哥身故留下的十六歲姪子，這部片也爲亞馬遜 Prime Video 立下另一個里程碑，二〇一六年在戲院與串流上映，拿下奧斯卡最佳男主角，以及最佳原著編劇——這是串流服務首次獲得這個獎項。

二〇一五到一九年在亞馬遜擔任行銷及發行主管的貝爾尼，利用幾十年來在映演、發行及行銷的經驗，協助亞馬遜建立電影策略。他說：「我可以把戲院上映那種熱烈的行銷活動帶進來。」貝爾尼來自奧克拉荷馬州，在溫和外表下，對於貢獻影劇事業滿懷熱誠。「這對他們來說是新事業。但是他們眞的放手給我和我的團隊去嘗試。」

貝爾尼說，在科技環境中發揮他的專業，這個經驗有助於後來他和妻子一起經營的發行品牌 Picturehouse。不過，亞馬遜每個人全神貫注於顧客，他得要一直調整自己去採行這種心態。他回憶說：「我們會在電影發行前幾個月就把新預告片放上網站。你知道，我們通常是用這種方法來促銷。但是顧客會在下面留言評論說：『如果還不能買，爲什麼你要放預告片上來?!』這眞的讓我眼界大開。每件事都跟消費者經驗有關。」

亞馬遜這種專注於顧客的心態是貝佐斯建立的，不過他也了解口碑的重要性。爲了替《海邊的曼徹斯特》奪奧斯卡造勢，他在自家位於比佛利山三百多坪的西班牙式莊園辦派對。貝佐斯殷勤招待廣大庭園帳篷裡的賓客，包括一線明星費・唐娜薇、黛安・基頓、麥特・戴蒙、梅根・穆拉里、凱特・貝琴薩等。貝佐斯這個億萬富翁以前曾出席過金球獎，那時在吉米・法倫的開場脫口秀還被嘲笑，但是這場派對提升了他在娛樂產業的地位。有個資深導演認爲這場華麗派對是個指標，表示這位億萬富翁進軍好萊塢的企圖心愈來愈明顯，他對《截稿線上》說：「貝佐斯就是下一個華瑟曼（Lew Wasserman）的化身。」這位傳奇媒體大亨公認是那個時代權勢最大的人物之一，影響力遠播好萊塢之外。

亞馬遜創辦人愈來愈努力抓住影劇圈的機會，投入 Prime Video 的資金在二〇一四年是二十億美元，二〇一七年增長爲四十五億。同時普萊斯及團隊也漸漸感到必須做出主流熱門大戲的壓力。他們對《高堡奇人》投下大膽賭注，花了七千二百萬美元製作及行銷這齣菲利普·狄克同名小說改編的影集，故事是想像希特勒在華盛頓投下原子彈，第二次世界大戰結果反轉，軸心國獲勝，北美洲被分割成東半屬於大納粹帝國，西半屬於日本太平洋帝國。該劇二〇一七年首映時在美國吸引八百萬觀眾，在全世界只帶進一一五萬亞馬遜Prime訂戶，遠遠不及貝佐斯所希望的《冰與火之歌》的規模。

根據《貝佐斯新傳》一書，受挫的貝佐斯在西雅圖一場對立衝突的會議裡，痛罵普萊斯執行得糟糕透頂，他還列出十二個絕佳故事的特點，包括英雄旅程、複雜的世界架構、背叛、懸疑等——這些元素就連新手編劇也不會驚訝。不過，這是給普萊斯及團隊的檢查清單，他們必須提出一份表格給貝佐斯過目，詳列每一齣戲符合哪些元素（這個做法並不會讓創意夥伴知道）。這種公式化的方法很難讓亞馬遜Prime Video免於接下來的失誤，包括看過就忘的犯罪影集《老無所懼》，以及劇情曲折的單元劇集《羅曼諾夫後裔》，主創是《廣告狂人》馬修·韋那，影劇網站《片單》（*Slate*）影評人帕斯金（Willa Paskin）說它「不斷邁步嘗試，卻最糟糕又最不有趣」。

這些昂貴的失敗，讓貝佐斯漸漸無法支持普萊斯。根據史東的描述，貝佐斯曾經讚美他是該公司的領導原則「遠見卓視」（think big）的例證。隨後《好萊塢報導》編輯主任一篇揭露文決定了普萊斯的命運，報導指出，普萊斯某次參加動漫大會促銷《高堡奇人》之後，搭乘計程車參加亞馬遜派對，在車上不斷挑逗原作者狄克的女兒伊莎·

哈克特（Isa Hackett）。哈克特拒絕普萊特的舉動，她清楚對他說自己是女同性戀，還有妻子和小孩。她對亞馬遜報告這個發生在二〇一五年的事件，亞馬遜調查了，但是沒有懲戒普萊斯。該報導刊出時間在《紐約時報》揭露大製作人哈維·韋恩斯坦的性騷擾指控之後一週，加速普萊斯去職。（普萊斯仍堅持整件事是因爲自己有一種古怪的幽默感，他誤以爲可以開玩笑。）

本來在迪士尼集團任職的資深電視人亞伯特·程，來到亞馬遜電影工作室擔任過渡時期的營運長，直到亞馬遜聘任ＮＢＣ娛樂總裁珍妮佛·瑟爾克擔任執行長爲止。瑟爾克的履歷比較符合貝佐斯對電影事業的主流志向，她是《這就是我們》和《良善之地》的早期催生者，也曾與超級製作人迪克·沃爾夫共事，將他以芝加哥爲背景的影集擴張成《芝加哥烈焰》《芝加哥醫情》《芝加哥警署》。瑟爾克任內，亞馬遜 Prime Video 獲得最大成功，一系列受到好評的熱門影集，包括一小時的喜劇《漫才梅索太太》，描述一九五〇年代紐約上西城的離婚猶太婦女進入單口喜劇表演事業；《邋遢女郎》是得獎劇作改編爲電視劇，描述一個年輕女性在倫敦掙扎生活；《湯姆克蘭西之傑克萊恩》，隨著嶄露頭角的ＣＩＡ分析師進行危險任務；《黑袍糾察隊》靈感來自同名圖像小說，美國保安團成員打擊濫用超能力的超級英雄。不過諷刺的是，這些影集全都是普萊斯團隊開發出來的。

瑟爾克說：「我知道其中幾齣影集。我當然看過《透明家庭》，也聽過《漫才梅索太太》有多棒。」她注意到有些影集已成爲文化圈的話題。「不過這個產業裡還是有很多問號：『這些人是誰？』『如果只是Prime會員的福利之一，怎麼撐得起這項事業？』還有：『你如何衡量是否成功，衡量方式是什麼？』」瑟爾克著手爲亞馬遜電影工作室建立聲譽，讓外界知道這裡是對影劇人才友善的地方，而且企圖心有貨倉那麼大。

麻州理工學院及哈佛商學院畢業的亞伯特．程，開始實施精確分析，這是數據導向的貝佐斯一直渴望的。程在二〇一五年離開迪士尼旗下ABC電視台，爲了能有機會碰觸到亞馬遜的第一手數據，在豐富的直接消費者資訊中，探索如何運用這些資料來引導內容及開發決策。亞馬遜是專注於顧客的零售電商，Prime Video能找出獨特的觀眾客層，觀察這些人看哪些節目，來決定是否有足夠吸引人的內容能持續娛樂觀眾。程進入亞馬遜之前，娛樂團隊一直都是用老方法來決定哪些影劇提案可以通過——依靠直覺。

程花了兩年埋頭研究數據、拾取洞察，來決定亞馬遜電影的娛樂資源如何配置在特定專案。數據分析不能取代創意主管判斷哪些提案及製作人有潛力做出熱門影劇，這一點在Netflix也是一樣的。但是數據科學能根據歷史表現來預測一齣戲是否成功，這項資訊有助於評估財務風險。

在瑟爾克領導下，亞馬遜電影工作室專注在全球發展，放進印度、日本、英國、德國、墨西哥等地的戲劇製作，滿足貝佐斯對亞馬遜 Prime Video 的願景，他認爲影劇內容是獲取顧客成爲 Prime 會員的絕佳工具。全球市場之中有些地方，例如墨西哥，會員優惠還不包含兩天內送貨到府之前，就已經推出 Prime Video 好幾個月了。在巴西，影劇娛樂服務是亞馬遜能與當地競爭者如 MercadoLibre 及 B2W Cia 區隔的方式。

瑟爾克說：「很難估量這些內容爲亞馬遜帶來的價值。我們在全球擴張，讓 Prime 會員增加。人們透過內容進入亞馬遜。」

即使亞馬遜的籃子裡裝滿了當地語言的原創劇，瑟爾克還是利用疫情重創戲院的機會，買下本來會在院線上映的電影，其中有《芭樂特電影續集》《來去美國 2》《湯姆克蘭西之冷血悍將》。雖然普萊斯最初的任務是讓現有會員看更多影片，進而贏得顧客忠誠，但是瑟爾克利用這些名氣響亮的巨作帶進更多觀眾。《來去美國 2》高居尼爾森串流排行榜榜首，而且亞馬遜開始和艾迪·墨菲合作，談出三部電影合約。還有現場運動賽事轉播，包括網球、歐洲足球與美式足球聯盟，這些讓亞馬遜提供的內容更完整，擴大了額外的廣告收益。

亞馬遜成功收購米高梅，讓 Prime Video 更進一步鞏固在串流界的主流地位。米高梅的黃金年代從一九二〇年延伸到五〇年初期，連續二十年每年都產製出奧斯卡提名最佳影片。米高梅的片頭標誌是一隻怒吼的獅子里奧，牠是統治好萊塢叢林的大王；米高梅自誇「旗下明星比天上的星星還多」，此言不虛。

米高梅最近數十年變成一隻華麗而無用的白象，一個好像總是待價而沽的舊貨（譯注：傳說古時泰王若不喜歡某個臣子，就會賜他白象。象是必須款待的皇室象徵，不能殺也不能騎，且食量極大，被賜白象的臣子最後往往傾家蕩產。）。一九六九年，蓄意收購企業的億萬富翁柯克里安（Kirk Kerkorian）買下米高梅大部分股權，後來逐漸將米高梅與另一個傳奇電影公司「聯美」合併。一九八六年，柯克里安以十五億美元把米高梅全部賣給有線電視大亨透納，又在一年後買回，扣掉二千二百部、價值三億美元的電影片庫，其中包括《綠野仙蹤》。接下來一九九〇年義大利籍大亨帕瑞提（Giancarlo Parretti）以十三億美元買下米高梅／聯美，吸引他的是聯美的電影片庫，其中有龐德系列、洛基、粉紅豹，還有當時的熱門影片如《笨賊一籮筐》《雨人》。帕瑞提沉浸在好萊塢的生活方式，以九百萬美元買下比佛利山的豪宅及一輛勞斯萊斯，即使他把這個電影公司經營得快倒了。帕瑞提不履行債務，於是爲收購案提供資金的法國里昂信貸銀行接管米高梅，最後輾轉回到六年前賣給帕瑞提的柯克里安手上，他以原價買回。

柯克里安這已經是第三次接管米高梅了，他試著建立一套管道將米高梅電影輸往海外，不過一直沒有成果，要賣掉這家公司也不順利，直到二〇〇四年，索尼領頭的財團以五十億美元，加上DVD銷售帶來現金進帳的展望，收購米高梅。不久，家用影片市場大幅起落，米高梅沒有現金來付掉槓桿收購的債務。米高梅進入破產重整，法院估值二十億美元，此時安克拉治資本集團執行長厄立屈（Kevin Ulrich）以半價買進這些債務，成爲米高梅最大股東。

根據《華爾街日報》報導，這個避險基金經理人對好萊塢鎂光燈也有像帕瑞提那樣的品味愛好，他會雇用公關幫他拿到派對邀請函。二〇一八年奧斯卡紅毯上，穿著燕尾服的厄立屈陪伴著《Vogue》雜誌的時尚活動總監米雪勒；聯合演藝經紀公司在高級餐廳Mastro's舉辦典禮後派對，厄立屈跟麥可．道格拉斯、雪歌妮．薇佛等許多明星親切往來。

但是米高梅其他股東愈來愈不耐煩，催促厄立屈盡快脫手。二〇一六年，股東們的意志幾乎要實現了，當時米高梅跟一個中國買方已經快要談成價值八十億美元的合約，但是在政府壓制之下，談判戛然而止。董事會把米高梅執行長巴伯（Gary Barber）趕下台之後，跟蘋果談判價值六十億美元合約也沒有結果，但是米高梅公開否認這些報導是「謠傳」。股東之一的貓頭鷹溪資產管理公司在二〇一八年寫了一封信給董事會，要求繼續尋找收購者。

根據熟悉談判過程的人士透露，亞馬遜Prime Video的麥可．霍普金斯默默等待他的機會來臨。他在葫蘆網擔任執行長期間，跟米高梅高層團隊建立緊密關係，並且跟NBC前娛樂總裁利特菲爾德（Warren Littlefield）一起開發出定義這個平台的《使女的故事》。這部小說原著曾在一九九〇年被改編爲電影，但是表現平庸，而改編影集找到引人入勝的方式來重新想像這個故事，獲得艾美獎肯定。這顯示出創作團隊有能力把米高梅塵封的智財寶石打磨得光采奪目。這並不是僥倖。利特菲爾德與米高梅先前就曾經成功創作出ＦＸ影集《冰血暴》，靈感來自柯恩兄弟的犯罪電影，片中殘酷的鋸木機謀殺場景令人難忘。

霍普金斯後來轉職到索尼影業電視部門擔任總裁，他仍和米高梅執行長巴伯保持聯繫。巴伯被董事會趕下台之後，霍普金斯則與米高梅董事長厄立屈建立關係。厄立屈透過破產重整的機會，拿到股權入主麻煩不斷的米高梅，而霍普金斯則預期這個避險基金投資者最後仍會賣掉這項資產。

在疫情爆發前幾週才展開試探性的商談，而預計在二〇二〇年三月上映的最新龐德電影《生死交戰》被迫延期。如果這部強檔大片如期上映，將會增加厄立屈手上的籌碼，助他談出好價錢。厄立屈並不想把米高梅當作苟延殘喘的資產來拋售，所以雙方商談就無疾而終。那年夏天戲院上映狀態仍然不確定，根據知情人士透露，厄立屈想再跟買主談，不過開價十億美元，就連貝佐斯也覺得太多。後來他同意降低價碼。

這筆米高梅收購案，改變了圈內人對這位世界首富的看法。很多娛樂產業人士認爲貝佐斯涉足好萊塢充其量只是興趣而已。有些億萬富豪收集藝術品，有人認爲貝佐斯是在收集電影。亞馬遜成立以來的收購案，第一大手筆是二〇一七年以一三七億美元收購全食超市，第二就是米高梅，它讓亞馬遜 Prime Video 更扎實，成爲這家公司事業的潛在支柱，就跟它的零售市集、網路服務、Alexa 聲音助理同等重要。二〇二一年四月，貝佐斯擔任執行長最後一次每季財報會上，他特別強調亞馬遜影片事業的重要性。（那年夏天貝佐斯將執行長之位交給賈西，自己擔任執行董事長，仍然參與公司決策。）貝佐斯透露，過去一年超過一億七千五百萬Prime會員使用亞馬遜串流服務收看影劇，串流每年成長幅度超過七成。「我們的孩子其中兩個已經十歲和十五歲，」他指的是亞馬遜Prime Video和亞馬遜網路服務，「培養了這麼多年，兩個孩子現在都快速成長而且可以自立了。」

第二十二章 耐心與信念

劇作家林—曼努．米蘭達從勞勃．狄尼洛手中拿過麥克風，好像一隻解開牽繩的拉布拉多那樣跳上舞台，開心大喊：「今晚《紐約高地》首映，怎麼樣?!」紐約市的聯邦宮殿劇院裡群眾一陣歡呼、表示讚許。看電影是美國文化生活中最古老的活動之一，遭受新冠肺炎重重摧殘之後，終於正式恢復了。

劇院氣氛高昂歡快甚至令人暈眩，跟這部充滿活力的電影本身非常相合。《紐約高地》首映也是第二十屆翠貝卡影展的開幕片，這是二〇二〇年初遭受疫情打擊以來第一個在北美恢復親自出席的現場影展。影展共同創辦人勞勃．狄尼洛在燈光暗下來之前說：「疫情前，出門看電影這麼簡單的事，你會覺得理所當然。現在我們都會記得，那是很特別的活動。」

這次首映會和許多電影首映會不同的是，以前電影相關人員鞠躬之後就匆匆離開了，不會留下來一起看電影放映，但《紐約高地》是個不能錯過的盛會。米蘭達回憶，他在拍出《漢密爾頓》而紅遍全球，口袋裡有錢之前，就掏腰包資助聯合宮殿戲院的復原工程。這棟戲院建於一九三〇年，是洛伊影城旗下五家「神奇戲院」之一。建築物占滿紐約市的華盛頓高地整塊街區，此地就是這部片取名的由來，內容主題和拍攝地都在這裡；米蘭達本人在這裡出生與成長，現在也還住在這裡。暖濕的晚春傍晚，幾百個居民在上百老匯排隊，用手機拍照、欣賞熱鬧的活動，這是街區裡從未有過的盛會。劇院旁的廣場上，華納兄弟已鋪上黃色地毯，擺出劇中商店的立板供大家拍照，場景布置還有個拉丁美洲風格的小雜貨店。其實立板中的眞正商店，距離會場入口安全門只有一百多公尺。

這部電影壯觀的舞蹈片段，在熱烈掌聲中開始。整個劇院有三千三百個座位，但是由於疫管限制，只有幾百個完整接種疫苗的賓客才能進入劇院，隔排入座。雖然人數寥寥，但是迴響卻超過出席數字。官方說法中從未提到串流，但是電影海報上的小字卻是標準的「戲院上映／HBO Max 同步」。世界首映後還不到兩小時，這部電影已可以在串流看到，完全跟產業傳統做法不同。華納媒體決定實行爆米花計畫之後，補償了幾個受到影響的利害關係人，這部片導演朱浩偉也是其中之一，不過他還是把《紐約高地》視爲大銀幕體驗的作品。首映當天朱浩偉在推特上寫道：「注意！票房眞的很重要。拜託去電影院看。幫朋友、學校、同事、陌生人等等有需要的人買張票。每一張都是投票支持，有很多非常棒的電影創作者及故事，請讓它成眞。」

映後派對在河畔戶外場地「哈德遜」舉行，人們就像疫情前那樣自由擁抱、親吻、握手。群眾排隊拿取雞尾酒及大盤古巴食物，拉丁騷莎舞者即興起舞，其中一對是洋溢喜悅的米蘭達和歐爾嘉·梅瑞迪茲，她就是劇中女主角的原型，也在電影中飾演這個角色。

華納媒體執行長凱勒已經宣布繼續任職，直到與探索頻道合併案執行結束。在這個場合裡，凱勒沒有跳舞，但是他盡力擺動，帶著開朗笑容說，這場首映是他第四次觀賞這部電影。他通常會把身爲粉絲的熱情帶進工作，在社群媒體也一樣。凱勒解釋，電影裡有一段歌舞運用了後製技術，將某棟建築物側面傾斜來創造出舞廳場景，梅瑞狄茲唱出情緒強烈的歌曲，她飾演的角色處在生死交關，但是堅信「耐心與信念」，凱勒說：「之前看過幾次了，但是從來沒有像今晚在大銀幕那樣震撼我。」

凱勒給朱浩偉一個熊抱。二〇一八年朱浩偉執導《瘋狂亞洲富豪》大賣座，是華納兄弟的分水嶺，那時凱勒尚未到華納任職。有個參加派對的媒體公司執行長跟朱浩偉談過話，他說那天傍晚稍早他問朱對於電影在 HBO Max 上映有什麼看法，這位導演回答：「不予置評。」派對雖然興高采烈，但是有幾個出席者對《紐約高地》的商業前景表示懷疑。電影卡司有吉米·史密斯、米蘭達、馬克·安東尼和其他幾個有知名度的演員，但沒有一個是票房保證。演員陣容全都是拉丁裔，這在電影產業裡是很少見的。即使二〇一九年有個研究指出，每個月上電影院一次的觀眾中有二四%是拉丁裔，而近年上映的電影只有四%有一個拉丁裔角色。有個院線業高層說：「紐約或洛杉磯的觀眾大概會看，但是我很懷疑在美國其他地區會吸引到觀眾。」另一個不是華納兄弟的高層也同意：「這部片是很響亮，但是我懷疑會有觀眾來看。它畢竟不是《漢密爾頓》。」

派對進行到過了午夜，這時《紐約高地》已經開始在 HBO Max 串流。它並不是第一部同日戲院上映及串流上架的電影，但是首映的時間點，似乎讓數位串流顯得特別突兀。

電影在串流平台上架時，戲院票房未達預期。雖然上映前幾週的影評一致讚美，整體動能也相當不錯，但是上映首週票房只有一一五〇萬美元。原因並不是擔心染疫的觀眾避免上戲院——本來就最喜歡去電影院的族群是十八到二十四歲的年輕人，這些人最先回到影城。當週票房排名最高的是《噤界 2》，單週一一七〇萬美元，票房累積超過一億美元標竿。迪士尼的《時尚惡女：庫伊拉》在美國國內單週票房六七〇萬美元，總票房五千六百萬美元，這數字還沒有算進 Disney+ 訂戶另外付費三十美元在家觀賞的收入。究竟 HBO Max 影響多少戲院票房收益，這種交換是否值得？即使計算過數字，還是很難回答這個問題。華納兄弟還有其他同日上映上架的電影，例如《哥吉拉大戰金剛》《厲陰宅：是惡魔逼我的》，雖然這些電影也刺激了 HBO Max 訂戶數字成長，但是戲院票房並不差。《紐約高地》即將上映時，華納兄弟有三五%市占率，在業界居於領先。但是，這些電影是否也一樣能得到迴響呢？《神力女超人》首部與在 HBO Max 上架的續集，導演都是派蒂．珍金斯，她出席電影產業大會時，評估二〇二一年的市場狀況，尖酸地說：「對不起，在我看來，所有串流上架的電影都是假電影。」她說，《神力女超人1984》同日上映上架是個「非常非常困難」的決定，「我不聽也不去讀相關消息。這並不能成爲一個創造傳奇的典範。」

珍金斯並不是唯一有此看法的人。爆米花計畫導致一個揮之不去的效應是，即使華納兄弟和電影人才達成和解，但是仍然有損公司聲譽。AT&T和凱勒由於和創意社群溝通不善而承擔最多指責，但是傷害仍在。經紀公司CAA共同董事長陸爾德接受《洛杉磯時報》訪問時，表達罕見的公開評論，他說到華納兄弟電影公司主管托比．埃默里：「托比是我所認識對演藝工作者最友善的人，他的職業生涯是建立在良好的關係。而托比的老闆，卻要他對演藝工作者傳遞不友善的訊息。」被問到是否認爲該公司已修復和電影工作者的關係，陸爾德直白回答：「不，我不認爲。」

《紐約高地》首映會上有個貴賓，曾在探索頻道長期擔任主管，在該公司任職長達二十二年，看它從一個規矩嚴謹的自然紀錄片頻道，變成比較輕鬆休閒的實境節目產製主力，例如：《改建重建大作戰》《到美國結婚去》。這位高層看待合併的樂觀程度，有點接近天眞純潔了：「智慧財產的狀態非常好，而華納兄弟正在扼殺它，HBO正在扼殺它。我們必須修正企業文化。大家必須知道，他們是可以一起工作的。現在談還太早，但是我認爲大家在一起之後就會很好。」

泊車人員把一輛凱迪拉克旗艦休旅車開過來，這位高層正要鑽進去時，看到一個華納媒體的高階主管，一樣也對他精神喊話，想讓對方卸下心防：「一定會很棒的。

我們不會像達拉斯來的那些人。一定會很棒的。」他徹底否定AT&T那些自以爲比資深媒體人更了解電影及電視產業的「貝爾人」。

這位探索頻道的高層人物到場，部分原因是爲了加速這宗企業合併的審核過程，但也顯示出，串流熱潮持續不衰，媒體產業前景是如何的不穩定。大者愈來愈大，在二〇一七到一八年僅僅數月之間，AT&T收購時代華納、迪士尼收購二十一世紀福斯多數股份、探索頻道收購Scripps互動電視，接下來，另一波合併及收購似乎無法避免。這些合併案的總價值高達數千億美元，導致數萬人被資遣，如此大幅精簡娛樂產業從業者，表示媒體巨頭在串流侵蝕傳統付費電視獲利時，紛紛準備迎向精實時代。

維亞康姆和CBS電視台分開了十幾年之後，二〇一九年底再度合體，集結共有的娛樂資源放進Paramount+，這是重新打造CBS All Access品牌並擴大，然後在二〇二一年三月推出的串流服務。有線電視界體質強健的探索頻道公司，跟華納媒體祕密商談合併之前，已推出直接面對消費者的Discovery+。大約同時，NBC環球付了將近十億美元給獨立串流服務WWE電視台，將這個專業摔角比賽頻道納入孔雀串流平台的一部分。

外界認爲，NBC環球盤算的計畫更大。比起同業，雖然它進軍串流的態度從容沉著，但是自身傳統事業正陷入危機。NBC環球曾經和迪士尼競爭福斯的資產與英國天空電視的控股，但是它並沒有像許多產業內部人士所預測的，立刻出手競標華納媒體。母公司康卡斯特為孔雀串流制定各國推出時程時，決定跟維亞康姆CBS合夥一起在歐洲推出SkyShowtime。

美國國內還有更多部署動作，但是看來似乎並沒有十足把握。探索頻道公司董事長、億萬富翁馬龍是個精於買賣的大老闆，一九九九年組合出相當龐大的有線電視資產，然後以令人瞠目結舌的四八〇億美元賣給——還有誰呢？就是AT&T。馬龍也是探索頻道與時代華納合併的操盤手，他知道康卡斯特執行長羅伯茲也在覬覦這個獎品。馬龍在CNBC訪問中表示：「我對羅伯茲的評論是，好不容易走出這個困境，接下來，如果審核環境允許，我們創造的這個事業和羅伯茲的事業之間，所有的關係都可以考慮。我認為有很多機會可以跟NBC環球合作，創造成功的事業。」

華納兄弟和探索頻道合併之後，可能會把HBO Max和Discovery+做成套裝方案，就像迪士尼打包旗下三個串流服務一樣。HBO Max後來推出一個比較便宜而有廣告的訂閱選項，每月訂閱費十美元，這個平台上的節目，除了HBO電視台之外，其他任何節目每小時會有四分鐘廣告。華納兄弟的同步上映上架電影如《紐約高地》，則保留給沒有廣告的最頂級訂閱者。自從二〇一六年AT&T高層首度提議買下時代華納之後，AT&T曾經含糊地以開玩笑方式表達廣告的好處，以新觀點來看，廣告的好處是關鍵。探索頻道公司執行長札斯拉夫是個道地的廣告人，他在這個產業一路爬升，靠的就是在NBC長期任職時，賣奧運及其他大型活動的電視廣告時段。他從未失去對娛樂產業的熱情。宣布華納媒體要和探索頻道合併那天早上，札斯拉夫對華納兄弟四位創始人一一點名讚美——哈利、亞伯特、山姆、傑克，令許多人大翻白眼。他提到自己將在華納片廠辦公、花更多時間在洛杉磯，並且已置產在豪宅區貝萊爾，宅邸曾屬於經典電影《教父》《唐人街》推手、派拉蒙執行長伊凡斯（Robert Evans）。合併後的公司正式名稱爲「華納兄弟探索傳播」，標誌裡的副標是札斯拉夫背書認可的「集夢想之大成」（The stuff that dreams are made of），這句話出自華納兄弟一九四一年出品的《馬爾他之鷹》，不過，跟很多好萊塢「原創」作品一樣，那其實是莎士比亞《暴風雨》某句台詞的改述。

串流領域裡五個新玩家，最接近成功且最不含糊的是迪士尼。每月訂閱費十四美元的套裝包括葫蘆網、Disney+、ESPN+，從各項服務的成長幅度來判斷，這些都已經相當成功。大部分媒體對手缺乏可與迪士尼相比的資產，蘋果顯然將自己定位在二十一世紀的內容集合者，就像過去的有線電視的數位版。這個科技巨頭擁有多樣的服務，雲端儲存、音樂、應用程式、新聞、電玩遊戲及電視，這些在二〇二〇年被安排成套裝服務。由於蘋果會計系統並不透明，很難了解其各項服務的表現如何，但是二〇二一年三月蘋果表示，各項服務訂戶總數已達六・六億。

蘋果也曾考慮過米高梅，但結論是它並不需要建立片庫。根據幾位直接了解蘋果策略的消息來源表示，蘋果要取勝並不是靠著能夠提供《金髮尤物》續集給訂戶。Apple TV+只是一個跳板，透過這個平台跳到更廣大的娛樂服務，例如Netflix、Disney+、亞馬遜Prime Video。蘋果就像亞馬遜或Roku，它的目標不只是推出自己的訂閱服務而已，而是以更全面的方式來提供串流——當然，蘋果會收取通路費用。

曾經是有線電視及串流服務的高層主管夏派羅（Evan Shapiro）和米蘭達合作過電視節目《Freestyle Love Supreme》，他在《紐約高地》映後派對上一邊享用古巴美食及雞尾酒，一邊思考變遷中的媒體前景。最近幾年他在紐約大學及其他大學教書，夏派羅心中有一幅他所謂的「媒體宇宙圖」。他認爲，跟Recode網站發布而廣爲人知的版本比較起來，他這份文件比較全面，他以多彩的星球來描繪一系列的媒體、電訊、科技、電玩遊戲以及其他公司，星球大小是按照其市值而定。

這個宇宙圖一直在更新。「這些併購案幾乎都沒有用！」夏普羅驚呼，「當然，任何案件我們第一個反應就是買方買貴了。但是即使把這個因素考慮進去，大部分併購案的結果都不如預期。可是大家可以談的就是這些。」他也認爲串流讓媒體競賽變得規模更大而且更加瘋狂競爭。他以前在老東家ＡＭＣ有線電視網負責營運ＩＦＣ電影製作發行公司以及日舞電視台，抵抗大眾娛樂浪潮，選擇了小眾利基策略。ＡＭＣ的串流內容組合裡有鎖定特定族群的服務，例如：給恐怖片粉絲的Shudder、給熱愛英國戲劇的Acorn TV，這個串流平台預設要在二〇二五年之前達到二千五百萬訂戶。ＡＭＣ電視網執行長薩潘（Josh Sapan）任職長達二十六年，他在宣布離開之前幾個月說，小眾利基「是個好地方，但這並不是偶然」，公司「確實想到會有幾家非常大型、遍及全球且收入非常高的」串流服務，「而AMC則是專精在某些項目」。他補充說，串流內容組合的目標是取得「非常深厚」的顧客忠誠度。檢視公司所提供的內容，他們認爲「一切都很有意義」。二〇二一年即將結束時，薩潘以及他的副手卡洛爾（Ed Carroll）離開AMC，兩人在公司資歷合計六十年。有線電視台Showtime前執行長布蘭克（Matt Blank）被指派爲AMC過渡時期執行長，更加深了外界猜測，在愈來愈朝向併購的市場中，這家公司在乎的是它的價值終於可以兌現。

而消費者很難感覺到薩潘所說的「非常深厚」的連結。雖然《紐約高地》首映熱烈發動，但是這種動能卻因戲院受到大環境變遷衝擊而削弱不少。全美總共有四萬個大銀幕，數量在一九九〇年代到二〇〇〇年代之間快速增加，原因是好萊塢持續供給大量影片，但是大銀幕未來無疑會縮減。對通路業者和院線業者來說，經濟環境已大幅改變。像二〇一九年Netflix《愛爾蘭人》等電影，連鎖院線業者拒絕播映，當時業者堅持維持院線上映窗口期，但是現在業者已經準備好歡迎串流，即使窗口期壓縮到非常短。Netflix與美國第三大院線業者Cinemark簽約，動作片《活屍大軍》在Cinemark旗下三三一家美國電影院以及其他幾家小型連鎖戲院上映一週，然後在串流平台上架。蘋果則大把押注在某幾部電影，例如馬丁・史柯西斯和李奧納多・狄卡皮歐及勞勃・狄尼洛合作的《花月殺手》。華納兄弟、迪士尼及其他電影公司，則把電影平均分配到戲院和串流。華納兄弟漸漸從爆米花計畫走出來，二〇二二年它打算把二十部電影其中約一半直接放上串流，另外一半在戲院上映四十五天，大約是傳統窗口期的一半。大部分串流的績效表現有如謎一般神祕，好萊塢對於什麼做法比較有效，愈來愈不清楚。像《紐約高地》這種在戲院表現不如預期的電影，如果對提升 HBO Max 訂戶量有幫助，可能仍會被視爲成功。

付費有線電視是另一個大問號，不過它的曲線可能會是漸漸衰退而非一落千丈，因爲年長觀眾不願意放棄遙控器。這種長期慢慢消退的趨勢，美國線上或許是最能說明的範例，雖然環境劇烈變遷，但是以更廣大的前景來看，其基本顧客還是維持忠誠。美國線上曾經是撥接上網的頭號主角，它所提供的有限選擇雖然後來被寬頻和其他開放網路業者取代，但是有一群忠實顧客從來沒有跳下船。甚至到了二〇二一年五月，還有一五〇萬用戶付費使用美國線上，不過他們付錢不是爲了撥接上網，而是爲了防止個資被竊取，以及美國線上提供的技術支援。

外界預測，訂閱方案會是串流的下一個進化，就算只是爲了減輕選擇過多的負擔。現在市場上有十幾個串流應用程式的平台，使用者得要經常切換及搜尋，這種使用者經驗未來可望透過業界投資幾十億而改善。二〇二一年 Netflix 推出「隨機播放」按鈕以協助選擇困難的使用者。也有其他新進串流業者附加新工具，目標是協助顧客找到他們想看的東西。其中，新創公司 Struum 由曾經任職迪士尼的數位主管創辦、迪士尼前任執行長艾斯納背書加持，這個服務類似健身房通行證 ClassPass 模式，每個月付固定月費，得到一些「點數」，可以用來在眾多影劇節目中挑出想看的影集或電影。Strumm 執行長狄薇樂（Lauren DeVillier）說，公司設計初衷是內容集結者。研究顯示，有些顧客喜歡在頻道之間轉台，但是至少有三分之一串流觀眾是在自己感興趣的領域中找節目。Strumm 集結了幾十個串流服務、大約四萬個節目，做成可以搜尋的套裝來展示給訂戶。狄薇樂說：「它能讓使用者接觸到所有內容，從中找到自己熱愛的節目。這個訂閱方案的價值在於，現在有超過六十個串流服務可以選，你可以找到你想看的節目。」

媒體業者在串流服務投入數十億美元，卻發現比以前更困窘。某方面來說，如果以爲做串流服務就像蓋最新主題樂園或拍一部動作片，這個想法是很愚蠢的。有個 Netflix 高層主管說，從 AT&T 收購時代華納的程序結束那一刻起，它進入串流事業似乎就已經不太可行：「我們一看它爲這個併購案要負債多少，就知道它絕對拿不出做串流所需要的預算。數字根本就兜不起來。」

傳承下來的資產帶來的壓力愈來愈大，這道算術題就更難做了。傳統付費電視持續下滑。政府防疫規定限制電影院進場人數，加上消費者擔心陌生群聚，使得電影院開放之路顛顛簸簸。也許就像 Netflix 共同執行長薩蘭多斯所堅稱的，消費者習慣已經完全改變了，外出看電影變成偶一爲之的社交活動，就像以前上劇院看戲一樣。

串流愈來愈受歡迎，但是這些新服務產生的利潤，很有可能比不上以前的事業。想想音樂產業的命運，它遭受盜版帶來的數位破壞衝擊，音樂產業爲了生存，進行一波整併鞏固以及裁員。Napster 最盛行之時，就是音樂產業最黑暗的時期，不過它現在已經撐過來了，連續六年銷售數字都在成長，這要歸功於像 Spotify 這種音樂串流服務。不過，二〇二〇年全球音樂產業營收是二一六億美元，比起高峰時期一九九九年，那時候消費者還會去唱片行買CD，整體產值以當時幣值總計三九〇億美元，現在的營收比不上當年。雖然音樂藝人還是能賺到數百萬美元，但是靠的是巡迴演唱會以及社群媒體帝國，而不是賣唱片。

有個媒體公司前任執行長說：「對這些具有傳承資產的媒體公司來說，全力進軍串流絕對是正確答案——如果有足夠規模，而且相信自己有競爭力。但是，這並不表示利潤會跟以前一樣豐厚。」

在傳統的美國媒體公司，串流會引起企業文化轉型，因爲串流需要高層主管專注在建立消費者關係，而不是跟事業夥伴（付費有線電視或院線業者）建立關係。而且串流需要非常廣泛的數據分析，以決定如何把服務設計得最好，才能成功與其他業者對抗，例如位在奧克拉荷馬州土爾沙的頻譜（譯注：Charter Spectrum，美國僅次於康卡斯特的第二大電信及有線電視業者）。這位高階主管說：「那種近身肉搏，那種戰術，很難注入一個基本上在做大宗批發的企業。」

在眾多剛剛冒出頭與現有的串流服務中，我們第一手目擊到，具有歷史傳承的公司要放下過去有多麼困難。Roku 創辦人及執行長伍德說：「對我而言一直都超級清楚的是，所有東西都會放上串流。」他滿不在乎的態度幾乎令人感到不安，「有線電視付費套裝會瓦解。它一定會走入歷史，只是時間早晚而已。有些人也明白這一點。但是這個產業裡很多人就是不相信，這讓我很驚訝。」

二〇二一年夏天，一個帶領華納媒體經歷痛苦轉型的高層主管突然被取代了，就像明明身處在自家外景片廠，卻發現自己才是眞正的遊客。七月某天早上，凱勒爲一個歐洲來的電影公司主管親自做貴賓導覽，他們窺看二十三號片廠，裡面有一艘巨大的海盜船布景，導演塔伊加．維迪提正在拍攝 HBO Max 原創影集《海盜追殺令》。接下來他們走進《樂來越愛你》裡的咖啡店，艾瑪．史東飾演的米亞正要從服務生變成明星。想到這裡，凱勒笑了：「這眞的是非常特別的行業，」凱勒滔滔不絕說：「我們可以透過故事來改變世界，天啊，那是一種特權吧，能夠這麼做的人可不多。」

幾週前，凱勒也這樣對《華爾街日報》說。他站在灑滿陽光、有棕櫚樹的攝影棚擺姿勢給記者拍照，這則《華爾街日報》長篇人物報導得到 AT&T 高層充分認可，沒想到刊出後隔幾天，凱勒得知自己即將去職。好萊塢誰都想不到還有哪件事比這招請君入甕更令人驚訝。AT&T 要脫手華納媒體，讓它被探索頻道公司吃下來。這個部署，使一個勇於開闢新途的高層主管、也是爆米花計畫的主導者，淪爲照看這家公司的工友，直到合併案執行結束爲止。

目前凱勒婉拒談論不明的職位狀態，他答應以後會表達他對這個轉折的想法。不過，他承認自己在片廠漫遊的嗜好、一邊走路一邊和另一個人開會的習慣，令人想起另一位顛覆破壞前輩，那就是賈伯斯。庫柏蒂諾的蘋果總部外圍是一個「無止盡的迴圈」，這位蘋果創辦人喜歡在那裡邊走路邊開會。對任何科技業的福音傳播者來說，賈伯斯永遠是一尊神祇。

在矽谷，帶有煽動性格的變革推動者會永垂不朽；在好萊塢，這種人會被辭退。

後記

二〇二一年秋天最火紅的電視節目，並不是在無線電視台播映，也沒有出現在新興數位服務如 Disney+ 或 HBO Max。這個全球瘋傳的節目是《魷魚遊戲》，從南韓來的極端暴力反烏托邦求生影集，能夠推出這種內容的也只有一家公司，那就是 Netflix。已經創立二十五年的 Netflix 是串流領導者，它仍然頑抗外界懷疑，再度宣示自己是這個由它創造及定義的領域裡自始至終的霸主。

《魷魚遊戲》鮮明點出串流的未來，對於 Netflix 漸漸增多的對手，這表示標竿會繼續移動。《魷魚遊戲》上架後，在九十個國家都是排行第一，比之前的《紙房子》《闇》《亞森羅蘋》更能超越語言和文化的藩籬。《魷魚遊戲》注定會是 Netflix 有史以來最受歡迎的原創影集，超越《柏捷頓家族》。Netflix 表示，《魷魚遊戲》上架首月就有八千二百萬家戶看過。Netflix 投資在字幕及配音，語言數超過三十種（比任何競爭者都多），使 Netflix 節目能「交叉授粉」。在美國，Netflix 訂戶數曲線已達高原，像《魷魚遊戲》這種影集能增加訂戶黏著度。根據該公司透露給《Vulture》的資料，Netflix 美國觀眾在二〇一九到二一年收看非英語節目提升了七一％。

好萊塢把美國國內產製的影劇輸往國外，這種帝國模式已經開始顯得非常過時。

二〇二〇年，南韓電影《寄生上流》（非 Netflix 製作）創下全球票房紀錄，也成爲第一部獲得奧斯卡最佳影片獎的非英語片。觀眾似乎開始尋找原汁原味的故事，而且是能突破敘事及地理疆界的故事。Netflix 共同執行長薩蘭多斯在一場訪問中說：「這個平台絕對是全球性的，但是爲什麼這些戲劇能在原生地以外受到歡迎，是因爲目標是要做到非常道地。所以，在德國爲我們製作影集的團隊，指令就是必須要在德國展現巨大衝擊，因爲如果不是這樣的話，許多德國人會想看美劇《黑錢勝地》。愈是道地德國，就愈有道地人味。」

讚美《魷魚遊戲》的美國人，其中有一個是亞馬遜創辦人及執行董事長貝佐斯，他的競爭心很強，但是竟然公開稱讚 Netflix 這齣戲。他在推特上寫道：「海斯汀和薩蘭多斯以及 Netflix 團隊經常能把事情做對。他們採取的國際化策略並不容易，而且他們眞的做到了。令人驚豔，很有啓發性。我等不及要看這齣戲。」

他的讚揚很可能會讓亞馬遜 Prime Video 高層主管團隊如坐針氈，因爲即使有貝佐斯的鞭策和超多銀彈，至今 Prime Video 仍未推出能與之比擬的成功大作。這則推特文也引起一陣臆測：難道亞馬遜竟然要出手買下 Netflix 嗎？亞馬遜市值高達一．七兆，比 Netflix 高五倍，以財務方面來說，買下這個串流巨人是做得到的。製作人富蘭克林．倫納德在貝佐斯貼文下留言「有事要發生」，而貝佐斯很快回覆：「沒有，純讚美。」

被華爾街稱爲 FAANG 的五大公司（Facebook、Apple、Amazon、Netflix、Google），若要說

其中兩個合併，這是非常不可能的。原因有下列幾項：亞馬遜買下米高梅的金額小得多了，但是卻受到相當程度的監管審查；策略上來說，亞馬遜比較專注在努力賣廣告及提供當天送貨到府的服務，這些都是娛樂產業之外的營運業務。

然而，貝佐斯這則推特文引起熱議，正強調出串流是如何徹底顛覆媒體產業。歷史顯示，進化只會愈來愈加速。創造財富的腳步驚人（二〇二一年，貝佐斯世界首富之位被特斯拉創辦人伊隆・馬斯克取代），再加上近年大環境對併購有利，所以接下來的大宗併購案，可能會牽涉到之前大家無法想像的參與者。

就像二〇一三年Netflix以《紙牌屋》重新定義電視這個媒介，競爭對手面臨的不僅是與創意社群的關係或品味問題。問題出在資源。Apple TV+開始尋找全球影劇作品，二〇二一年資助第一個韓語發音的拍攝計畫《Dr. Brain》，一部從熱門網路卡通而來的科幻驚悚片。雖然蘋果以《泰德拉索：錯棚教練趣事多》取得進展，但是蘋果的串流動機並不是很清楚。串流仍然是服務套裝方案裡的一項食材，在整體企業層級上，跟雲端儲存、電玩遊戲、音樂或健身服務比起來，串流影視並不是非常重要但也並非無足輕重。二〇二一年中旬，華納媒體開始在美國以外推展HBO Max，但是由於過去的HBO發行協定，這項串流服務無法在英國、德國及義大利推出，要等到二〇二五年。康卡斯特體認到獨自行動的財務壓力，選擇與維亞康姆CBS一起在歐洲推出串流事業，並運用孔雀串流的技術基礎。

迪士尼是唯一能讓 Netflix 不安的對手，至少就 Netflix 內部而言。Disney+ 推出兩年就擴展到超過五十個國家，訂戶數量超過一・二億。分析師預測 Disney+ 訂戶總數最快在二〇二四年就會超過 Netflix。不過，這些訂戶量的價值，可能還有待辯論。迪士尼是傳統製作影劇的專業好手，但主要還是外銷，二〇二一年才開始委託外國團隊，不過它預計將會逐步增加，打算在二〇二四年之前累積到五十項國際計畫。Disney+ 訂戶總數中，超過三分之一來自南亞最熱門的串流服務 Hotstar，在 Hotstar 的訂閱方案中，Disney+ 是一個便宜的附加選項。評估串流服務的常見量尺是每使用者平均營收（Average revenue per user，ARPU），Disney+ 大約是四美元，比 Netflix 的一半還要少。不過，規模越大就可以使訂閱費逐步上調。

長期擔任迪士尼執行長的艾格在二〇二一年十二月卸任，結束他在媒體界將近五十年的職涯。他擔心在繼任者崔帕克掌理之下，迪士尼會過度注重數據。根據《好萊塢報導者》，艾格對高層主管及董事會成員說，創意上的卓越表現，以數據得出的洞察來強化它，最能滿足迪士尼的串流企圖。艾格堅決認爲，像《可可夜總會》《黑豹》《尚氣與十環傳奇》等電影，若只靠研究來引導決策，就不會一舉成爲熱門大片。不過，在迪士尼及其他傳統媒體公司，恆動的機制是難以調節的。不斷有媒體高層出面預估 Netflix 會反轉往下，認爲這個來自科技業的闖入者不再能打敗好萊塢。但是目前爲止，這種預言尚未成眞。

至於海斯汀這邊，面對迪士尼強勢崛起，他說 Netflix「幹勁十足」。二〇二一年營收報告的訪問中，他說兩家公司競爭「對全世界是很棒的」。不過，對於自己在一九九七年創辦的公司，海斯汀仍然描述它是反抗傳統做法的「叛逆分子」。他認爲迪士尼主要市場優勢在於對家庭友善的百年品牌，但這也是銬住它雙手的黃金手銬。迪士尼掌控葫蘆網，可以把比較邊緣題材的影劇放在葫蘆網來刺激訂戶成長——決定將它作爲 FX 成人影劇的串流去處，就是爲了能搔到這個癢處——但是這種做法可能適得其反。康卡斯特還擁有葫蘆網三三%股權，它可以迫使迪士尼以公平市價收購它的持股，最快可能在二〇二四年，如此一來就製造了正當理由不要把葫蘆網放在優先。這可以解釋爲什麼像《魷魚遊戲》《柏捷頓家族》《慾罷不能》以及無數全球熱門電影，「近期內不會出現在迪士尼節目中。」海斯汀帶著滿意的笑容預測說。

致謝

這本書的提案很幸運落在 Levine, Greenberg & Rostan 經紀公司、我們的善牧人 Daniel Greenberg 的電郵信箱中。當時提案的內容範圍窄多了，而他立刻抓到這本書的潛力，接受了我們這個四：三黑白電影的概念，並指點可以如何發展成一部全尺寸寬銀幕電影。我們無限感激他的視野、指導和友誼。

經紀人爲這本書找到的家是 William Morrow 出版社，結果非常適合。我們的編輯 Mauro DiPreto 聰明能幹又好相處，雖然遭遇新冠疫情對出版業以及對人類文明的打擊，他始終保持對這個出版計畫的熱情，我們一路以來都受益於他的沉著及智慧，萬分感謝！我們也誠摯感謝 William Morrow 出版社的 Vedika Khanna 盯緊許多編輯環節；還有細心的文稿編輯 Aja Pollock 具備鉅細靡遺的特質以及雅俗兼備的文化品味，這種結合相當少見。

就算在疫情前，這本書的報導工作也是極爲複雜。二〇一八年我們跟網路媒體《截稿線上》合作，有機會與某些消息來源最充分的好萊塢新聞記者密切共事，其中最應該提出的是該網站共同編輯 Mike Fleming 與 Nellie Andreeva。本書作者之一戴德後來繼續待在《截稿線上》，這本書開始動筆之後，上述兩位與發行人 Stacie Farish 還有許多同事給予鼓勵及包容。《截稿線上》其他前線工作者豐富了這本書（無論他們自己是否知道），包括 Patrick Hipes、Denise Petski、Erik Pedersen、Jill Goldsmith、Peter White、Greg Evans、Dominic Patten、Pete Hammond、Tom Tapp、Andreas Weisman 等，他們是好同事、提供意見的朋友，也是一起出差的旅伴。本書另一個作者彤恩後來去了億萬富翁之《富比世》，得以親炙媒體界最有力的重要人士，並且得到她的編輯持續支持，包括 Randall Lane、Rob LaFranco、Laura Mandaro、Luisa Kroll、Michael Noer。彤恩也希望能對同事致謝，包括 Madeline Berg、Ariel Shapiro、Chloe Sorvino、Kristin Stoller 等人，感謝鼓勵及耐心聆聽這個報導計畫蒐集到的各種軼事見聞；還要感謝《富比世》研究主管 Sue Radlauer 慷慨幫忙挖掘出很難找到的聯絡資訊及資料。

我們要感謝書中提到眾多企業裡的相關人員。無數從業者跟我們對話、爲我們介紹人脈：Peter Bart、Eric Becker、Nathaniel Brown、Keith Cocozza、Jeff Cusson、Missy Davy、Sheila Feren、Karen Hobson、Erik Hodge、David Jefferson、Jeff Klein、Jim Lanzone、Chris Legentil、Michael Mand、Beth fMcClinton、Candice McDonough、Jonathan Miller、Christian Muirhead、Seth Oster、Paul Pflug、Mark Robichaux、Matt Sazama、Evan Shapiro、Brandon Shaw、Marie Sheehy、Cory Shields、Richard Siklos、Lisa Stein、Michael Thornton、Brent Weinstein、Alan Wolk、Lauren Zalaznick、Mel Zukerman。

放在最後但是同樣重要的是，戴德要感謝家人 Stella、Margot、Finley 的鼓勵，他們可能也是研究串流最棒的貫時性焦點團體。Emily 提供了對當代的分析與過去三家電視台的追憶，當時我們在圓石街的電視還是裝著實木機殼的款式。Carol 和 Phil Hayes 讓我走上這條路，我愛你們。還有，自從許多年前在緬因州第一次隨意談起這項計畫，Alla Broeksmit 和她的家人就一直給予或大或小的支持。

彤恩要表達她對 Dan、Alex、Maddie 及 JoAnn 的愛及感激，謝謝你們在這兩年多的研究及寫作過程中無盡支持，並分享跨越三代人對串流革命的洞見。謝謝我親愛的朋友，在我們坐車、跑步、舉重或只是想單純享受一頓飯的時候，聆聽我關於串流的獨白，很感激你們無盡的鼓勵。還要感謝 Kim Landon 將近四十年前就培養我走上這條路，並且一直不斷爲我加油。

資料來源

急速成長的串流產業，核心是個神祕的「黑盒子」，業界廣泛使用這個詞來指稱分析資料庫。幸好，以這本書來說，經過兩年半的研究及報告，我們對形塑串流的市場及企業和個人，產生了相當程度的洞察。我們進行了兩百多次視訊或親身採訪，遍及美國各地，包括洛杉磯、紐約、矽谷、華府、邁阿密、丹佛，對象有現任及前任高層主管、科技人、製作人、顧問、經紀人等等。我們從發表在《截稿線上》及《富比世》的文章中挑選出一些作品，這些都列在以下資料來源。我們的目標並不是把過去發表的報導集結起來，而是建立一套單獨存在的敘事。因此，我們花了一番心血劃下界線，區分我們每天所寫的新聞報導、特定對話，以及為這本書而取得的面對面訪談機會。

這齣戲裡主要演員大多數是歡迎我們的，即使這樣的對話持續進化，而且話題頗為敏感。然而迪士尼的狀況就完全不同了，自從2020年初新冠肺炎大流行以來，迪士尼對所有新聞記者（甚至是對迪士尼的事業夥伴）就像一座無法攻破的堡壘。這段期間迪士尼努力保持平衡，再加上又是新任執行長掌舵，迪士尼選擇故作鎮定、保持沉默，而非跟外界討論旗下事業遭遇到的無數挑戰。本來公關人員屢次嘗試讓我們跟高層主管聯繫，但是後來有一度公關甚至不再回覆電郵、電話或簡訊。蘋果也拒絕我們一再請求跟高層主管對話。所以，關於蘋果和迪士尼，我們主要的資料來自出席企業活動，以及與它的創意夥伴及事業夥伴談話，並採訪曾經任職很久的前任高層主管。

這本書也從許多新聞同業的作品中汲取資料，包括Joe Flint、Ben Mullin、Edmund Lee、Brooks Barnes、Nicole Sperling、Meg James、Ryan Faughnder、Lucas Shaw、Cynthia Littleton、Josef Adalian，此外還有許多族繁不及備載。我們積極報導的故事，在寫作當下一直有新發展。有些顧問、企業高層與各種業界資深人士在推特上的對話，也刺激了我們的想法。有些娛樂產業資深高層及相關內部消息來源，因為顧慮到雇主及事業夥伴，只願在匿名狀態下才能對幕後種種暢所欲言，我們同意遵守這些匿名要求。

前言

Netflix首席內容長薩蘭多斯的言論引自《浮華世界》2018年新事業高峰會；亞馬遜執行長貝佐斯的言論引自2016年的程式大會；傅雷蘭德的言論引自他的臉書貼文。

貝尼特〈巴比倫水域〉第一次發表於1937年7月31日的《週六晚報》，原題為〈諸神之地〉（The Place of the Gods）。費巴的〈白象藝術與蛀蝕藝術〉首度出版於Film Culture 27, Winter 1962–63。

序章：總決算

羅森薩爾及史坦基由作者訪談。《冰與火之歌：權力遊戲》《晨間新聞秀》《愛爾蘭人》首映會的資料來自作者第一手報導。本章內容取自Brendan Klinkenberg, "Apple's Beats 1 Radio Is Censoring Music, "BuzzFeed, June 30, 2015；以及Maria Elena Fernandez, "*The Morning Show* Was a Challenge Kerry Ehrin Couldn't Resist, "*New York*, November 1, 2019。泰瑞．法莫的評論出自接受《Le Film Français》訪談，收錄在Rhonda Richford, "Cannes Artistic Director Explains Netflix Competition Ban, "*Hollywood Reporter*, March 23, 2018。

第一章：在蜂群中發現電視

布萊爾、克斯勒、庫班、葛萊瑟、塔普林、魯本斯坦等人由作者訪談。本章資料來源有John Battelle, "WAX or the Discovery of Television Among the Bees, "Wired, February 2, 1993；John Markoff, "Cult Film Is a First on Internet, "*New York Times*, May 24, 1993；Kara Swisher and Evan Ramstad, "Yahoo to Announce Acquisition of Broadcast.com for $5.7 Billion, "*Wall Street Journal*, April 1, 1999；"Blockbuster Acquires Movielink, "Bloomberg News, August 9, 2007；以及 John Kisseloff's *The Box: An Oral History of Television*, 1929–1961 (Golden, CO: ReAnimus Press, 2013)。

除了克斯勒之外，另一個很棒的資料來源來自歷史學家的著作：Erik Barnouw's *Tube of Plenty: The Evolution of American Television*, 2nd rev. ed. (New York and Oxford: Oxford University Press, 1990)

第二章：好萊塢的新重力中心

藍道夫、麥寇德、艾摩代由作者訪談。米勒的言論引述自口述歷史Jean Stein, *West of Eden: An American Place* (New York: Random House, 2016)，這本書也包含了傑克．華納擁有的不動產的細節描述。本章內容出自Scott Markus, "Los Angeles Ghosts–the Spirit of Hollywood's First Sex Symbol Rudolph Valentino" on AmericanGhost Walks.com；Joe Flint, "Netflix's Reed Hastings Deems Remote Work 'a Pure Negative, ' "*Wall Street Journal*, September 7, 2020；Brooks Barnes, " 'The Town Hall of Hollywood.' Welcome to the Netflix Lobby, "*New York Times*, July 14, 2019；Marc Randolph, *That Will Never Work* (New York: Little, Brown and Company, 2019)；Dawn Chmielewski, "How Reed Hastings Rewrote the Hollywood Script, "*Forbes*, September 7, 2020；Reed Hastings and Erin Meyer, *No Rules Rules: Netflix and the Culture of Reinvention* (New York: Penguin Press, 2020)；Stephen Armstrong, "Has TV Gone Too Far? "*Times* (London), January 15,

2017；Vivian Giang, "She Created Netflix's Culture and It Ultimately Got Her Fired, "*Fast Company*, February 17, 2016；Shalini Ramachandran and Joe Flint, "At Netflix, Radical Transparency and Blunt Firings Unsettle the Ranks, "*Wall Street Journal*, October 25, 2018；Patty McCord, *Powerful: Building a Culture of Freedom and Responsibility* (Silicon Guild, 2017)；以及Susan Adams, "the Alchemist, "Forbes, May 27, 2002。

其他來自薩蘭多斯的材料則出自他在2021年4月5日加入播客節目SmartLess。其他引述及背景來自薩蘭多斯2019年6月參加丹佛電視節SriesFest的專題談話，本書作者到場。藍道夫其他材料來自2019年10月2日在英國的公開系列活動5x15，https://youtu.be/l-2rS0BhukE

第三章：Netflix名不虛傳

薩蘭多斯、杭特、伍德、艾伯切特、霍蘭德、史瓦希、普萊斯由作者訪談。本章內容出自Marc Randolph, *That Will Never Work*；Eliot Van Buskirk, "How the Netflix Prize Was Won, "*Wired*, September 22, 2009；Richard Barton's interview by Dawn Chmielewski for "How Netflix's Reed Hastings Rewrote the Hollywood Script"；Austin Carr, "Inside Netflix's Project Griffin: The Forgotten History of Roku Under Reed Hastings, "*Fast Company*, January 23, 2013；Brian Stelter, "Netflix to Pay Nearly $1 Billion to Add Films to On-Demand Service," *New York Times*, August 10, 2010；海斯汀對Qwikster的評論出自Hastings and Meyer, *No Rules Rules*；Dorothy Pomerantz, "Did Disney Just Save Netflix?, "*Forbes*, December 5, 2012；Jim Lanzone interviewed by Dawn Chmielewski for "How Netflix's Reed Hastings Rewrote the Hollywood Script"；Dawn Chmielewski, "Ted Sarandos Upends Hollywood with Netflix Revolution, "*Los Angeles Times*, August 25, 2013；Christina Radish, "Steven Van Zandt Talks 'Lily-hammer,' Netflix's Original Programming, Living and Working in Norway, and What He Hopes Viewers Get from Watching the Show, "Collider, December 12, 2013；Reed Hastings keynote at the Consumer Electronics Show, January 6, 2016。

第四章：紅色婚禮

關於在華府的反托拉斯審判的描述是根據作者出席報導，還有其他同業報導川普政府提起訴訟的意圖，同業報導其中一則是Jane Mayer, "The Making of the Fox News White House, "*New Yorker*, March 4, 2019。本書作者發表在《截稿線上》包括"AT&T–Time Warner Merger Approved, "June 12, 2018。

米勒和艾伯切特由作者訪談。本章資料來源還有Edmund Lee and John Koblin, "HBO Must Get Bigger and Broader, Says Its New Overseer, "*New York Times*, July 8,

2018；Nancy Hass, "And the Award for the Next HBO Goes to . . . , "*GQ*, January 29, 2013；布克斯2011年1月6日接受Julia Boorstin在CNBC Power Lunch訪談。史蒂芬森2018年9月12日出席高盛在紐約舉辦社群大會（Communacopia conference）。魏伊夫婦的評論來自2018年10月9日出席《浮華世界》新事業高峰會。

第五章：我們知道，現狀無法維持下去

梅爾、亞伯特·程、史威妮、安布特、丹森、博德、包爾曼等人，由作者訪談。

本章資料來源有Claudia Eller, Kim Christensen, and Dawn Chmielewski, "Disney Pins Its Digital Future on Pixar Deal, "*Los Angeles Times*, January 25, 2006；羅伯特·艾格《我生命中的一段歷險》，2020年；Dawn Chmielewski, "Steve Jobs Brought His Magic to Disney, "*Los Angeles Times*, October 6, 2011；Dade Hayes, "The Anatomy of a Comeback, "*Globe and Mail*, May 5, 2017；Eliot Van Buskirk, "Cable Departs from Hulu Model with 'TV Everywhere, ' "*Wired*, June 26, 2009；and Todd Spangler, "How Critical Is TV Everywhere? "*Multichannel News*, October 17, 2011. Richard Greenfield interview with Phillip Dampier, "Cable's TV Everywhere Online Viewing Loaded Down by Endless Ads at Often Exceed Traditional TV, "Stop the Cap!, July 10, 2014；James B. Stewart, *Disney War* (New York: Simon & Schuster, 2005)。

伊格的評論出自The Bill Simmons Podcast, February 9, 2020，以及法伯接受CNBC訪談Squawk on the Street, April 12, 2019。伊格在全國有線電視協會的演講散見數篇文章，包括Kenneth Li, "Disney Warns on Restraints to Web Viewing, "*Financial Times*, April 2, 2009。

第六章：庫柏蒂諾現場直播

蘋果發表會的細節來自作者第一手報導。本章資料來源還有：Dawn Chmielewski, "Apple Brings Out Oprah to Tout Apple TV+ Streaming TV but Leaves Viewers Guessing, " *Forbes*, March 25, 2019；Jessica E. Lessin and Amir Efrati, "Apple's TV Push Stalls as Partners Hesitate, "*Information*, July 30, 2014；Jimmy Iovine interview with Ben Sisario, "Jimmy Iovine Knows Music and Tech. Here's Why He's Worried, "*New York Times*, December 30, 2019；Tim Cook remarks, Apple Keynote Event, March 25, 2019；Mark Lawson, "Apple TV+: Less a Rival to Net ix, More a Smug Religious Cult, "*Guardian*, March 25, 2019；Josef Adalian, "We Learned a Lot About Apple TV+ Today, but Not How Much It'll Cost, "*New York*, March 25, 2019；Elahe Izadi, "Bono Is Sorry U2's Album Automatically Showed Up on Your iTunes, "*Washington Post*, October 15, 2014。

第七章：熬製「快速咬一口」

卡森伯格訪談來自 Dawn Chmielewski, "Coronavirus Lockdown Will Boost Meg Whitman's and Jeff Katzenberg's New Mobile Streaming Service Quibi, "*Forbes*, April 3, 2020；Katzenberg interview with Andrew Wallenstein, "Inside Jeffrey Katzenberg's Plan to Revolutionize Media on Mobile Screens, "*Variety*, July 19, 2017；Dawn Chmielewski interview with Meg Whitman, "Coronavirus Lockdown Will Boost Meg Whitman's and Jeff Katzenberg's New Mobile Streaming Service Quibi"；Meg Whitman with Joan O'C. Hamilton, *The Power of Many* (New York: Crown Publishers, 2010), 22；Jason Blum interview with authors, October 16, 2020；Cody Heller interview with authors, July 8, 2020；Tegan Jones, "Dummy Is the Hilariously Filthy and Raw Show We Need Right Now, "Gizmodo, April 21, 2020；Jeffrey Katzenberg interview with Bill Snyder, "Jeffrey Katzenberg: How Failure Makes a Better Leader, "*Stanford Business*, March 13, 2018；Benjamin Mullin, "Jeffrey Katzenberg and Meg Whitman Struggle with their Startup–and Each Other, "*Wall Street Journal*, June 14, 2020；Jeffrey Katzenberg and Meg Whitman keynote, Consumer Electronics Show, January 8, 2020；Dawn Chmielewski interview with Zach Wechter, "Meg Whitman, Jeffrey Katzenberg Raise $400 Million Second Funding Round as Quibi Prepares to Launch, "*Forbes*, January 8, 2020；Van Toffler interview with the authors, March 12, 2020。

第八章：卡通小子

史特勞斯、漢默、伯克等人由作者訪談。本章其他資料來源有 Brian Roberts's remarks at Morgan Stanley's Technology, Media & Telecom conference in San Francisco, February 26, 2019；E. B. White, "Around the Corner, "*New Yorker*, November 14, 1936；艾格《我生命中的一段歷險》；Warren Buffett interview with Tim Arango and Bill Carter, "A Little Less Drama at NBC, "*New York Times*, January 26, 2011；Shalini Ramachandran and Keach Hagey, "Two Titans' Rocky Relationship Stands Between Comcast and Fox, "*Wall Street Journal*, June 21, 2018。

第九章：長跑賽

史基普、羅素兄弟、皮塔羅、羅森伯格及尼克可汗由作者訪談。本章其他資料來源有 Amanda D. Lotz, *We Now Disrupt This Broadcast* (Cambridge, MA: MIT Press, 2018)。

第十章：小丑公司的誕生

霍普金斯、皮瑞特、凱勒、費耶爾由作者訪談。本章資料來源有Maureen Kilar, "Enough Is Too Much, "*Penn-Franklin News*, January 8, 1979；Chuck Salter, "Can Hulu Save Traditional TV?, "*Fast Company*, November 1, 2009；Jason Kilar, "The Future of TV, "Hulu.com blog post, February 3, 2011。

第十一章：飛輪

史波塔西尼由作者訪談；吳修銘，《誰控制了總開關》；史坦基言談來自2018年11月29日AT&T投資者說明會，文字轉錄見於AT&T投資人關係之網站investors.att.com；以及2018年10月9日《浮華世界》新事業高峰會。

第十二章：奇妙仙子的魔法棒

梅爾、費耶爾、凡戴克由作者訪談。伊格、瑞奇·史特勞斯、普爾、麥卡錫等人言談來自二〇一九年四月十一日迪士尼投資人說明會。本章資料來源還有Whitman and Hamilton, Power of Many； Erich Schwartzel and Joe Flint, "Can Kevin Mayer Deliver the Future of Disney?, "*Wall Street Journal*, November 9, 2019。

第十三章：「我喜歡那齣戲，我想你也會喜歡」

葛蘭吉、柯翰、佩普勒及艾森伯格由作者訪談。庫克言談取自二〇一九年九月十日產品發表會。庫伊言談來自Stuart McGurk, "Can Apple Hack It in Hollywood? We Talk to the Man Behind Apple TV+, "*GQ*, July 1, 2019。

第十四章：Quibi何去何從？

卡森伯格及惠特曼採訪資料來自Dawn Chmielewski, "Coronavirus Lockdown Will Boost Meg Whitman's and Jeff Katzenberg's New Mobile Streaming Service Quibi"；布倫姆與作者對談；華特金的意見貼在推特上。我們的論述資料來源還有Spencer Kornhaber, "Quibi Is a Vast Wasteland, "*Atlantic* April 11, 2020；Kate Knibbs, "Laughing at Quibi Is Way More Fun an Watching Quibi, "*Wired*, July 15, 2020；Benjamin Mullin and Sahil Patel, "Quibi, Jeffrey Katzenberg's On-the-Go Streaming Bet, Adjusts to Life on the Couch, "*Wall Street Journal*, May 4, 2020；Nicole Sperling, "Jeffrey Katzenberg Blames Pandemic for Quibi's Rough Start, "*New York Times*, May 11, 2020。

第十五章：「如果想得到別人注意，你就得嘲諷」

漢默及麥特・史特勞斯由作者採訪。伯克的言談來自2020年1月16日NBC環球的投資人說明會。

第十六章：智力測驗

華納媒體投資人說明會的細節來自作者第一手報導。萊禮、葛林布雷特、雷格等人由作者訪談。奧貝麗言談來自2019年4月在拉斯維加斯舉辦的全國廣電大展，由本書作者戴德・海耶斯主持的一場座談會。

第十七章：Netflix的自信

希伯曼、霍蘭德、易特曼及藍佐恩由作者訪談。海斯汀訪談來自作者彤恩・施莫洛斯基，"How Netflix's Reed Hastings Rewrote the Hollywood Script"；薩蘭多斯言談出自2018年《浮華世界》新事業高峰會。

第十八章：起飛

梅爾、克羅斯、葛林布雷特、雷格、萊禮及凱勒由作者訪談。《愛情，很有關係》遠距首映會的描述是作者第一手報導。普爾對於推出前的評論來自 Julia Alexander, "Overload and Day One Crashing Are Things the Disney+ Team Is inking 'Very Much' About, "Verge, August 26, 2019；James Poniewozik, "Review: Apple's 'Morning Show'? Wait for the Upgrade, "*New York Times*, October 31, 2019；Troy Patterson, " 'Dickinson,' from Apple TV+, Is Deeply Weird and Dazzles Gradually, "*New Yorker*, October 31, 2019；海莉・史坦菲德的評論出自作者戴德亦有出席的2019年9月14日翠貝卡電視影展開幕式；Nilay Patel和Julia Alexander訪談鞏卡維斯的內容出自 "The Head of HBO Max on Launching Without Roku, Adding 4K HDR, and the Snyder Cut, "Verge, June 2, 2020；John Ridley," Op-Ed: Hey, HBO, 'Gone with the Wind' Romanticizes the Horrors of Slavery. Take It Off Your Platform for Now, "*Los Angeles Times*, June 8, 2020；Brooks Barnes, "Disney Is New to Streaming but Its Marketing Is Unmatched, "*New York Times*, October 27, 2019。

第十九章：太空中，沒人聽得到你~~尖叫~~串流

霍蘭德、羅素兄弟及貝爾尼由作者訪談。本章資料來源還有Anthony Kaufman,

"Netflix Folds Red Envelope, Exits Theatrical Acquisition and Production Biz, "IndieWire, July 23, 2008；戴德・海耶斯，"Scott Stuber and Ron Howard Talk Pay Models, Theatrical, Green Light Process, "Deadline, November 9, 2019。

第二十章：天翻地覆

凱勒、布倫姆、布雷克伍德由作者訪談。帕蒂爾訪談出自作者戴德・海耶斯，"Quibi Shows Returning as Roku Originals on May 20 as Streaming Provider Begins New Programming Chapter, "Deadline, May 13, 2021。本章資料來源還有Mike Fleming, "John Lee Hancock on a 30-Year Odyssey Making 'The Little Things' with Denzel Washington, Rami Malek & Jared Leto, and the Abrupt HBO Max Pandemic Pivot, "Deadline, December 22, 2020；Dade Hayes, "HBO Max Year One: WarnerMedia Direct-to-Consumer Chief Andy Forssell on Finding Streaming Mojo, Warner Bros Day-and-Date Takeaways, AVOD Plan & More, "Deadline, May 3, 2021；John Meyers, "Disney's Bob Iger Resigns from Newsom Task Force as Tensions Mount over Theme Park Closures, "*Los Angeles Times*, October 1, 2020；Christopher Palmeri, "Disney's Kareem Daniel Rises from Intern to Streaming Czar, "*Bloomberg*, October 12, 2020；崔帕克的評論來自2021年3月3日出席印第安納大學活動，影片YouTube, "A livestream interview with IU alumnus and Disney CEO Bob Chapek, "https://youtu.be/k8kL_kMwmt0.

第二十一章：亞馬遜大軍來襲

霍普金斯、瑟爾克、普萊斯由作者訪談。本章資料來源還有Dawn Chmielewski and David Jeans, "Why Amazon Is Paying More for MGM an Disney Did for Star Wars and Marvel, "Forbes, May 26, 2021；Peter Bart, "Jeff Bezos Is Taking Aim at Hollywood, "Deadline, December 9, 2016；貝佐斯發言取自2021年4月29日每季營收報告。

第二十二章：耐心與信念

《紐約高地》首映會細節及人物採訪為作者第一手報導，出自戴德・海耶斯，"*In the Heights* Moves the Masses at Tribeca Festival Premiere, "Deadline, June 9, 2021。薩潘、狄薇樂及凱勒由作者訪談。

國家圖書館出版品預行編目資料

追劇商戰：解密 Netflix、迪士尼、蘋果、華納、亞馬遜的串流市場瘋狂爭霸／戴德．海耶斯（Dade Hayes），彤恩．施莫洛斯基（Dawn Chmielewski）著；周怡伶 譯. -- 初版. -- 臺北市：先覺出版股份有限公司，2022.09
400 面；14.8×20.8 公分 --（商戰系列；227）
譯自：Binge times : inside Hollywood's furious billion-dollar battle to take down Netflix
ISBN 978-986-134-431-7（平裝）
1. CST：網飛（Netflix (Firm)） 2. CST：網路產業 3. CST：傳播產業

484.67 111011315

Eurasian Publishing Group
圓神出版事業機構
用心與你對話．視野無限寬廣
先覺出版社 Prophet Press

www.booklife.com.tw reader@mail.eurasian.com.tw

商戰 227

追劇商戰：解密Netflix、迪士尼、蘋果、華納、亞馬遜的串流市場瘋狂爭霸

作　　者／戴德．海耶斯（Dade Hayes）、彤恩．施莫洛斯基（Dawn Chmielewski）
譯　　者／周怡伶
發 行 人／簡志忠
出 版 者／先覺出版股份有限公司
地　　址／臺北市南京東路四段50號6樓之1
電　　話／（02）2579-6600．2579-8800．2570-3939
傳　　真／（02）2579-0338．2577-3220．2570-3636
總 編 輯／陳秋月
資深主編／李宛蓁
責任編輯／李宛蓁
校　　對／林淑鈴．李宛蓁
美術編輯／林韋伶
行銷企畫／陳禹伶．黃惟儂
印務統籌／劉鳳剛．高榮祥
監　　印／高榮祥
排　　版／杜易蓉
經 銷 商／叩應股份有限公司
郵撥帳號／18707239
法律顧問／圓神出版事業機構法律顧問蕭雄淋律師
印　　刷／祥峰印刷廠
2022年9月 初版

BINGE TIMES
by Dade Hayes and Dawn Chmielewski

定價490元 ISBN 978-986-134-431-7